オーディオ用から計測用まで
いろいろ試せる！

実験用OPアンプIC
サンプル・ブック

IC＆基板付き

佐藤 尚一 著

CQ出版社

目次

第1章　OPアンプの基礎　5

- 1.1　OPアンプとは？ …… 5
- 1.2　基本のアンプ（非反転，反転，ボルテージ・フォロア） …… 7
- 1.3　負帰還の基礎 …… 8
- 1.4　データシートの内容と意味，使い方に充当する内容 …… 22
- *Column 1*　出力抵抗と入力容量の測定方法 …… 16
- *Column 2*　1次遅れの性質 …… 23

第2章　電気的特性項目　25

- 2.1　電気的特性の見かた …… 25
- 2.2　直流アンプ …… 31
- 2.3　交流アンプ …… 37
- *Column 3*　CMRRとPSRR …… 28
- *Column 4*　アーリー効果 …… 30

第3章　単電源回路　39

- 3.1　直流バイアス …… 39
- 3.2　負荷電流 …… 40
- 3.3　仮想グラウンド …… 40
- 3.4　単電源OPアンプと正負二電源OPアンプの違い …… 40
- 3.5　正負二電源OPアンプの単電源での使用 …… 41
- 3.6　単電源OPアンプの正負二電源での使用 …… 41
- *Column 5*　元祖単電源OPアンプ　LM358/2904 …… 42

第4章　応用回路　45

- 4.1　加減算回路 …… 45
- 4.2　微積分回路 …… 46
- 4.3　OPアンプをコンパレータとして使う …… 47
- 4.4　出力電流の増強 …… 47
- 4.5　差動アンプ …… 47
- 4.6　アクティブ・フィルタ …… 47
- 4.7　整流，絶対値回路 …… 53
- 4.8　ローノイズ・アンプ …… 54
- 4.9　$I\text{-}V$変換回路 …… 55
- 4.10　弛張発振回路（ファンクション・ジェネレータ） …… 56
- 4.11　正弦波発振回路 …… 57

第5章　コンパレータの使い方　59

- 5.1　ヒステリシスの付けかた …… 59
- 5.2　オープン・コレクタとワイアードOR，レベル・シフト …… 59
- 5.3　ウィンドウ・コンパレータ …… 60

第6章　回路の実装　61

- 6.1　入出力の保護 …… 61
- 6.2　許容損失と発熱 …… 61
- 6.3　グラウンドの取り方，パターンの引き回し …… 65
- 6.4　電源バイパス，デカップリング …… 65
- Column 6　熱抵抗 …… 62
- Column 7　OPアンプの空き端子処理 …… 66

第7章　低電圧OPアンプ活用のヒント　67

- 7.1　振幅制御にFETなどを使わない正弦波発振器 …… 67
- 7.2　±1V(2V単電源)以下で動作する正弦波発振器 …… 68
- 7.3　電圧制御状態変数型フィルタ …… 71
- 7.4　電圧制御正弦波発振器 …… 72
- 7.5　電圧制御弛張発振回路 …… 73
- 7.6　100kHz以上で発振する弛張発振回路 …… 74
- 7.7　応答波形を改善した整流回路 …… 74
- Column 8　SRとは？ …… 67

データシート　75

- ① BA2904F …… 76
- ② BA10358F …… 79
- ③ BA3404F …… 82
- ④ BA4558RF …… 84
- ⑤ BA4560RF …… 86
- ⑥ BA4580RF …… 89
- ⑦ BA8522RF …… 91
- ⑧ BA2115F …… 93
- ⑨ BA15218F …… 95
- ⑩ BA15532F …… 97
- ⑪ BA4510F …… 99
- ⑫ BA3472F …… 101
- ⑬ BU7262F …… 104
- ⑭ BU7242F …… 107

⑮ BU7442F	110
⑯ BU7462F	113
⑰ BU7266F	116
⑱ BU7486F	118
⑲ BD7562F	121
⑳ BD7542F	123
㉑ BU5281G	125
㉒ BU7291G	127
㉓ BU7271G	129
㉔ BU7421G	131
㉕ BU7411SG	133
㉖ BU7265G	135
電気的特性用語説明	137
ご注意	139
使用上の注意	141
おわりに	143
参考文献	143
著者略歴	144

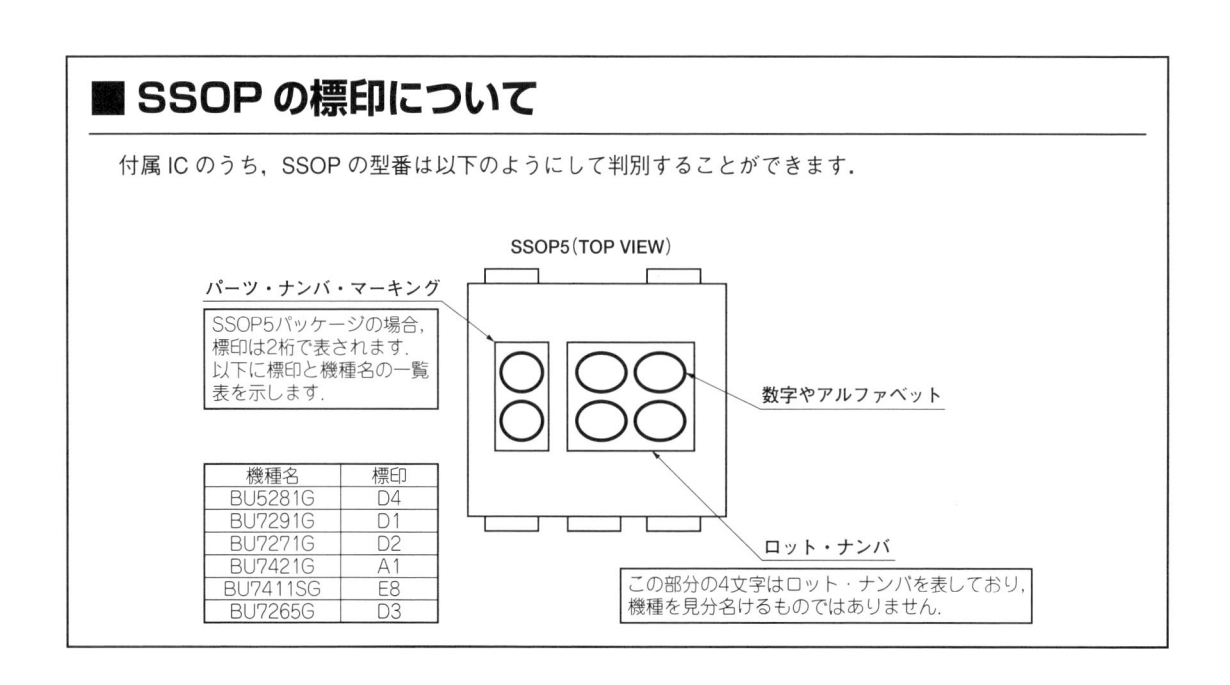

■ SSOPの標印について

付属ICのうち，SSOPの型番は以下のようにして判別することができます．

SSOP5（TOP VIEW）

パーツ・ナンバ・マーキング

SSOP5パッケージの場合，標印は2桁で表されます．以下に標印と機種名の一覧表を示します．

数字やアルファベット

機種名	標印
BU5281G	D4
BU7291G	D1
BU7271G	D2
BU7421G	A1
BU7411SG	E8
BU7265G	D3

ロット・ナンバ

この部分の4文字はロット・ナンバを表しており，機種を見分けるものではありません．

第1章 OPアンプの基礎

1.1 OPアンプとは？

　私は，OPアンプの明確な定義を見たことがありません．しかし，「負帰還を掛けることを前提とした高い電圧利得を持つ増幅回路で，正負一対の差動入力端子を持ち，交流から直流にわたる周波数範囲で同様な取り扱いが可能なもの，かつ用途を限定しないもの」というのが暗黙の認識だと思います．

　アナログ・コンピュータの演算素子という定義は，アナログ・コンピュータが絶滅した現在では不適当でしょう．ただ，信号を数学的に処理できるという特徴は，発祥時点から変わりありません．本来は，複雑な信号処理に向けた仕様ですが，入力電圧を実数倍して出力する単純なアンプとしても設計が容易なため，現在では直流からビデオ周波数程度の帯域までは，「アンプ＝OPアンプ」と言えるほど一般的になっています．現在は，狭義でIC化されたものを指しますが，ディスクリート構成のものも存在したようです．

　入力は差動なので，どこの電圧を増幅するのかが明確で，かつ出力電圧の基準電位（グラウンド）とは独立しているので自由度があります．さらに，電圧利得が高いので，二つの入力端子間の電位差が極めて小さくても，必要な出力電圧を得ることができます．理想化して考察するときは，入力電圧をゼロとみなします．すると，見かけ上，二つの入力間には電流は流れず，かつ電位差がゼロという状態になります．このことを仮想短絡（バーチャル・ショート）と呼びます．ごく単純な性質ですが，抵抗やコンデンサなどの受動素子だけでは実現できません（図1.1.1，図1.1.2）．

　OPアンプを応用すれば，信号の加算／減算はもとより，微分／積分処理などを簡単に行うことができ，微分方程式の解を得ることもできます．さらに，いくつかの回路要素と組み合わせることで，非線形な信号処理が可能です．しかし，現在では複雑な信号処理はMPUやDSPが担当し，OPアンプはMPUやDSP周

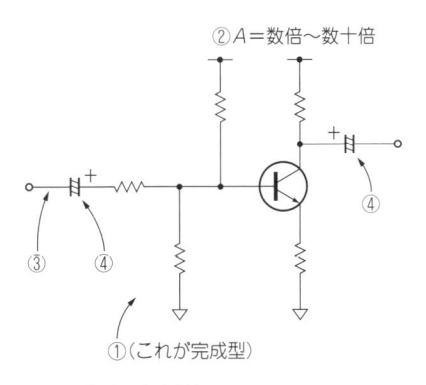

(a) 一般のアンプ（1石アンプの例）

② A＝数倍〜数十倍
① (これが完成型)
① そのまま使う（固定利得）
② 必要な利得にあらかじめ設計（利得の変更は再設計）
③ シングル入力（グラウンドが基準電位）
④ AC結合が多い

(b) OPアンプ

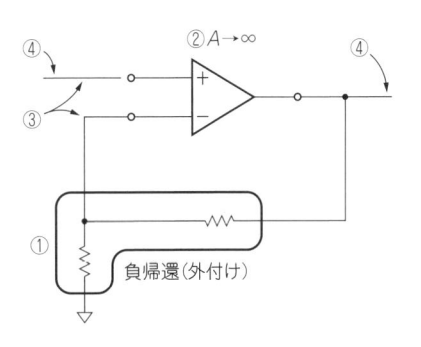

② A→∞
負帰還（外付け）
① 負帰還が必須（利得を設定できる）
② 利得≒∞（利得の変更は負帰還で設定）
③ 差動入力（二つの入力の電位差を増幅）
④ 直流アンプ

図1.1.1 OPアンプの特徴

辺のインターフェース部分で，単純な増幅処理と簡単なフィルタ処理だけを担当することが多くなりました．OPアンプ自体も特殊な応用回路への対応力よりも，単純なアンプとしての性能を向上させる方向に向かっているように見えます．

● OPアンプはプログラマブル・ゲイン・アンプではない

よくありがちな誤解を，ここで解いておきましょう．現在，OPアンプの用途でもっとも多いのは，電圧を何倍かするだけの単純なアンプでしょう．2本の抵抗だけで自由に利得を決められ，設計が容易なことが採用される理由です．

ここで使われる2本の抵抗は，ディジタルICのように内部の機能を選択しているわけではありません．また，内部の動作を設定しているわけでもありません．OPアンプは，何がつながろうとも差動入力電圧を一定の倍率で増幅するという同じ動作をするだけです．2本の抵抗は，簡単ながらOPアンプを含む応用回路の一部です．OPアンプには固定した機能はなく，

さまざまな応用回路で共用できる回路ブロックを抜き出して集積化しただけです．

つまり，ディスクリートの抵抗やコンデンサ，ダイオードやトランジスタに近いものです．そのため，簡単な応用回路でも常に回路設計が必要です．

次に取り上げる三つの基本アンプ（非反転，反転，ボルテージ・フォロア）は，簡単なアンプとして用いられますが，それは応用回路が簡単というだけです．一般に，OPアンプの応用回路はつなぐだけという感覚とはほど遠く，簡単ではありません．フィルタや発振器などの応用回路は，回路構成も設計方法もかなり複雑です．現在では，設計用のプログラムやテンプレートの類が充実し，設計が容易になりました．しかし，最終的な機能や性能もOPアンプの応用回路の設計者の責任下にあり，単につなぐだけでは期待どおりの動作をしない場合もあるということを覚悟しなければなりません．

OPアンプ・メーカや第三者の提供する応用回路例は，例えて言えば，布地にサービスでデザイン画や型紙を付けたり食材にレシピを付けたりしたようなもの

(a) このような使い方はしない

$$\frac{V_o}{V_i} = \frac{5}{9995+5} \times 10000 = 5$$

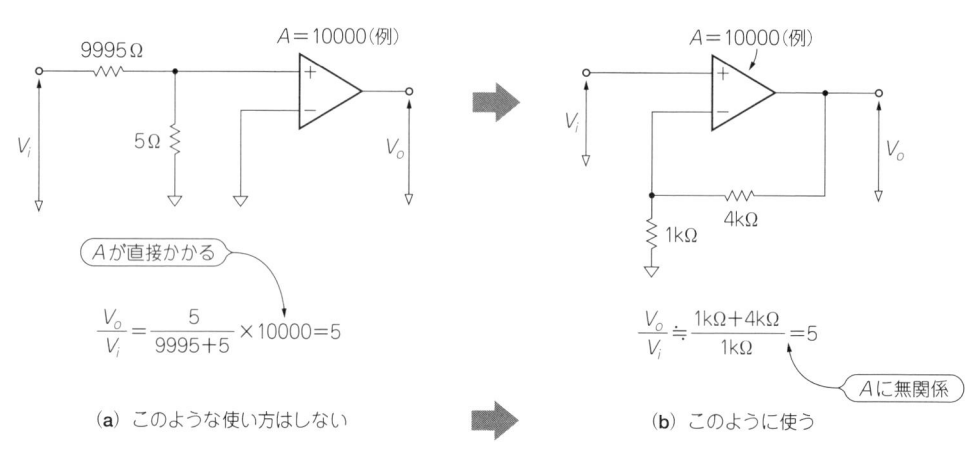

（Aが直接かかる）

(b) このように使う

$$\frac{V_o}{V_i} \fallingdotseq \frac{1\mathrm{k}\Omega + 4\mathrm{k}\Omega}{1\mathrm{k}\Omega} = 5$$

（Aに無関係）

図1.1.2　OPアンプは必ず負帰還をかけて使う

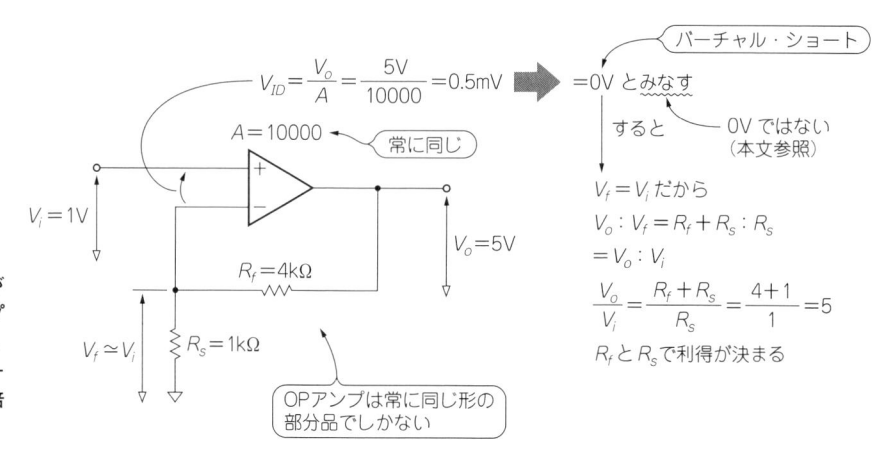

図1.1.3
応用回路全体の動作が変わってもOPアンプの動作は変わらない．OPアンプは常に＋／－の入力間の電圧をA倍しているだけ

$$V_{ID} = \frac{V_o}{A} = \frac{5\mathrm{V}}{10000} = 0.5\mathrm{mV} \Rightarrow = 0\mathrm{V} \text{とみなす}$$

（バーチャル・ショート）
（0Vではない（本文参照））

すると

$V_f = V_i$ だから
$V_o : V_f = R_f + R_s : R_s$
$= V_o : V_i$

$$\frac{V_o}{V_i} = \frac{R_f + R_s}{R_s} = \frac{4+1}{1} = 5$$

R_fとR_sで利得が決まる

（常に同じ）
（OPアンプは常に同じ形の部分品でしかない）

で，作品のでき上がりはユーザの技量に強く依存します．これは，汎用部品という OP アンプの性格上，仕方がないことです．紹介された回路例のコピー＆ペーストでも動くことの多いディジタル IC と違い，OP アンプの応用回路では，たとえ実績のある簡単な回路であっても事前に評価してから使う必要があります（図 1.1.3）．

1.2 基本のアンプ（非反転，反転，ボルテージ・フォロア）

OP アンプの主要な用途である基本的な増幅回路は次の三つです．

- **ボルテージ・フォロア**〔図 1.2.1(a)〕

バーチャル・ショートの特徴を活かした簡単な応用例は，ボルテージ・フォロアです．プラス入力端子の電圧とマイナス入力端子の電圧が等しくなるため，出力電圧は入力電圧に等しくなります．理想的には，入力端子には電流が流れず出力端子からは大きな電流が取り出せるため，出力電流を増強する用途（バッファ・アンプ）に使うことができます．

- **非反転増幅器**〔図 1.2.1(b)〕

ボルテージ・フォロアでは，マイナス入力端子を出力端子に直結していました．ここを R_f，R_s の 2 本の抵抗で分圧すると $R_s : (R_s + R_f)$ = 入力電圧：出力電

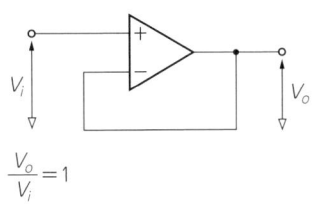

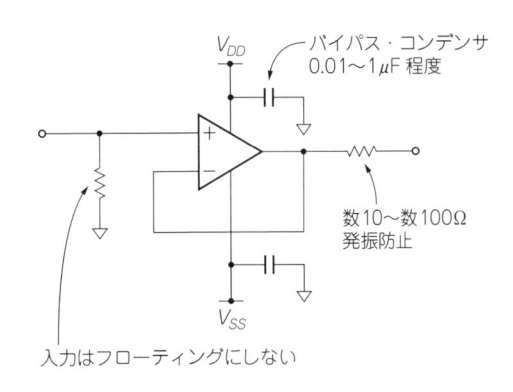

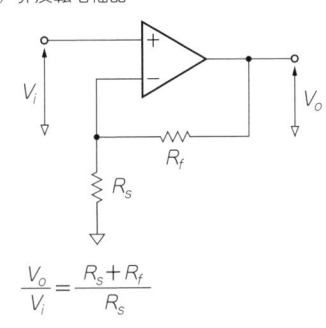

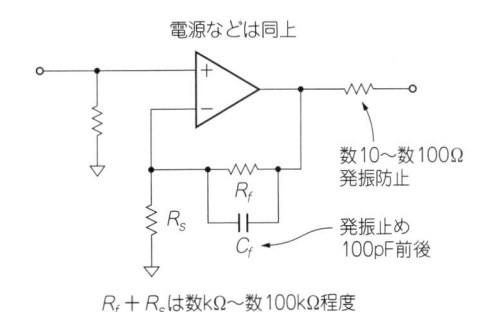

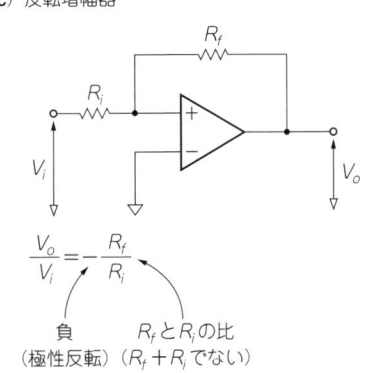

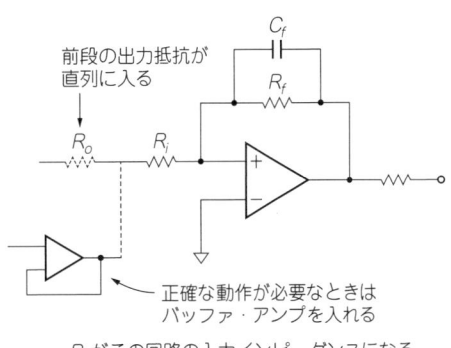

図 1.2.1
基本的な応用回路と実用上の注意．これだけでもなかなか原理図通りにはいかない

(a) ボルテージ・フォロア
$$\frac{V_o}{V_i} = 1$$

(b) 非反転増幅器
$$\frac{V_o}{V_i} = \frac{R_s + R_f}{R_s}$$

(c) 反転増幅器
$$\frac{V_o}{V_i} = -\frac{R_f}{R_i}$$
負（極性反転） R_f と R_i の比（$R_f + R_i$ でない）

バイパス・コンデンサ 0.01〜1μF 程度
数10〜数100Ω 発振防止
入力はフローティングにしない

電源などは同上
発振止め 100pF 前後
$R_f + R_s$ は数 kΩ〜数 100 kΩ 程度

前段の出力抵抗が直列に入る
正確な動作が必要なときはバッファ・アンプを入れる
R_i がこの回路の入力インピーダンスになる

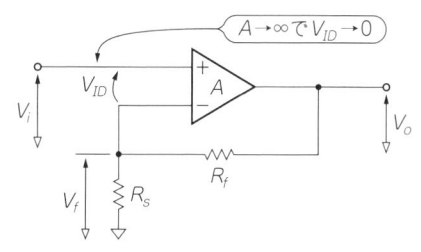

図1.3.1 誤差圧縮の定性的原理

吹き出し: $A \to \infty$ で $V_{ID} \to 0$

$V_{ID} \simeq 0$ ゆえに $V_i = V_f$

理想は $\dfrac{V_o}{V_i} = \dfrac{V_o}{V_f} = \dfrac{R_f + R_s}{R_s}$ だが，

$V_{ID} \neq 0$ ゆえに誤差が生じる

$A \to \infty$ とすれば $V_{ID} \to 0$ となり誤差を減らすことができる

吹き出し: 等式成立ならば誤差はゼロ

圧の関係になります．つまり，利得が次の単純な式で決まる増幅回路になります．

利得＝（出力電圧／入力電圧）＝$(R_s + R_f)/R_s$

ボルテージ・フォロアは，利得が1の非反転増幅器です．入力にはバイアス電流が流れるだけで，高入力インピーダンスとなります．

・反転増幅器〔図1.2.1(c)〕

OPアンプのプラス入力をグラウンドに接続し，マイナス入力に入力電圧と出力電圧の差を R_f，R_i の2本の抵抗で分圧して与えると，$R_i : R_f =$ 入力電圧:(－出力電圧)という関係になります．入力電圧を負の実数倍で出力する増幅回路で，利得は次式になります．

利得＝（出力電圧／入力電圧）＝$(-R_f)/R_i$

R_i が入力インピーダンスとなり，入力に電流を流す必要がありますが，負の倍率（入力と逆の極性の出力）を得ることができます．

1.3 負帰還の基礎

● 負帰還の理解が成功の鍵

OPアンプは，負帰還を掛けるための道具と言ってよいと思います．負帰還を正常に掛けることができれば，後は積み木を積み上げるようにほとんど理論どおりに設計することができます．負帰還を掛ける上で一番の問題は"安定性"の問題で，具体的には"発振"という不具合になります．

この辺の理屈は電気的な性質から離れた数学的な話となり難解ですが，そこから導出される実用的な解決法はシンプルです．対症療法として発振を止める方法の定石をいくつか知っていれば対応できますが，少し外れた問題の場合は，堂々巡りに陥る恐れもあるので，根本的な理論を少し紙面を割いて説明します．

● 負帰還とその効能

OPアンプを使った基本のアンプにおいて，出力電圧に一定の倍率をかけて入力端子に電圧を減じる極性でもどすことを負帰還（を掛ける）と言います．入力電圧が減少するので，負帰還を掛ける前の利得（開ループ利得）に比べ，掛けた後の利得（閉ループ利得，仕上がり利得）は減少します．しかし，負帰還を理想的に掛けることができれば利得の減少分だけ誤差やひずみ，内外で発生する雑音を減少させることができます．

例えば，負帰還なしの10倍±10%のアンプと，開ループで1000倍±10%のアンプに負帰還を掛けて10倍で使う場合を比較すると，後者は負帰還時の利得の誤差が±0.1%となり，1/100に改善されます．ひずみやノイズにも同様の効果があります．

改善の度合いは，開ループ利得／閉ループ利得分だけ大きくなります．アンプ自身の誤差要因をゼロに近づけるため，開ループ利得を極限まで大きくしたアンプがOPアンプです．利得が60dB(1000倍)以上あるOPアンプを20dB(10倍)程度に抑えて使うのは一見無駄ですが，特性の改善という大きな利点があります（**図1.3.1**）．

● 負帰還の考察に"バーチャル・ショート"は使わない

もう一つ，前述のとおりに負帰還を施すことで，二つの入力端子間の電位差がゼロに見える"バーチャル・ショート"という重要な性質が生じます．バーチャル・ショートはとても都合の良い性質ですが，その名のとおり負帰還によって生じる仮想的な状態です．入力端子間の電位差がゼロに見えるほど小さいというだけで，本当にOPアンプの二つの入力間の電位差がゼロで意図した出力電圧が出るわけではないので注意が必要です．

また，先に挙げた三つの基本回路のすべてがマイナス入力端子に出力から戻した電圧を与えていることも重要です．例えば，非反転増幅器で R_s，R_f で分圧した電圧をプラス入力端子に接続しマイナス入力端子に信号を与えて逆極性のアンプとして使うことはできません．しかし，バーチャル・ショートを前提に電圧の

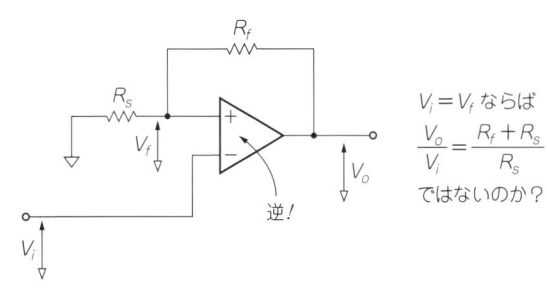

図1.3.2 バーチャル・ショートのありがちな誤解

$V_i = V_f$ ならば
$\dfrac{V_o}{V_i} = \dfrac{R_f + R_s}{R_s}$
ではないのか？

バランスを計算することはできてしまいます．

バーチャル・ショートは，負帰還をかけたときに出現する理想状態です．適正な負帰還を掛けることが大切ですが，そのことを満たすように設計されているのがOPアンプであるともいえます．したがって，出力電圧をプラス入力端子に戻すような重大なミスを犯さない限りは，理想的に負帰還が掛かり二つの入力間はバーチャル・ショートになるという前提で話を進めることが一般的です．

応用回路の基本動作は，略式にはバーチャル・ショートを含めた理想論で考察します．単純な増幅回路では，それだけで所定の動作をします．しかし，一般的には各要素を理想化せずに問題なく動作することの確認と不具合の修正が必要です．特に，負帰還の安定性は簡単な応用回路においても常に問題になります．いわゆる「発振するか，しないか」ということです．

負帰還が正常に掛かることが動作の大前提なので，直流動作条件を確認したら，次に優先的に負帰還の安定性を確認すべきでしょう．負帰還が正常かどうかの考察に正常な負帰還の結果であるバーチャル・ショートを使うことはできません（図1.3.2）．

● **負帰還の原理**

負帰還アンプのブロック図は，図1.3.3のようになります．理想OPアンプの電圧利得A_vは無限大ですが，実際のOPアンプでは有限です．二つの入力端子間の電位差をA_v倍して出力します．

図1.3.3に示した回路の利得A_f（＝出力電圧V_{out}／入力電圧V_{in}）をA_vと分圧抵抗R_s，R_fで表すと，図1.3.3に示した式になります．$\beta = R_s/(R_s+R_f)$を帰還率，$1+\beta A_v$を帰還量と呼びます．負帰還時の利得A_fは$A_v \to \infty$時に$A_f \to 1/\beta$となります．A_fの誤差を許容範囲に収めるためには，単にA_vが充分に大きければよく，A_v自体の誤差は影響しません．

$A_f \fallingdotseq 1/\beta$とすると，

$$V_f = \beta V_{out} = \beta \times A_f \times V_{in} \to \beta \times (1/\beta) \times V_{in} = V_{in}$$

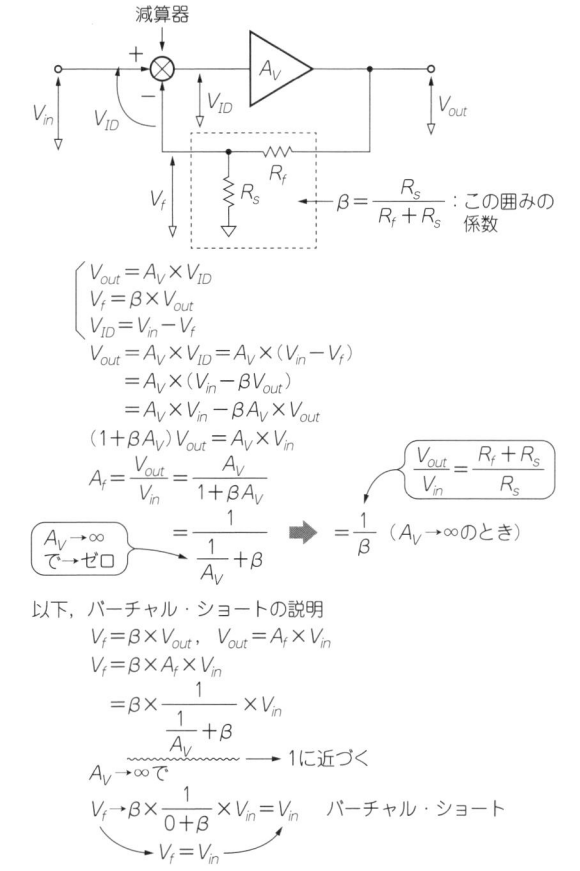

図1.3.3 負帰還の原理

減算器

$\begin{cases} V_{out} = A_V \times V_{ID} \\ V_f = \beta \times V_{out} \\ V_{ID} = V_{in} - V_f \end{cases}$

$\beta = \dfrac{R_s}{R_f + R_s}$ ：この囲みの係数

$V_{out} = A_V \times V_{ID} = A_V \times (V_{in} - V_f)$
$\qquad = A_V \times (V_{in} - \beta V_{out})$
$\qquad = A_V \times V_{in} - \beta A_V \times V_{out}$
$(1 + \beta A_V)V_{out} = A_V \times V_{in}$

$A_f = \dfrac{V_{out}}{V_{in}} = \dfrac{A_V}{1 + \beta A_V}$

$\dfrac{V_{out}}{V_{in}} = \dfrac{R_f + R_s}{R_s}$

$A_V \to \infty$ で→ゼロ $= \dfrac{1}{\dfrac{1}{A_V} + \beta} \Rightarrow = \dfrac{1}{\beta}$（$A_V \to \infty$のとき）

以下，バーチャル・ショートの説明
$V_f = \beta \times V_{out}, \quad V_{out} = A_f \times V_{in}$
$V_f = \beta \times A_f \times V_{in}$
$\quad = \beta \times \dfrac{1}{\dfrac{1}{A_V} + \beta} \times V_{in}$

$A_V \to \infty$で→1に近づく

$V_f \to \beta \times \dfrac{1}{0+\beta} \times V_{in} = V_{in}$ バーチャル・ショート
$\quad V_f = V_{in}$

となり，$V_{in} - V_f \fallingdotseq 0$のバーチャル・ショートが成立します．

バーチャル・ショートは，負帰還を掛けるという大前提のもとに，微小な差動入力電圧を大きな利得倍にする動作によって成立しますが，実際には差動入力電圧はゼロではありません．よって，本当に二つの入力端子を短絡してしまうと差動入力電圧がなくなってしまい動作が成立しません．回路定数は，バーチャル・ショートとみなして計算できますが，負帰還の動作はあくまでバーチャル・ショートを用いない通常のアンプ回路として考えなければいけません．

● **出力で発生した誤差電圧はOPアンプの利得を上げるとゼロに近づく**

・**誤差要素の改善**

リニア・アンプでは，出力電圧が入力電圧に比例するのが理想です．しかし，一般的にはそうではありません．利得の非直線性による偏差やひずみ，アンプ内部で発生するノイズや外乱による影響など，アンプの出力に発生する誤差要素は，一般的に図1.3.4のように誤差のないアンプ出力に誤差電圧が加算されるモデ

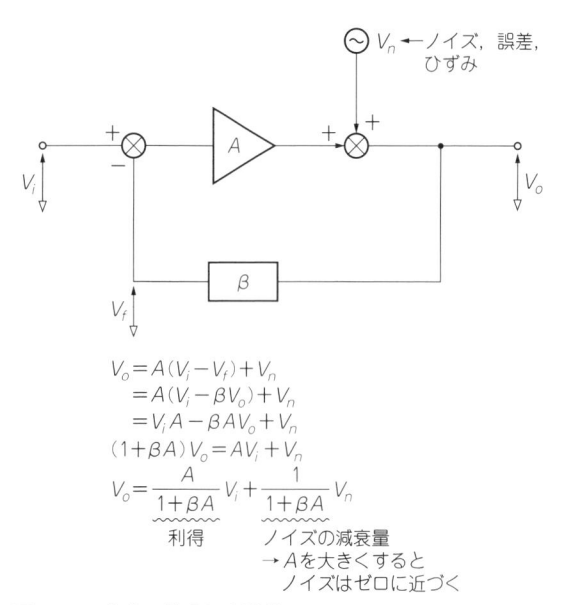

図 1.3.4　出力で発生した誤差

$$V_o = A(V_i - V_f) + V_n$$
$$= A(V_i - \beta V_o) + V_n$$
$$= V_i A - \beta A V_o + V_n$$
$$(1 + \beta A)V_o = AV_i + V_n$$
$$V_o = \underbrace{\frac{A}{1 + \beta A}}_{\text{利得}} V_i + \underbrace{\frac{1}{1 + \beta A}}_{\substack{\text{ノイズの減衰量}\\ \to A を大きくすると\\ \text{ノイズはゼロに近づく}}} V_n$$

ルで表すことができます．

誤差電圧の記号 v_n は，便宜的にノイズの記号ですが，利得の偏差や直流オフセット，ひずみなども同様です．ブロック図は負帰還アンプになっていますが，$\beta = 0$ のときは無帰還アンプに相当します．負帰還時には，誤差電圧が $1/(1 + \beta A)$ になります．

● 入力で発生した誤差電圧は消えることなくそのまま増幅される

先に示した図 1.3.4 は，誤差電圧がすべて出力で発生するとみなせる場合です．実際のアンプでは，誤差電圧が発生する場所は多数あります．信号は，アンプ内部で何段階かに分けて増幅されます．図 1.3.5 は考察上，2 段に分けて増幅した場合です．このときの誤差電圧は $A_2/(1 + \beta A)$ となり，改善効果は $1/A_2$ になります．ここで，$A_1 = 1$，$A_2 = A$ とすると入力電圧に誤差電圧が直列になった場合と等価です．つまり，数式上も入力電圧に誤差電圧が直列になったのと同じ動きをします．出力で発生した誤差電圧は，開ループ利得を無限大に近づけるとゼロに近づきます．一方，入力で発生した誤差電圧は，入力信号と同等に増幅されて出力に現れます．

入力オフセット電圧や入力換算雑音電圧は，入力電圧に直列になる誤差電圧で開ループ利得を大きくしても消えることはありません．これらの特性が特に重要視されるのは，負帰還により改善できず OP アンプと応用回路の性能を決めてしまうからです．

● 利得がゼロになる誤差は改善できない

利得の非直線性は，負帰還によって改善できます．

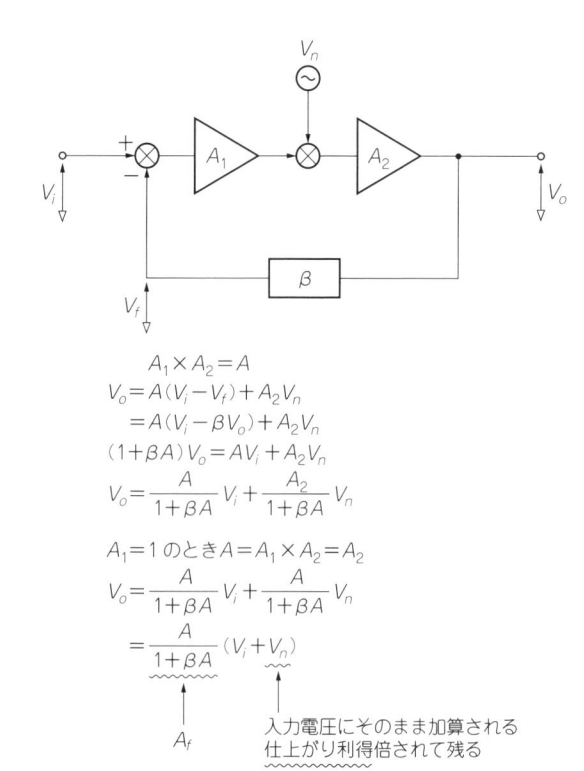

$$A_1 \times A_2 = A$$
$$V_o = A(V_i - V_f) + A_2 V_n$$
$$= A(V_i - \beta V_o) + A_2 V_n$$
$$(1 + \beta A)V_o = AV_i + A_2 V_n$$
$$V_o = \frac{A}{1 + \beta A} V_i + \frac{A_2}{1 + \beta A} V_n$$

$A_1 = 1$ のとき $A = A_1 \times A_2 = A_2$
$$V_o = \frac{A}{1 + \beta A} V_i + \frac{A}{1 + \beta A} V_n$$
$$= \underbrace{\frac{A}{1 + \beta A}}_{A_f} \underbrace{(V_i + V_n)}_{\substack{\text{入力電圧にそのまま加算される}\\ \text{仕上がり利得倍されて残る}}}$$

図 1.3.5　入力で発生した誤差
入力オフセット電圧や入力換算雑音電圧は負帰還で改善できない．

ただし，利得がある程度の大きさに保たれる場合に限ります．負帰還による誤差要素の改善度は，最大 $1/(1 + \beta A)$ なので，A がゼロではまったく改善されません．一番わかりやすいのは，出力電圧が飽和した場合です．この場合，いくら負帰還を掛けても，波形は頭を打ったままです．飽和点以上は，入力電圧を大きくしても出力電圧は変わらず，利得はゼロと等価です．

その他，出力電流の不連続により生じるクロスオーバひずみは，負帰還によって改善できないひずみの一つです．負帰還ループ内にダイオードによるスイッチング回路を含む場合などでは，回路が切断される瞬間に希望しない動作をすることもあります．

● 発振の評価と考察は周波数軸と時間軸の両方で行う

アンプに不適切な条件で負帰還を掛けると，発振という厄介な問題を起こします．負帰還時の利得 A_f の計算式 $A_f = A_v/(1 + \beta A_v)$ で，分母が 0 になると式が発散してしまうのです．この式を見る限り，ほとんどの場合は問題がないように見えます．なぜなら，実測で得られる値は，$\beta > 0$，$A_v > 0$ なので，$1 + \beta A_v = 0$ にはなりえないからです．それどころか，プラス入力とマイナス入力を入れ替えて $A_v < 0$ としても分母がピッタリ 0 になる大きさを避ければ，A_f が発散する

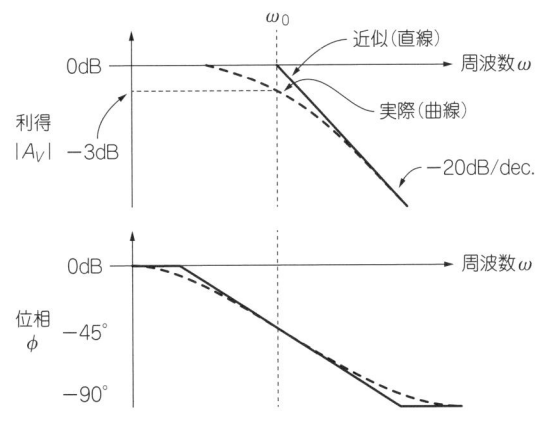

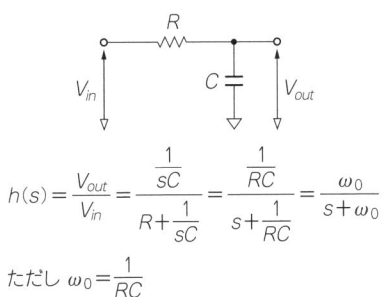

図1.3.6 特性は複素関数として考察する

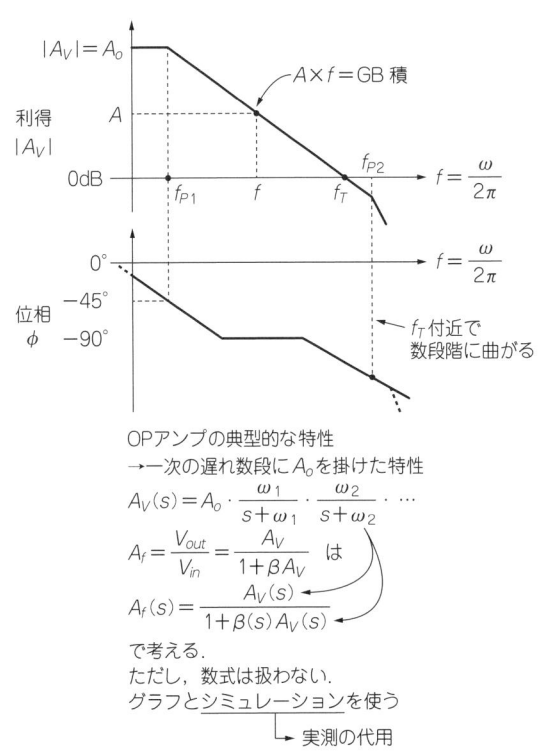

$$h(s) = \frac{V_{out}}{V_{in}} = \frac{\frac{1}{sC}}{R + \frac{1}{sC}} = \frac{\frac{1}{RC}}{s + \frac{1}{RC}} = \frac{\omega_0}{s + \omega_0}$$

ただし $\omega_0 = \frac{1}{RC}$

図1.3.7 利得/位相-周波数特性のグラフはOPアンプ単体の無帰還での特性.系全体では"OPアンプに負帰還をかけて作った回路"の特性を考える必要がある

$$A_V(s) = A_o \cdot \frac{\omega_1}{s+\omega_1} \cdot \frac{\omega_2}{s+\omega_2} \cdots$$

$$A_f = \frac{V_{out}}{V_{in}} = \frac{A_V}{1+\beta A_V}$$ は

$$A_f(s) = \frac{A_V(s)}{1+\beta(s)A_V(s)}$$

で考える.
ただし,数式は扱わない.
グラフとシミュレーションを使う → 実測の代用

ことはないはずです.

しかし,実際に二つの入力を入れ替えると,出力電圧が正負どちらかの電源電圧に張り付いてしまって動作不能になります.では,どこに問題があるかというと,A_vとβは複素関数として考察する必要があるのです.$A_v(s)$,$\beta(s)$(ただし,$s = \sigma + j\omega$)と考えるわけで,簡単に言いなおすと過渡項を含めた周波数特性を考慮する必要があるということです.

$s = j\omega$の置き換えはL,C,Rを用いた交流回路の計算でもおなじみだと思います.この場合,実部のσを省略して,$j\omega$の関数として考えていることになります.σは過渡応答を表します.つまり,定常的にある周波数で不安定にならないだけでなく,過渡的にも安定なことの確認が必要と言うことになります.

$s = \sigma + j\omega$を複素周波数と呼びます.$A_f(s)$は,周波数だけの関数で時間軸成分を含みません.実測上も安定か不安定かは時間軸(波形)でも観察しないと現象としては明確には見えてこないので,$A_f(s)$(周波数応答)と時間応答の関係を理解する必要があります(**図1.3.6**,**図1.3.7**).

● 周波数特性の数式は不要,"利得/位相-周波数特性"のグラフを使う

関連する関数が数式で与えられていれば考察は楽ですが,実物の特性から式を求めることは現実的ではありません.安定性の判断には,"利得/位相-周波数特性"のグラフを使います.これはボーデ線図と呼びますが,あくまでOPアンプ単体の特性であり,系全体の特性ではありません.そのままでは負帰還の安定性判断には使えない場合が多いので,注意してください.

判断の方法は,「位相遅れが180°になると負帰還が正帰還になり発振する」,ゆえに,データシートのグラフ上で「利得が0dBに低下する点の周波数以下で位相遅れが180°未満であれば安定」とされます.発振の理由は正確ではありませんが,形式的に大筋はそのとおりです(では,360°遅れればもとに戻るので発振しないのか?という疑問には正確に対応していない).応用回路では,グラフの特性に周辺回路の特性を重ね合わせて考察する必要があります.

負帰還時の利得A_fの計算式,

$$A_f = A_v/(1+\beta A_v)$$

— 評価すべき特性
— OPアンプの特性(データシートのグラフ)

を見てわかるとおり,データシートのグラフは式中のA_vの特性なので,本来はA_fの式全体の特性が必要な

はずです．安定性の判断で重要なのは，βA_vの利得／位相-周波数特性です．βは負帰還回路の特性で，表面的にはR_sとR_fによる分圧比です．βA_vはマイナス入力端子→OPアンプ→帰還回路→マイナス入力端子のループを一巡したときの利得を表すため，βにはOPアンプの出力抵抗や負荷インピーダンス，入力容量などの影響も加える必要があります．

ごく簡単には，R_sとR_fによる分圧比だけを考えると$\beta \simeq 1/$(仕上がり利得)となり，"利得／位相-周波数特性"のグラフの利得から仕上がり利得を差し引けば良いことになります．仕上がり利得20dBならば，"利得／位相-周波数特性"の利得軸を20dB上にシフトしてグラフの20dBを0dBと読み換えればよいのです．

また，出力抵抗と入力容量は，データシートにはあまり記載されません．出力抵抗は従来型の汎用OPアンプで10～200Ω，入力容量は10pF前後ですが，正確な値が得られることはまれなので，通常は概算で考察して影響が出ないように周辺回路の設計を工夫します（図1.3.8，図1.3.9，図1.3.10）．

● OPアンプの"利得／位相-周波数特性"は応用回路が変わっても不変

発振は，OPアンプの不具合によって起こるという誤解が多いようです．ディジタルの機能ICで設定を間違うのと同様に，間違った設定でOPアンプの内部動作が違ってしまうように見えるからかもしれません．しかし，OPアンプの"利得／位相-周波数特性"は，固有でたとえ発振していても同じです．グラフはメーカが提供しうる情報のほとんどすべてを含んでいて，これを元に安定性の考察をします．

不具合発生時に特性を取り直しても，OPアンプの特性から新しい情報は得られないと思います．OPアンプ自体は発振器も製作できるような仕様になっているので，応用回路が発振する設計になっていれば発振します．「OPアンプは正常で応用回路の設計どおり」という結論に至ることがほとんどだと思います．

● "極"の存在ではなく"極の位置"が問題

次の式，

$$A_f(s) = A_v(s)/(1+\beta(s)A_v(s)) \text{ で } 1+\beta(s)A_v(s) = 0$$

を満たすsを極（ポール）と言います．少し回路設計の経験があれば，発振を引き起こす要因として聞いたことがあると思います．sの関数$A_f(s)$は，系（ここでは

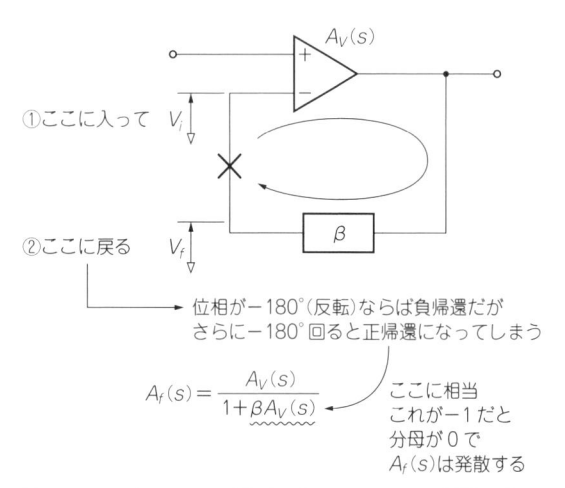

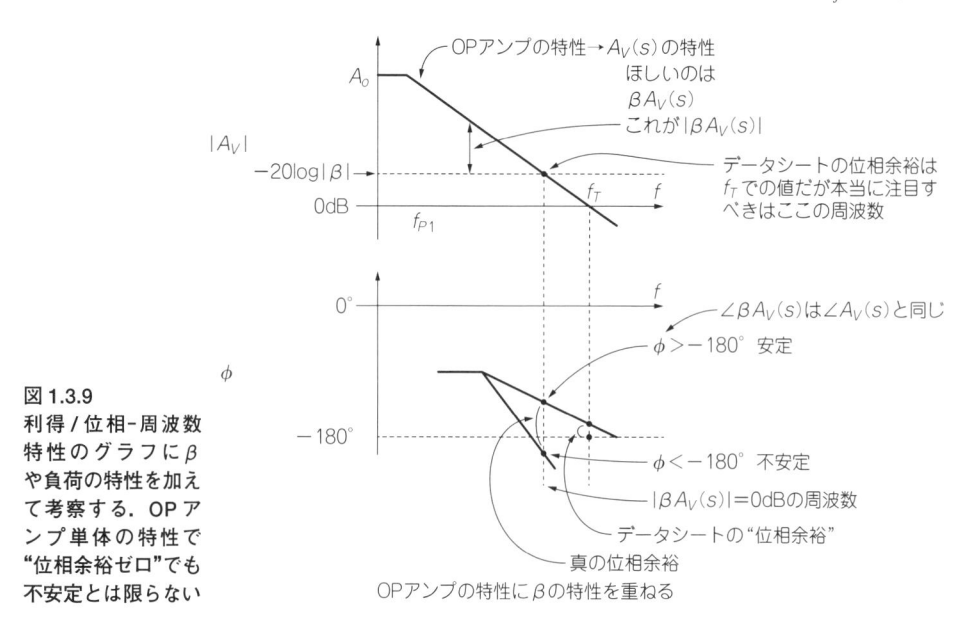

図1.3.8 入力に入って再び入力に戻る一巡の特性を考える．OPアンプの特性＋β回路＋その他の特性となる

$$A_f(s) = \frac{A_v(s)}{1+\beta A_v(s)}$$

ここに相当 これが−1だと分母が0で$A_f(s)$は発散する

①ここに入って V_i
②ここに戻る V_f

位相が−180°（反転）ならば負帰還だがさらに−180°回ると正帰還になってしまう

図1.3.9 利得／位相-周波数特性のグラフにβや負荷の特性を加えて考察する．OPアンプ単体の特性で"位相余裕ゼロ"でも不安定とは限らない

OPアンプの特性→$A_v(s)$の特性
ほしいのは$\beta A_v(s)$
これが$|\beta A_v(s)|$
データシートの位相余裕はf_Tでの値だが本当に注目すべきはここの周波数
$\angle \beta A_v(s)$は$\angle A_v(s)$と同じ
$\phi > -180°$ 安定
$\phi < -180°$ 不安定
$|\beta A_v(s)|=0$dBの周波数
データシートの"位相余裕"
真の位相余裕
OPアンプの特性にβの特性を重ねる

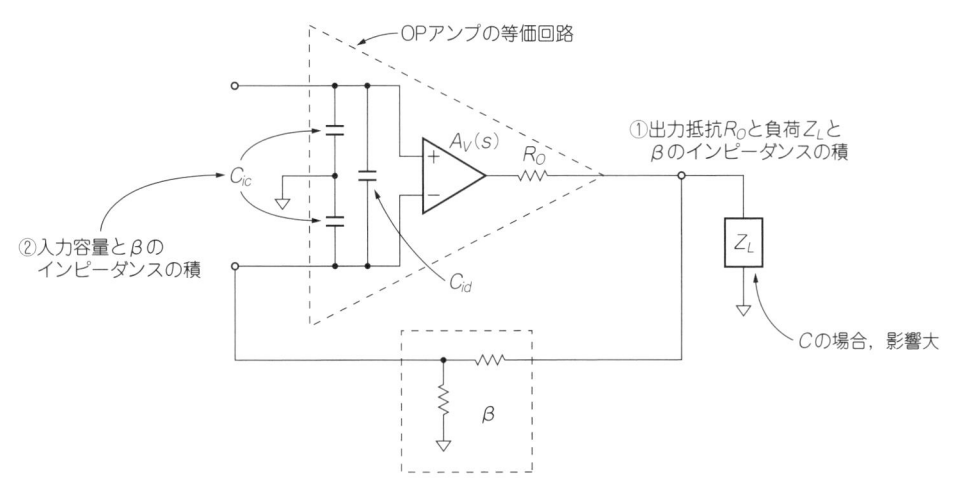

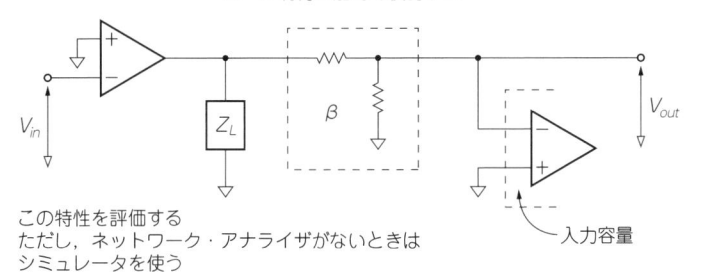

図 1.3.10
実測の原理. OPアンプの入力で帰還回路を開いて測定するが工夫が必要

アンプ)の時間応答のラプラス変換に相当します．ラプラス変換は，ステップ関数波形に対する系の時間応答波形の周波数成分(スペクトラム)を過渡応答も含めて分析した結果に相当します．ゆえに，$A_f(s)$ を逆ラプラス変換することでアンプの時間応答波形を得ることができます．リニア・アンプの利得のように，線形で時間的に変化のない伝達関数[＝$A_f(s)$ に相当]は，一般的に図 1.3.11 のように表すことができます．

分母は，$(s-p_n)$ の掛け算(級数)になります．$s = p_n$ で分母が 0 になり，$G(s)$ が発散します．p_n が極(ポール)の正体です．ただし，単純に極が存在することだけでは不安定にはなりません．伝達関数の一般型をブロック図で表すと，分母に関しては一次の遅れ，$F_n(s) = 1/(s-p_n)$ を掛け合わせた形になります．また，一般式を部分分数展開すれば，$F_n(s) = 1/(s-p_n)$ の線形結合式として考察できます．

$F_n(s) = 1/(s-p_n)$ の逆ラプラス変換(時間応答)は指数関数で，次のような関係があります．

ラプラス変換	⇔	逆ラプラス変換
(周波数領域)		(時間領域)
$F_n(s) = 1/(s-p_n)$	⇔	$f_n(t) = \exp(p_n \cdot t)$

$f_n(t)$ は，極 p_n の複素平面上の位置で次のようにな

伝達関数の一般形
$$G(s) = \frac{N(s)}{D(s)} = \frac{b_m(s-z_1)(s-z_2)\cdots(s-z_m)}{(s-p_1)(s-p_2)\cdots(s-p_n)}$$

$$\frac{1}{D(s)} = \frac{1}{(s-p_1)} \cdot \frac{1}{(s-p_2)} \cdot \cdots \cdot \frac{1}{(s-p_n)}$$

n 個の縦続　　　　　　　　　　p_n：極(ポール)

ラプラス変換上の対応
$$F(s) = \frac{1}{s-p} \Leftrightarrow f(t) = e^{pt}$$

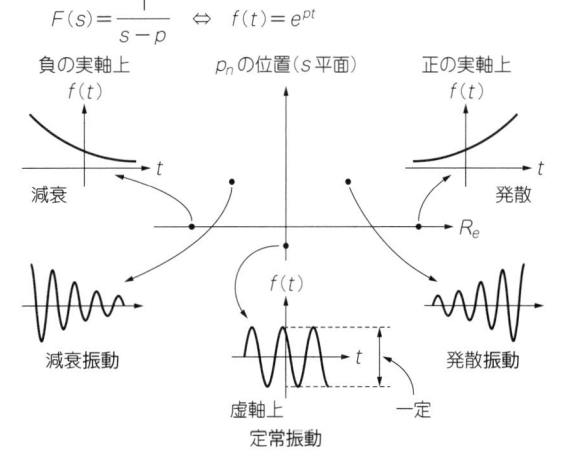

図 1.3.11　伝達関数を構成する 1 次遅れ系のポールの位置と安定性

ります．

1. 負の実軸上：減衰
2. 正の実軸上：発散
3. 虚軸上：一定振幅の振動
4. $\sigma<0$（虚軸上を除く左平面）：減衰振動
5. $\sigma>0$（虚軸上を除く右平面）：発散振動

このうち，1と4以外は時間的経過とともに発散か定常振動の状態になり，不安定と解釈できます．このことを言い換えると，

「伝達関数がs平面の右半分上および虚軸上に極をもたないこと(注)」

が安定条件となります．

● ナイキスト線図を使う

ナイキスト線図を使うと，安定性の評価が簡単にできます．この"ナイキストの簡易判定法"の数学的な理論や証明に関しては，古典制御理論の教科書を参照してください．ここでの説明は，結果を使うための概要です．

$1+\beta A_v=0$となる極は，通常はβA_vのボーデ線図の連続した曲線上にはありません．ボーデ線図は，開ループの特性だからです．一見して，ボーデ線図上で$1+\beta A_v=0$となる点が存在しなくても発振することがあります．問題になるのは，閉ループ特性で実部が0以上の不安定極ですが，ナイキスト線図を使うと不安定極の有無を簡単に調べることができます．

ナイキスト線図とは，βA_vのベクトル線図（あるsに対するβA_vの複素平面上の座標でsを変化させてプロットした図）です．すべての不安定極は，点$(-1, 0)$に写像され，s平面上の位置は判別できません．ただし，不安定極の存在はわかります．s平面の右半分に極pが存在する場合，周波数の変化につれて$s-p$の偏角はpの回りを一周します．写像先のナイキスト線図上では$(-1, 0)$（極点）を右回りに囲むようにベクトル軌跡が一周します．

逆に，軌跡が$(-1, 0)$を囲まなければ，不安定極は存在せず安定と言うことになります．$|\beta A_v|$が単調に減衰していく場合は，$|\beta A_v|=1$のときの偏角$\angle \beta A_v$が$-180°$より回っていると$(-1, 0)$を囲んでしまいます．$\angle \beta A_v$が$-180°$より手前なほど$(-1, 0)$を囲む危険が少ないため，$\angle \beta A_v-(-180°)$（$|\beta A_v|=1$のとき）が安定度の指標となり，"位相余裕"と呼ばれることになります．

また，$(-1, 0)$を囲まないためには，$\angle \beta A_v=$ $-180°$のときに$|\beta A_v|<1$である必要があります．これも$|\beta A_v|$が1より小さいほど$(-1, 0)$を囲む危険が少ないので，$\angle \beta A_v=-180°$のときの$|\beta A_v|$（"1"に対する比）が"ゲイン余裕"という指標になります．

ナイキストの判定法では，ナイキスト線図の軌跡が$(-1, 0)$を時計回りに囲む回数をn_T，負帰還時の不安定極の数をn_{FU}，開ループで評価した負帰還ループの不安定極の数をn_{GU}としたときに，

$$n_T=n_{FU}-n_{GU}$$

なる関係があります．負帰還時に安定であるためには，$n_{FU}=0$であることは当然ですが，そのためには，

$$n_T=-n_{GU} \quad \text{（負は逆回転を意味する）}$$

でなければなりません．つまり，ナイキスト線図上で軌跡が$(-1, 0)$を時計回りに囲む回数と同じ回数分，逆回りに戻らなければなりません．このことを積極的に応用すれば，軌跡が$(-1, 0)$を時計回りに囲んでも同じ回数だけ逆に戻せば安定になります．

安定性の判断に必要なのは，負帰還時の不安定極の数n_{FU}ですが，直接調べることは困難なので，評価が容易な開ループにおける負帰還ループの不安定極の数n_{GU}を使って判断するために，このような不思議な方法を使います（図1.3.12，図1.3.13）．

● 実際はボーデ線図を使う

ナイキストの判定法を使えば，ボーデ線図上では判断しにくい不安定極の存在がわかります．ただ，OPアンプに応用すると，A_v（直流）>80dB（10000倍）ですが判定に重要なのは$|\beta A_v|=1$付近なので，図上のスケールが違いすぎて単純には作図しにくいと思います．

また，OPアンプのデータはデシベルで表記することがほとんどなので，リニア・スケールに変換しなければなりません．ナイキスト線図とボーデ線図を見比べると，ボーデ線図はナイキスト線図での極座標をグラフにしたものだとわかります．ナイキスト線図上のベクトルの動きを意識すれば，ボーデ線図を使っても同様の判断ができます．不安定極が存在するかどうかは，$\beta A_v=0$dB（$|\beta A_v|=1$）付近の位相（偏角），または位相$-180°$付近のβA_vの大きさに注目すればよいことになります．

ここで，一般的に言われている「利得が0dBに低下する点の周波数以下で位相遅れが180°未満であれば安定」という判定法になります．ただし，複数個のOPアンプを組み合わせて使うような回路では，βA_v $=(0$dB, $-180°)$の前後を行ったり来たりする特性に

(注) "古典制御理論"では，"全ての極の実部が負"であることが安定の定義で，ここで説明するような物理的意味はあと付けになります．

$$A_f(s) = \frac{A_V(s)}{1+\beta A_V(s)} \leftarrow \text{分母が0にならなければよい}$$

$1+\beta A_V(s) = 0$ となる場合

$1+\beta A_V(s) = (s-p_1)\cdot(s-p_2)\cdots$

なる p_N ($N=1, 2, \cdots$) が存在する $\Rightarrow A_f(s)$ の極 $= P_N$

安定：p_N が s 平面の右半分上に存在しないこと

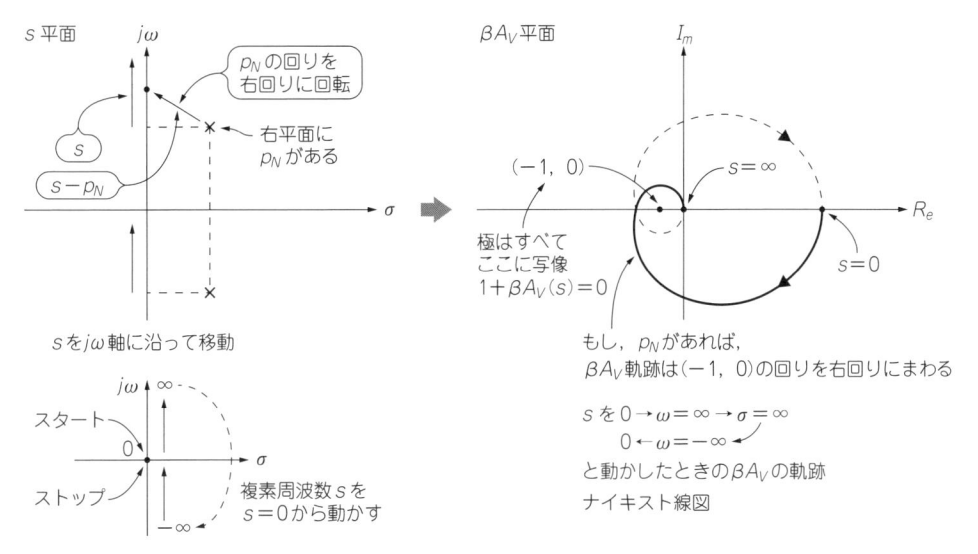

図1.3.12 ナイキスト線図を使うと不安定極の存在がわかる．βA_V の軌跡をプロットする

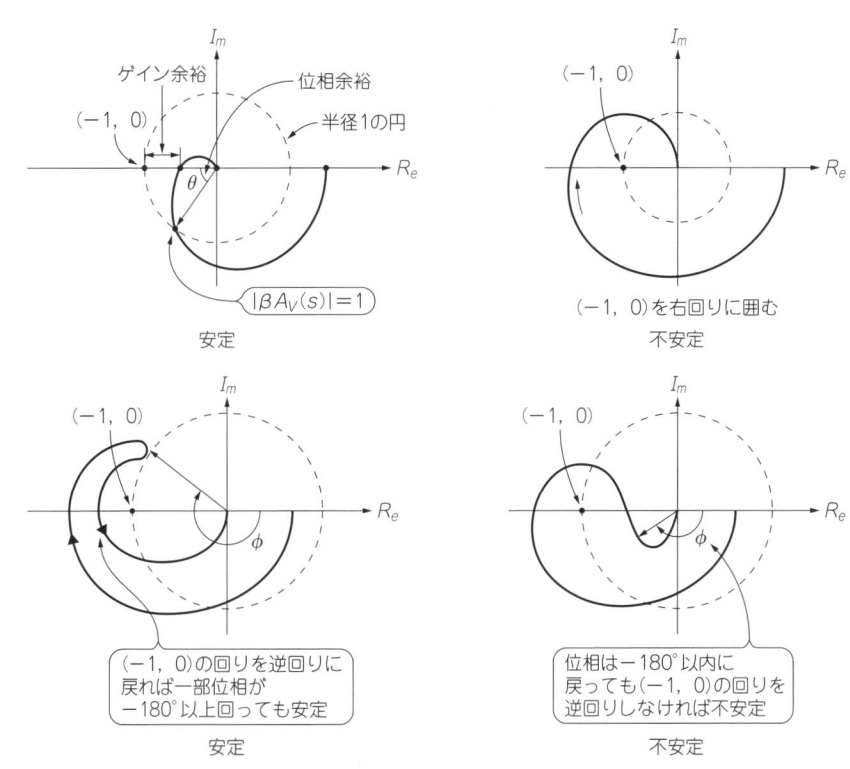

図1.3.13 $(-1, 0)$ を時計回りに囲まなければ安定．まわりを回っても逆回りで戻れば囲んだことにならない

1.3 負帰還の基礎 **15**

Column 1　出力抵抗と入力容量の測定方法

出力抵抗と入力容量は，負帰還によって見かけ上は実用に影響しない大きさになるので，一般的な用途ではあまり気にすることがありません．ただ，負帰還の安定性に影響するので，大体の大きさは捕捉しておく必要があります．

● ON-OFF 法による出力抵抗の測定

出力抵抗の測定原理は簡単です．図 c1_1 のように，負荷 R_L を接続すると出力抵抗 R_o との分圧比で出力電圧が減衰します．減衰率から逆算すれば，R_o が求まります．

● 無帰還で測定する

原理は簡単ですが，実際は工夫が必要です．負帰還を掛けたままでは，実際の値よりも小さく見えてしまうからです．ただ，負帰還を外しただけでは直流動作点が定まらず，出力が電源電圧に張り付いてしまいます．対策としては，図 c1_1 の上に示す回路のように，直流に近い周波数だけ負帰還がかかるようにするのが簡単です．

ネットワーク・アナライザなどの周波数応答特性を直視できる測定器で，測定条件の周波数前後で利得が－20dB/dec で減衰することを確認します．言うのは簡単ですが，利得が大きいため，ノイズの対策などは注意します．S/N を上げるためには，信号が大きいほうが有利です．

しかし，無帰還なので回路の直線性を保つことができず，信号の大きさによって測定結果が違ってきます．特に，出力回路は簡単なものでも AB 級動作が当たり前で，直流動作点と測定に使う信号の大きさが大きく影響します．出力波形をオシロスコープで監視しながら，ひずまないように注意します．正式には，出力電圧を一定にして入力電圧を読むべきでしょう．

● 測定例

図 c1_1 の回路で，負荷抵抗 R_L を 10kΩ と 1kΩ および 100Ω としたときの利得を，図 c1_3，c1_4，c1_5 に示します．R_L＝10kΩ と 1kΩ では，0.5dB しか違わず，R_o はもっと小さな値と判断できます．R_L＝100Ω では，R_L＝10kΩ に対し 4.8dB 減衰しています．R_L＝10kΩ をほぼ無負荷とみなすと，－4.8dB＝0.57 倍で，

$$R_o = \{(1-0.57)/0.57\} \times 100Ω = 75.4Ω$$

と計算できます．c1_5 を見ると，グラフの傾きは c1_3 のように素直な直線になっておらず，ひずみやノイズの影響が考えられます．一連の動作と測定値は信号の大きさにより，ずいぶん異なります．値は，目安として使うのが実用的です．

この例では，測定にパソコンの USB オーディオとフリー・ソフトを使いました．利得の周波数

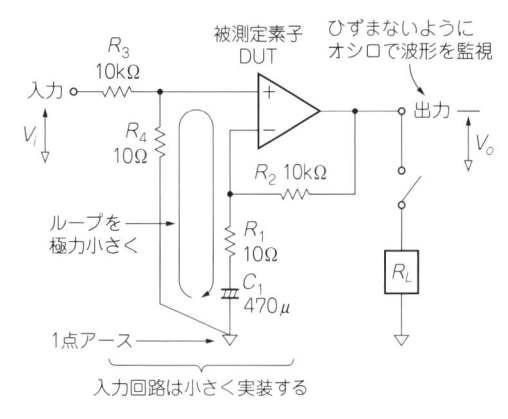

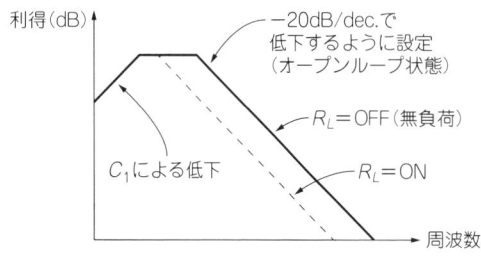

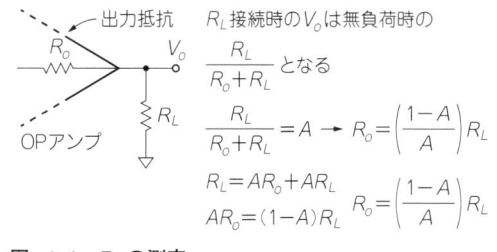

図 c1_1　R_o の測定

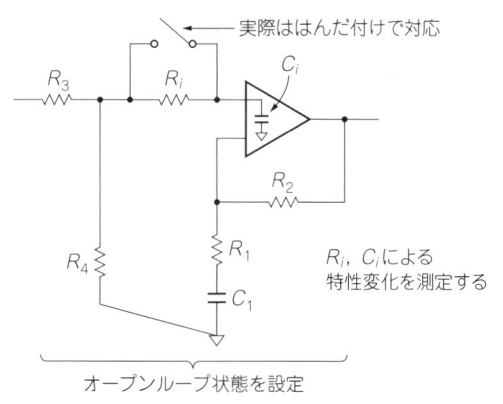

図 c1_2　C_i の測定

特性をグラフで直視できれば，原理どおりに抵抗分圧が正常に行われているかの確認が容易なので，比較的簡単に測定できます．測定周波数固定の従来型のオーディオ・アナライザなどでは難しいかもしれません．

● 入力容量の測定

同様に，無帰還の状態を作ることで，入力容量の測定もできます（図 c1_2）．ただ，一般的な条件では測定周波数が数 100kHz 程度になり，まともなネットワーク・アナライザが必要になるので，ここでは紹介にとどめます．入力容量は小さいもので数 pF，少し大きめのもので 10 ～ 20pF，ロー・ノイズ品など特殊なもので 100pF 弱を目安とし，影響が無視できるような応用回路設計をすれば，通常は厳密な値は必要ないと思います．

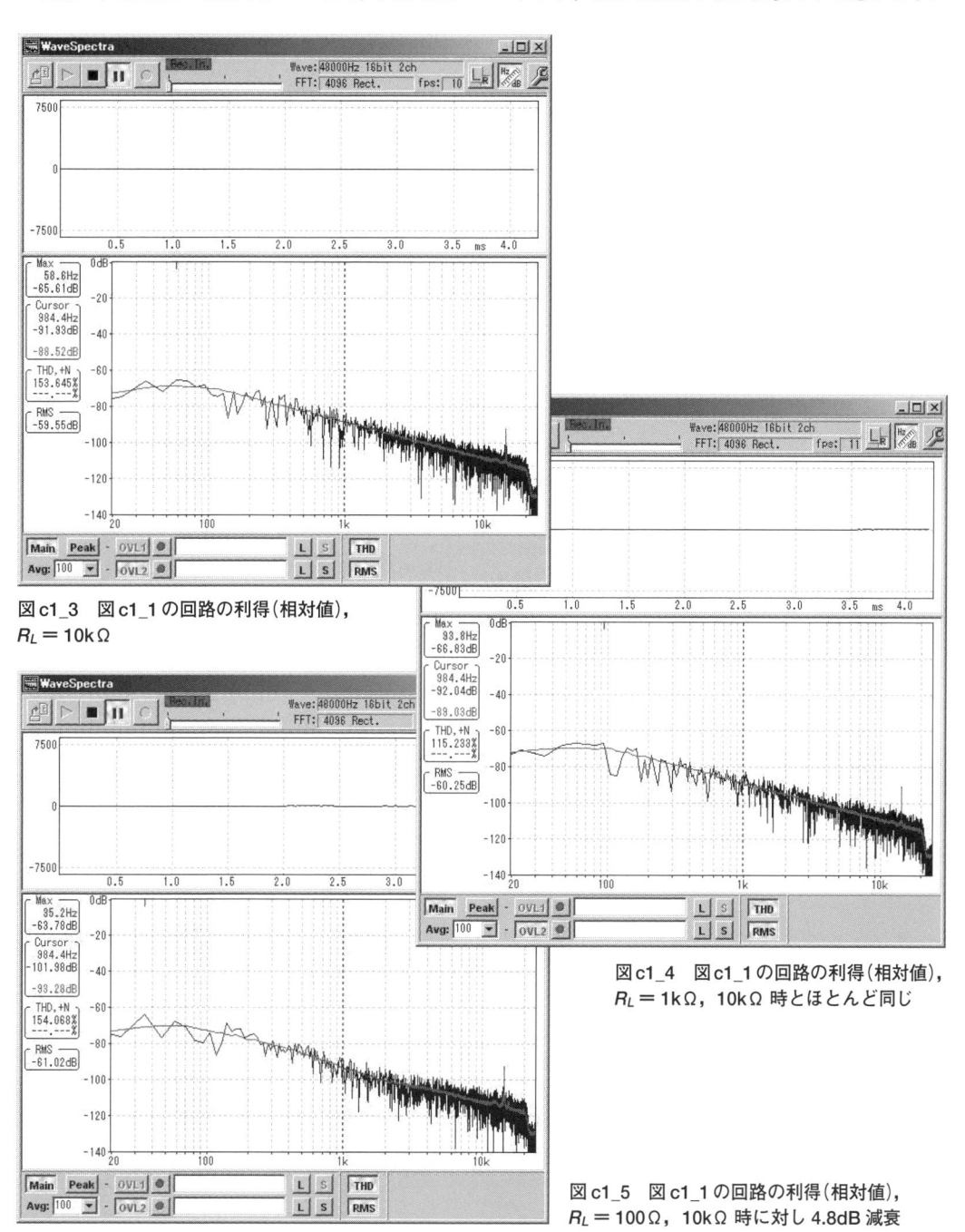

図 c1_3　図 c1_1 の回路の利得（相対値），$R_L = 10\text{k}\Omega$

図 c1_4　図 c1_1 の回路の利得（相対値），$R_L = 1\text{k}\Omega$，$10\text{k}\Omega$ 時とほとんど同じ

図 c1_5　図 c1_1 の回路の利得（相対値），$R_L = 100\Omega$，$10\text{k}\Omega$ 時に対し 4.8dB 減衰

1.3　負帰還の基礎

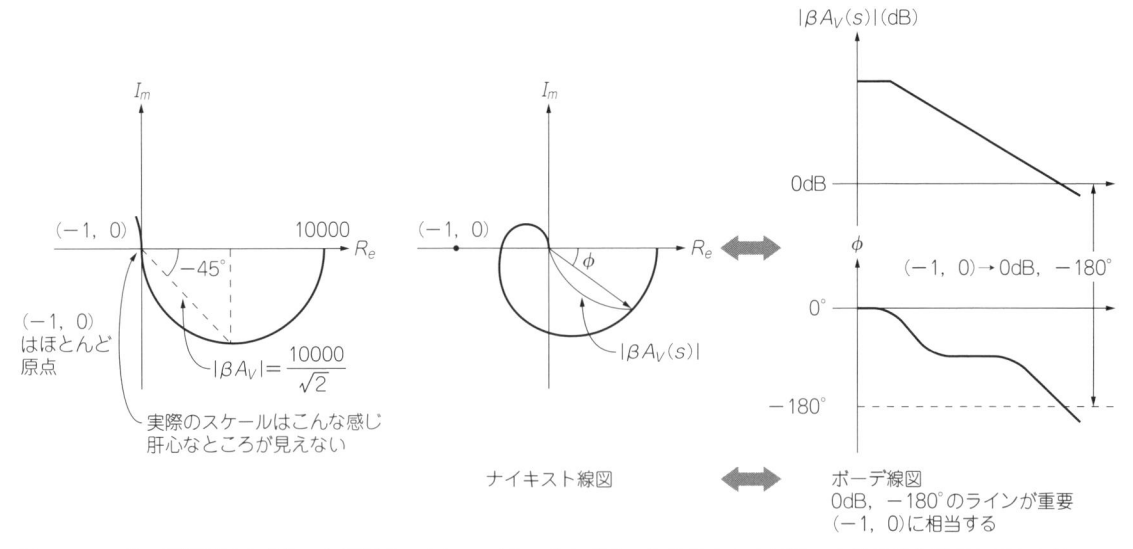

図 1.3.14　ボーデ線図はナイキスト線図の ϕ と $|\beta A_V|$ を 2 枚のグラフに分けたのと同じ．大体のことはこれでわかる

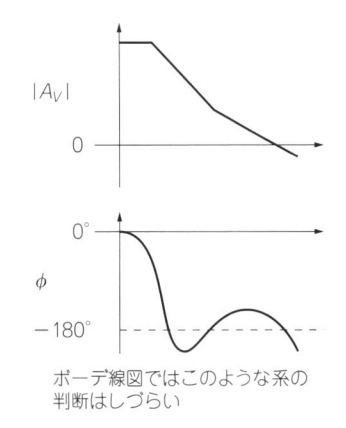

図 1.3.15 ボーデ線図では特性が複雑な系の判定が難しい

なることがあり，ナイキスト線図のように一点だけでは評価できないので注意が必要です．ナイキスト線図上で，$(-1, 0)$ を囲む恐れのあるすべての点を探して評価しなければなりません（**図 1.3.14**，**図 1.3.15**）．

● データシートの"位相余裕"は単なる目安でしかない

データシートには，品種によっては"位相余裕"の数値が掲載されていて，安定性の指標として使われます．また，"利得／位相-周波数特性"は"ボーデ線図"とも呼ばれ，位相余裕はここから求めることが多いようです．しかし，これまでの説明でわかるように正しいことではありません．唯一，データシートの定める測定条件（特に負荷条件）で，仕上がり利得 1 倍のボルテージ・フォロアとして使用した場合，開ループゲインの"ボーデ線図"および負帰還ループの"位相余裕"と

なります．それ以外の応用回路では，個別に求める必要があります．

帰還率 β が実数の単純なアンプの場合，条件として一番厳しいのは $\beta = 1$ のボルテージ・フォロアのときです．通常は，β が小さくなるにつれて，すなわち仕上がり利得が上がるにつれて安定な方向に向かいます．ボルテージ・フォロアで不安定な場合でも，仕上がり利得を何倍かにすることで安定することもあります．仕上がり利得が大きいほうが安定というのは，感覚的に矛盾すると思うので注意が必要です（**図 1.3.16**）．

● 位相補償

負帰還を安定にかけるためには，ナイキスト線図の軌跡が $(-1, 0)$ を時計回りに囲まないようにします．ごく簡単には，

「利得が 0 dB に低下する点の周波数以下で位相遅れが 180° 未満」

を満たすように回路の特性を調整します．

単純なボルテージ・フォロアや反転・非反転のアンプでも問題は起こります．特に陥りやすいのは，次の二点です．

- 出力抵抗と負荷容量による位相遅れ
- 入力容量と帰還抵抗または入力抵抗による位相遅れ

これらの対策は，**図 1.3.17**，**図 1.3.18** のようになります．

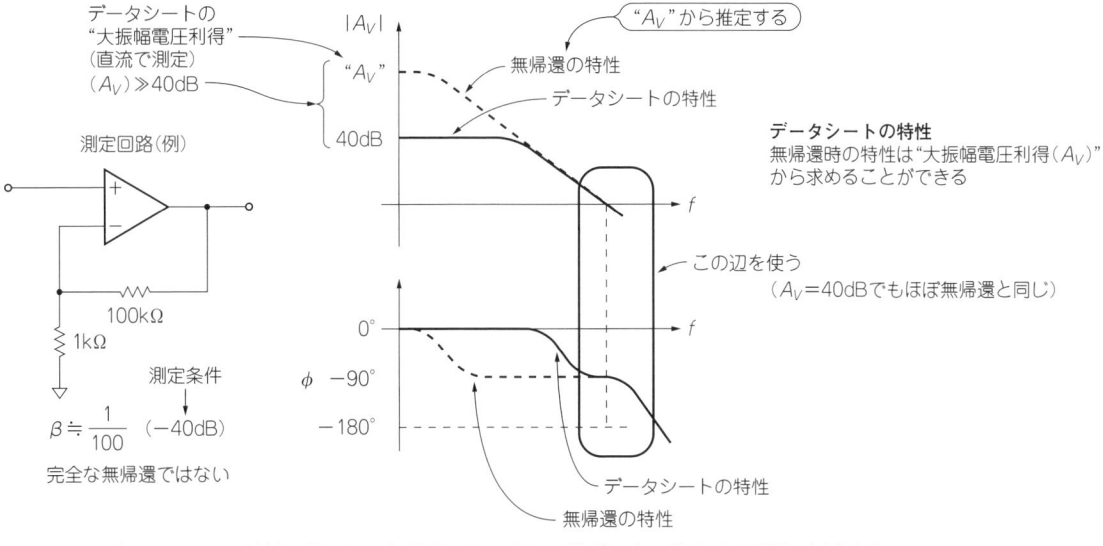

図1.3.16 データシートの特性の見かた．無帰還またはそれに準ずる高い仕上がり利得で測定される

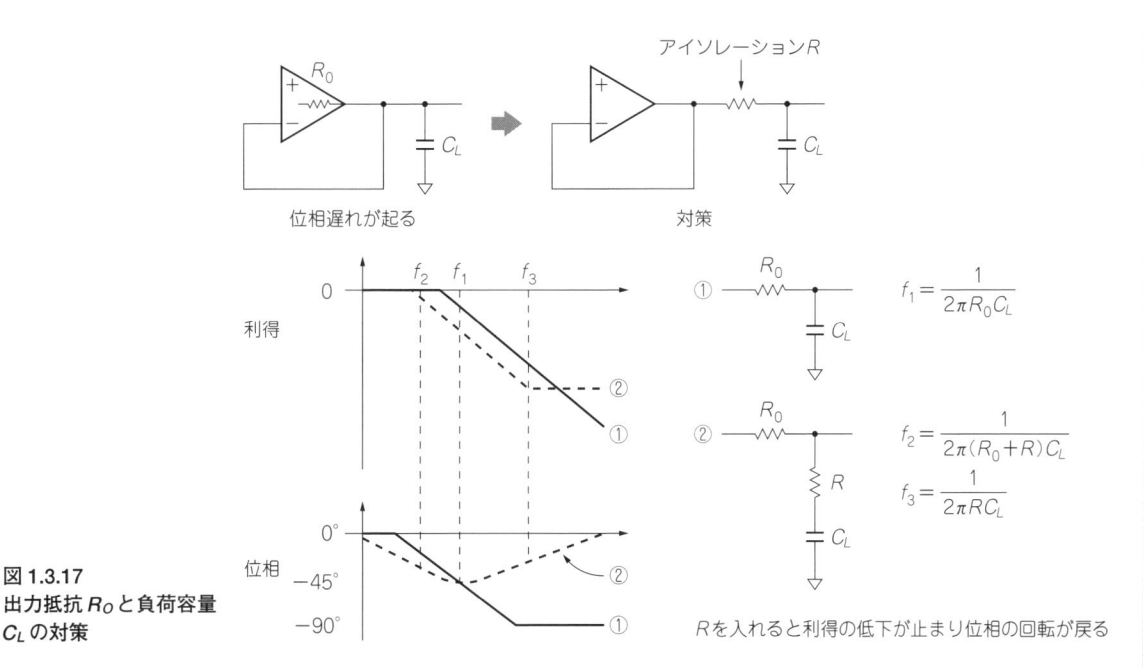

図1.3.17 出力抵抗 R_O と負荷容量 C_L の対策

$$f_1 = \frac{1}{2\pi R_0 C_L}$$

$$f_2 = \frac{1}{2\pi (R_0 + R) C_L}$$

$$f_3 = \frac{1}{2\pi R C_L}$$

R を入れると利得の低下が止まり位相の回転が戻る

● **シミュレータを活用する**

　負帰還を安定に掛けることが，OPアンプを活用するためには最も重要です．理屈を並べるのは簡単ですが，実験して確認するのはなかなか困難です．発振の理屈と実際のOPアンプの特性を照らし合わせると，直流から低周波向けのいわゆる"汎用OPアンプ"でも数MHz～10MHzあたりでの利得と位相の周波数特性を測定する必要があることがわかります．

　一般には，ネットワーク・アナライザを使いますが，所有していない人の便宜のため，"利得／位相-周波数特性"のグラフが提供されていますが，使いこなすには習熟が必要です．OPアンプそのものの研究でなければ理論に深入りせず，実測で確認できたほうが実用的です．最近では，回路シミュレータが発達しているので，これを利用すれば負帰還に関して実測と数値計算に匹敵する検証ができます．

　発振は負帰還を施すこと（閉ループ）で起きますが，安定性の判定は開ループで行います．閉ループでの特性を取っても有効な情報が得られません．開ループの利得／位相-周波数特性は，たとえネットワーク・アナライザが利用できても実際に測定するのはコツを要します．

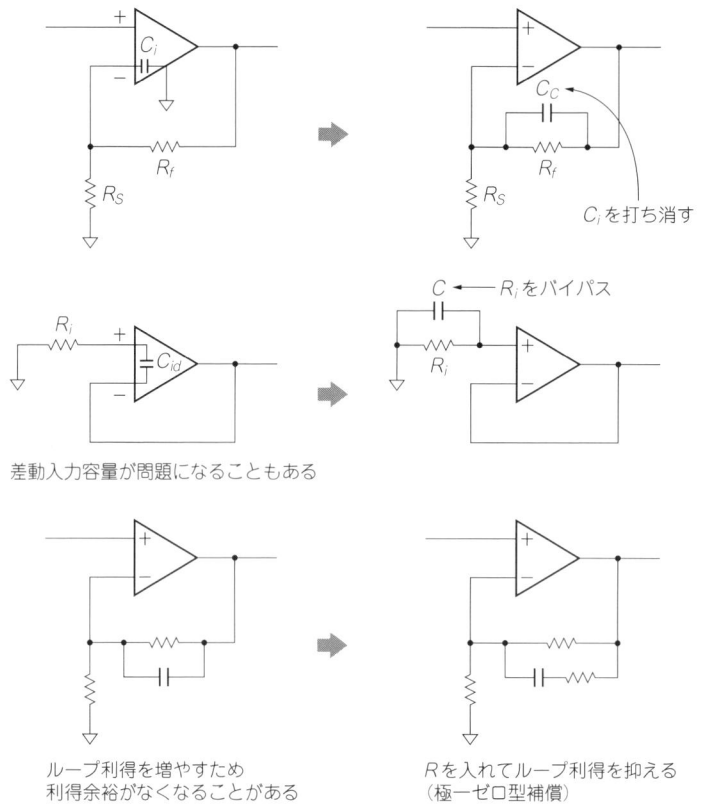

図 1.3.18
入力容量対策

差動入力容量が問題になることもある

ループ利得を増やすため
利得余裕がなくなることがある

C_iを打ち消す

R_iをバイパス

Rを入れてループ利得を抑える
（極―ゼロ型補償）

図1.3.18の②と同様の働き

　図1.3.10のように，OPアンプの後ろに負荷や帰還回路をつないで入出力の利得／位相-周波数特性を測るだけです．ところが，OPアンプの直流動作点は，負帰還を掛けないと決まらないため正常動作しないのです．直流だけ選択的に負帰還を掛ける方法や，負帰還を掛けた状態で開ループに相当する電圧を取り出す方法など，いくつかやり方があります．
　データシートの特性例では，仕上がり利得を40dB程度に設定して，負帰還を掛けた状態で測定している場合もあります．直流での電圧利得A_vと，利得／位相-周波数特性の低域部分の利得が異なることでわかります．この場合は，高域で利得の曲線が，仕上がり利得より充分下回る部分が開ループの特性となります．
　シミュレータを使えば，開ループの利得／位相-周波数特性の評価は比較的簡単です．実測の原理どおりの回路をエディタで入力して，AC特性をシミュレーションすればよいのです．
　通常のOPアンプのモデルは，開ループでも直流バイアスが偏ったりしないので，差動入力に直流成分を与えなければ正常に動作できます．OPアンプのモデルの入手が問題ですが，AC特性のシミュレーションだけならば，数個の制御電流源／制御電圧源とCRを組み合わせた簡単なモデルを自作できます．

　図1.3.19に，モデルの自作例を示します．このモデルではAC特性しかモデル化していません．発振の有無は，過渡特性で波形を見ないと正確に判断できませんが，出力電圧振幅のリミッタを実装することで，発振の有無だけは過渡特性で確認できるようにしてあります．スルーレートが関係する過渡特性は，スルーレートの動作を実装していないので正確な真似はできません．理想OPアンプを使った場合と同様なので，そのつもりで使うことは可能だと思います．
　同相入力電圧範囲や最大出力電圧は，メーカの提供するモデルでも実装されていないことが多いようです．ここでは安定性の確認がおもな課題なので，シミュレーションに関してこれ以上の説明は割愛しますが，メーカなどから一般に提供されているOPアンプのモデルでも完全ではないので，使う前に単体でモデル自体の評価をすることをお奨めします．また，細部のモデル化が省略されているため，他のOPアンプと比べて差がないことも多く，必要項目が似通った他のOPアンプのモデルが流用できる場合もあります．
　なお，参考までに図1.3.17のモデルのネット・リストを示しますが，OPアンプ1個の回路であれば，図1.3.17の回路を直接シミュレータの回路図エディタで書くことも可能でしょう．負帰還の動作を理解す

```
*//////////////////////////////////////////////////
*STANDARD OPERATIONAL AMPLIFIER MACRO-MODEL
* connections:      non-inverting input
*                   |   inverting input
*                   |   |   positive power supply
*                   |   |   |   negative power supply
*                   |   |   |   |   output
*                   |   |   |   |   |
*                   |   |   |   |   |
.SUBCKT OPA_STD_2   1   2   3   4   5
*

**********INPUT STAGE**********
*
**********GAIN STAGE***********
*1st stage
G1 0 21 1 2 1.0E4
R1 0 21 1
C1 0 21 1.6E-3

D1 21 24 DX
D2 25 21 DX
V1 3 24 1.4
V2 25 4 1.4
*2nd stage
G2 0 22 21 0 1
R2 0 22 1
C2 0 22 0.12E-6
*3rd stage
G3 0 23 22 0 1
R3 0 23 1
C3 0 23 0.03E-6

*********OUTPUT STAGE***********
*
E1 31 0 23 0 1
*output R
R4 31 5 100.0

*******ICC *************

*********MODELS USED***********

.MODEL DX D(IS=1E-14)

.ENDS
```

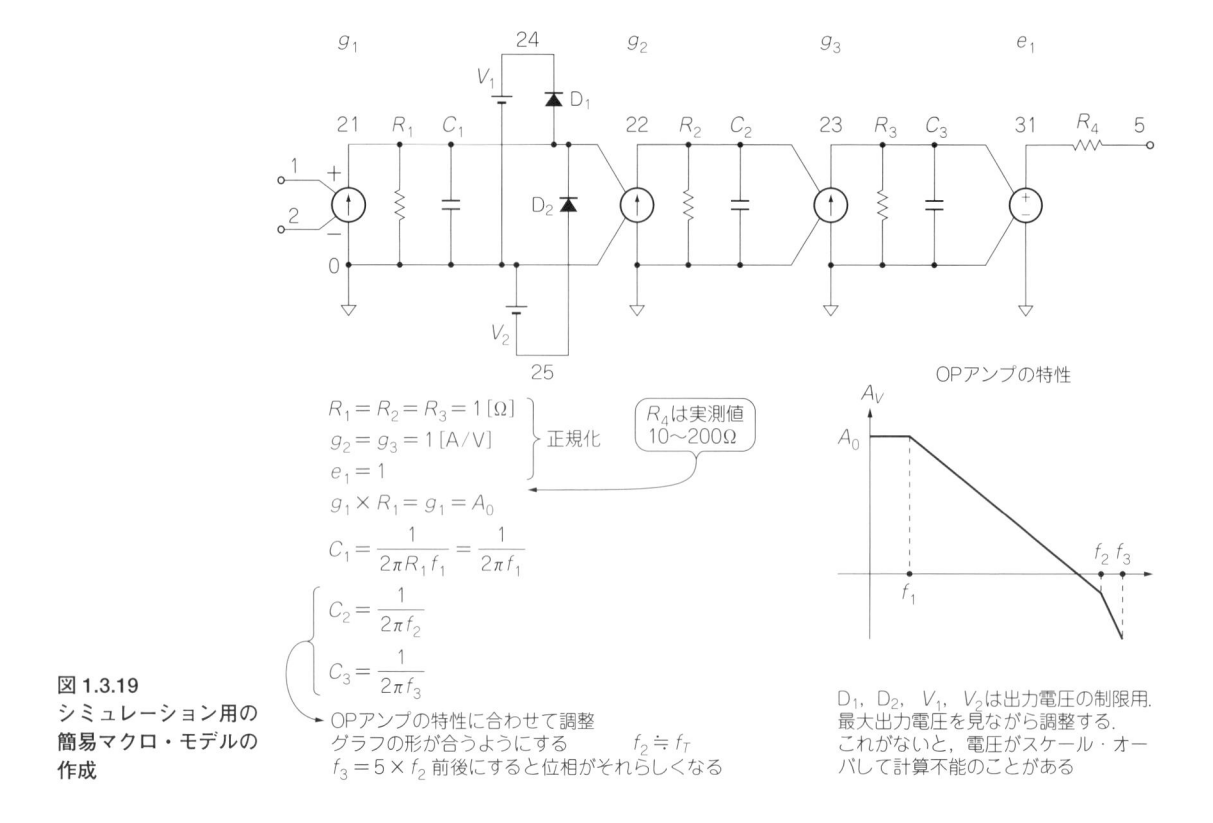

図 1.3.19
シミュレーション用の
簡易マクロ・モデルの
作成

$R_1 = R_2 = R_3 = 1\,[\Omega]$
$g_2 = g_3 = 1\,[\text{A/V}]$
$e_1 = 1$
$\left.\right\}$ 正規化

R_4 は実測値 10〜200Ω

$g_1 \times R_1 = g_1 = A_0$

$C_1 = \dfrac{1}{2\pi R_1 f_1} = \dfrac{1}{2\pi f_1}$

$\begin{cases} C_2 = \dfrac{1}{2\pi f_2} \\ C_3 = \dfrac{1}{2\pi f_3} \end{cases}$

OPアンプの特性に合わせて調整
グラフの形が合うようにする
$f_2 \fallingdotseq f_T$
$f_3 = 5 \times f_2$ 前後にすると位相がそれらしくなる

D_1, D_2, V_1, V_2 は出力電圧の制限用.
最大出力電圧を見ながら調整する.
これがないと,電圧がスケール・オーバして計算不能のことがある

るのが目的ならば,回路図で書いたほうが自由が利くと思います.

1.4 データシートの内容と意味,使い方に充当する内容

● 仕様項目

仕様項目は,各メーカが独自に決定しています.OPアンプ全般に共通する解釈が可能ですが,細かい測定方法や条件など,正確な情報は個別のデータシートなどにより,その製品の公式な資料で確認する必要があります.

ここでは,ローム(株)のデータシートをもとに一般論として独自の解説をします.同社の仕様と完全に一致することを保証するものではなく,情報の更新に連動させることも不可能なので,同社の製品に関しても正式なドキュメントの確認をお願いします.

1 絶対最大定格

瞬時でも超えてはいけない項目値です.この値を超えなければ,破壊や劣化はしないことになっています.この値を超えても即座に破壊や劣化をしない場合もありますが,信頼性に影響が及ぶ恐れがあります.瞬時でも超えてはいけないので,遵守するには相当の余裕をもって使わなければならない場合もあります.

絶対最大定格は,破壊や劣化を起こさない限界値を定めただけで,その条件で動作可能ということではありません.正常動作が可能な限界値は,"2.電気的特性項目"に相当する規格の中に,同じ項目名で定められています.

1.1 電源電圧(V_{CC}-V_{EE})

静止状態で,正負の電源端子間に加えることのできる最大電圧です.

1.2 差動入力電圧(V_{id})

+入力端子と-入力端子の間に加えることのできる最大電圧です.電源投入時の過渡状態やコンパレータ動作など,二つの入力端子間に電位差を生じる用途では特に注意します.NPN型トランジスタを入力に使った製品(NE5532の派生品種,BA15532など)は,V_{id}の絶対最大定格は小さくなります.差動入力電圧は,規定の範囲内でも各入力端子の電圧は同相入力電圧の絶対最大定格で制限されます.フルスイング型などで誤解のないように注意します.

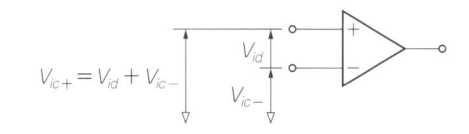

$V_{ic+} = V_{id} + V_{ic-}$

V_{id}, V_{ic-} が定格内でも V_{ic+} がオーバーすることがあります．バーチャル・ショートで $V_{ic+} = V_{ic-}$ と思い込むと危険です．

1.3 同相入力電圧 (V_{icm})

入力端子とグラウンド間に加えることのできる電圧の最大値です．

1.4 動作温度範囲 (T_{opr})

IC が動作可能な周囲温度の範囲です．実際は，IC の電力消費にともなう温度上昇で，IC チップの最大接合温度 (T_{jmax}) を超えないようにするため，T_{opr} の上限は低くなります．

1.5 保存温度範囲 (T_{stg})

通電しない状態の IC を曝すことのできる周囲温度の範囲です．通常，上限値は最大接合温度 (T_{jmax}) と一致します．

1.6 最大接合温度 (T_{jmax})

IC チップの最大温度です．チップ温度は，パッケージに覆われるため外気よりも高くなります．

1.7 許容損失 (P_d)

IC が消費できる電力の最大値です．IC 内部で熱に変る電力を表していて，単純に電源電圧 × 電源電流ではありません．OP アンプの場合，同じ品種でもパッケージ，周囲温度，実装条件により異なります（ディスクリートのトランジスタは，パッケージが変わると品種も変わる）．したがって，パッケージごとに他の条件を一つに限定して規定します．

通常，周囲温度（室温）は，25℃で表面実装の場合は標準基板の規定があります．温度条件が異なる場合は軽減曲線（ディレーティング曲線）によるディレーティングを行います．これは25℃での数値を100%とし，それ以下の温度では100%，それ以上の温度では温度に比例して減少し T_{jmax} で0%となる直線です．ただし，温度の上限は T_{opr} になります（図 6.2.1 参照）．

Column 2　1次遅れの性質

本文にたびたび出てきますが，1次遅れは位相遅れを引き起こし発振の原因を作ります．この特性をもつ回路は，C と R によるローパス・フィルタです．OP アンプの出力抵抗 × 負荷容量，帰還抵抗 × 入力容量のように意図せずに構成されてしまいます．利得の低下と共に，位相が遅れる独特の特性を持ちます．

利得は，$\omega_0 = 1/CR$ 少し手前で低下し始めるのに対し，位相は 1/10 程度の周波数から回り始め，ω_0 では $-45°$ になります．そして，ω_0 の 10 倍で $90°$ 近くに達しますが，それ以上の周波数では $-90°$ に漸近し，それ以上遅れることはありません．この特性のため，実際に位相補償を考えると位相の遅れは止めたもののループ利得も上がってしまったり，ループの利得を下げたら位相はそれ以上に回ってしまったという堂々巡りが起こります（解決策は本文参照）．1次遅れの特性は，感覚的には利得の低下よりはるかに低い周波数から位相が遅れ始め，高域では $-90°$ まで回って止まると捉えるとよいと思います．

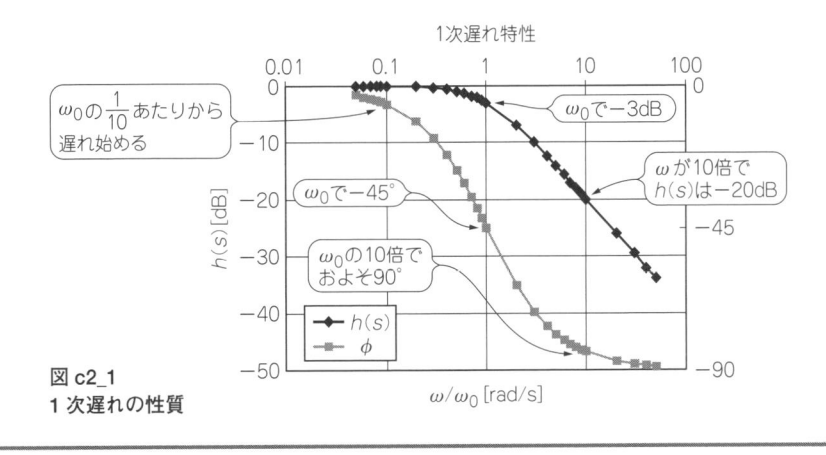

図 c2_1　1次遅れの性質

第2章 電気的特性項目

2.1 電気的特性の見かた

正常動作時の項目値です．ばらつきを考慮しない標準値だけの項目と，ばらつきの限界（最大値，最小値）を併記した項目があります．通常，最大値，最小値は保証の対象となり得ます．品質管理上の解釈は，メーカごと，項目ごとにさまざまです．

2.1.1 回路電流(I_{CC})

回路に流れる電流で，無負荷，無信号の状態で定義されます．複数回路の複合型OPアンプでは，1回路あたりの値で定義される場合とIC全体で定義される場合の両方があります．異なるメーカの製品を比較する場合に注意します．

2.1.2 入力オフセット電圧(V_{io})

正負の入力端子間の電圧（差動入力電圧）のズレを表し，理想的にはゼロです．差動入力電圧V_{id}にV_{io}が加算されたようにふるまいます．負帰還が適正に掛かっている状態では，理論上V_{id}はほとんど0なので，V_{io}だけが正負の入力間に見えてきます．つまり，いわゆる"仮想短絡"（バーチャル・ショート）が0とならずV_{io}ぶんだけずれます．

V_{io}は温度により変化し，その変化率は温度ドリフトとして規定されます．また，経時変化が問題になることがあり，時間ドリフトとして規定されます．ある温度，ある時間でV_{io}がゼロであっても，温度の変化と時間の推移にともなって変化します．

入力オフセット電圧は，雑音と同様に入力換算値です．仕上がり利得を1より大きく設定した場合，出力のオフセット電圧はV_{io}の利得倍になります（10倍のアンプでは出力のDCオフセット電圧はV_{io}の10倍になる）．

2.1.3 入力オフセット電圧ドリフト($\Delta V_{io}/\Delta T$：温度ドリフト)

温度の変化に対する入力オフセット電圧の変化の比です．高精度OPアンプでは，温度やほかの条件を一定にした場合の入力オフセット電圧の経時変化を，時間ドリフトとして定めている場合もあります．

2.1.4 入力バイアス電流(I_{ib})，入力抵抗(R_{in})

入力端子に流れる電流です．バイポーラ・トランジスタを入力素子に使ったOPアンプでは，入力トランジスタが動作するために必要なベース電流です．MOS FET入力のOPアンプでは，ゲート電流は流れません．しかし，保護ダイオードからのリーク電流が流れます．入力端子からOPアンプの外側を見た直流抵抗（信号源抵抗）とI_{ib}との積で発生する電圧は，差動入力電圧V_{id}と直列に入り，オフセット電圧となります．

電圧帰還型の一般的なOPアンプでは，正負両端子のI_{ib}はほぼ等しいので，両端子から見た信号源抵抗を等しくすることによってオフセット電圧の発生を打ち消します．交流アンプとして使う場合は，この配慮は省略できる場合がほとんどです．バイポーラ入力型の高精度OPアンプでは，I_{ib}そのものの打ち消し回路を内蔵していて，I_{ib}を0近くに押さえ込んでいるものもあります．

I_{ib}は入力抵抗に類似していますが，等価的に定電流源とみなされるため，回路に与える影響は異なります．OPアンプの入力端子に流れる電流が問題になる場合は，I_{ib}で評価します．入力抵抗，あるいは入力インピーダンスはOPアンプの特性項目としては存在しますが，データシートにはあまり記載されていません．入力インピーダンスは，負帰還の効果により見かけ上の値がOPアンプの単体の実力値より，はるかに大きくなるため，数値的に無視できることがほとんどです．それに対しI_{ib}は，定電流源的に振舞うため，等価的な入力抵抗が高くても，電流値は無視できない大きさになり得ます．

2.1.5 入力オフセット電流(I_{io})

二つの端子の入力バイアス電流の差です．信号源抵

抗との積でオフセット電圧になります．入力オフセット電圧と違い，信号源抵抗が小さい場合はあまり問題になりません．

2.1.6 入力オフセット電流ドリフト（$\Delta I_{io}/\Delta T$）

温度の変化に対する入力オフセット電流の変化の比です．

2.1.7 High レベル出力電圧 / Low レベル出力電圧（V_{OH}/V_{OL}）

2.1.8 最大出力電圧（V_{om}）

定められた条件で出力できる電圧の上限値（High レベル）と下限値（Low レベル）です．旧来の定義では，最大出力電圧（V_{om}）として定められていましたが，ロジック IC と統一する方向で V_{OH}，V_{OL} という表記に変わって行ったようです．

V_{om} 表記の場合は，ピーク to ピークでの電圧値の場合もありますが，ロームの例では ± 表記なので，V_{OH}，V_{OL} と同様とみなせます．電源電圧の大小が最大出力電圧の大小になります．また出力電流によっても異なります．測定条件は出力電流を定めるのではなく，より実際の動作に近い条件として負荷抵抗を定める場合が多いようです．

OP アンプの出力飽和電圧と出力電流の関係は，電流の方向によって異なります．したがって，負荷抵抗のグラウンドをどこに接続するかで V_{OH} と V_{OL} は変わってきます．正確にはデータシートに記載されていますが，ロームの規定では ± 電源動作のグラウンドに接続されています．

単電源向け OP アンプ（グラウンド・センス型 OP アンプ）では，負側電源（V_{EE} または V_{SS}）を 0V とすることで単電源動作の条件になります．メーカによっては，単電源向けの OP アンプでも正負二電源の測定条件のこともあり，単電源動作時の $V_{cc}/2$ に負荷のグラウンドが取られた場合と等価になることに注意します．単電源動作でも，結合コンデンサを介して負荷抵抗をつなぐ場合，負荷のグラウンドが V_{EE}（V_{SS}）と同じ直流電位に接続されていても，交流的には OP アンプ出力の直流バイアス電位に接続されたときと等価な動作をします．

負荷の接続がデータシートの条件と異なる場合の V_{OH}，V_{OL} は，"出力ソース電流 / 出力シンク電流（I_{OH}/I_{OL}）" のグラフから読み取れることがあります．

2.1.9 出力ソース電流 / 出力シンク電流（I_{OH}/I_{OL}）

2.1.10 最大出力電流

出力電圧あるいは負荷抵抗など，特定の条件で出力できる電流の最大値です．古くは，負荷抵抗と最大出力電圧で表現するのが慣例だったため，開発年代の古い OP アンプでは規定がないこともあります．新しい製品では，ロジック IC と統一するために表記されるようになったようです．

ロジック IC と同様に，I_{OH} は H レベルの下限を条件として定め，それを下回らない出力ソース（流出）電流，I_{OL} は L レベルの上限を条件として定め，それを上回らない出力シンク（流入）電流として定められることが多いようですが，まったく違う条件も存在します．天絡（出力を V_{CC} に接続），地絡（出力を V_{EE} に接続）の場合もあるようです．

通常，この項目は許容損失（P_d）とは独立に定められています．実際に，この大きさの電流を流した場合には，許容損失を超える場合もあります．出力が飽和しない電流の上限，または出力制限の有無を示すのが目的で，流してもよい電流の最大値を定めているわけではないので注意します．

2.1.11 同相入力電圧範囲（V_{icm}）

正常に動作する入力電圧の範囲です．一般に，同相入力電圧（V_{ic}）が変わると入力オフセット電圧（V_{io}）が変化します．V_{ic} がリニアに動作できる範囲を超えると V_{io} は急激に悪化するため，V_{io} の大きさまたは V_{ic} に対する V_{io} の変化率（同相信号除去比：$CMRR$）が限界値を超えない範囲を V_{icm} として定めます（判定条件を定量的に定めない場合もある）．

2.1.12 同相信号除去比（$CMRR$）

入力オフセット電圧の変化対同相入力電圧の変化の逆比です（オフセットの変化が小さいほど，$CMRR$ の数値が大きくなるようにするため逆比とする）．

$$CMRR(\mathrm{dB}) = -20\log\left(\frac{\Delta 入力オフセット電圧}{\Delta 同相入力電圧}\right)$$

通常は，分母の同相入力電圧（V_{ic}）を V_{icm} 目一杯など比較的大きく取り，平均的な値として求めます．応用回路の動作上は，微分的な特性が重要になることもありますが，V_{icm} の限界付近では悪化する場合があるので注意します．P-ch と N-ch の差動アンプを並列にしたタイプのレール to レール（フルスイング）型の入力回路の場合，V_{icm} の範囲内に入力クロスオーバ点が存在し，V_{io} が急激に変化することがあり，微分的に測定すればクロスオーバ付近での $CMRR$ は悪化します．

同相信号除去比は，電源電圧除去比（$PSRR$）と密接な関係があります．

2.1.13　電源電圧除去比(PSRR)

入力オフセット電圧の変化対電源電圧の変化の逆比です(オフセットの変化が小さいほど，PSRRの数値が大きくなるようにするため逆比とする)．

$$PSRR = -20\log\left(\frac{\Delta 入力オフセット電圧}{\Delta 電源電圧}\right)$$

通常は，分母の電源電圧の変化を動作電圧範囲一杯など比較的大きく取り，平均的な値として求めます．正負二電源の場合は，片側ずつの規定があることもあります．この場合，相対的に同相入力電圧が変化することになるため，メーカによっては正負の電源電圧を対称に変化させることを条件としている場合もあります．

2.1.14　チャネル・セパレーション(CS)

2回路以上のOPアンプ(チャネル)が一つのパッケージに入っている場合に，評価対象となるチャネルが他のチャネルから受ける影響を表します．評価対象となるチャネルの差動入力電圧が受ける影響に換算した値です．

2.1.15　大振幅電圧利得(A_V)

差動入力電圧に対する出力電圧の倍率(利得)で，直流で規定されます(A_V = 出力電圧/差動入力電圧)．実用上は周波数特性が重要ですが，利得/位相-周波数特性のグラフとして表されます．このグラフは，通称"ボーデ線図"と呼ばれますが，本来のボーデ線図は負帰還のループ特性を表したものなので，正確な名称ではありません．

ボーデ線図は負帰還ループの安定性を調べるために用いられますが，応用回路の安定性はOPアンプ単体の特性に周辺回路の特性を重ね合わせた特性で評価しなければなりません．

2.1.16　利得帯域幅積(GBW)

OPアンプの利得は，ある周波数以上になると周波数に反比例するように設計されています．周波数と利得が反比例する範囲で，両者の積が一定になります．その積が利得帯域幅積(GBW)です．利得1以上の周波数まで反比例の関係が保たれる品種では，利得帯域幅積(GBW) = 単一利得周波数(f_T)となります．

2.1.17　単一利得周波数(f_T)

利得の絶対値が1となる周波数です．

2.1.18　位相余裕(Φ)

単一利得周波数(f_T)で，利得の位相遅れが180°に達するまでの余裕です．理論上，100%負帰還時(ボルテージ・フォロア)の位相余裕と等価で，OPアンプの安定性を簡易的に知る尺度になります．ただし，実際に安定かどうかは個別の応用回路における負帰還ループ特性で評価する必要があります．

2.1.19　スルーレート(SR)

入力電圧の時間変化に対して，出力電圧が追従できる速さを表します．ステップ波形など，入力電圧の早い変化に対して出力電圧は一定の速さで上昇します．このときの変化の割合($\Delta V/\Delta t$)がスルーレートです．高い周波数では，SRによって出力電圧の振幅が制限されます．無ひずみで出力できる最大振幅の正弦波で，$0V(\sin\theta = 0)$における接線の傾きがSRになります．

大振幅でのステップ応答波形は，素直に直線にならず，段がついたり途中で折れ曲がったりすることもあります．

2.1.20　入力換算雑音電圧(V_n)

OPアンプの内部で発生する電圧ノイズの総和を，すべて入力端子で発生するものとみなして換算したものです．

2.1.21　入力換算雑音電流(i_n)

OPアンプの入力で発生する電流ノイズの総和です．入力バイアス電流と同様に，信号源抵抗との積で入力雑音電圧となります．正負の入力端子でi_nは無相関なので，信号源抵抗を等しくしてもi_nを打ち消すことはできません．ローノイズOPアンプは，V_nは小さくてもi_nは一般品より大きい傾向があるので，信号源抵抗の大きさに気を付ける必要があります．

通常は，ひずみ+雑音の成分を小さいとみなし，

$$THD + N = \frac{(信号電圧 - 基本波)の電圧}{信号電圧(\simeq 基本波の電圧)} \times 100$$

として測定され，信号電圧が小さいときは雑音が支配的です．

2.1.22　全高調波ひずみ率+雑音(THD+N)

決められた条件での出力電圧のひずみ率です．周辺回路の構成によって変わるので，あくまで目安です．

● OPアンプの動作電源電圧

動作電源電圧はICにとって重要ですが，OPアンプについては規定することが難しい項目です．ロームの旧製品(BA4558など)では，絶対最大定格でV_{OPR}を定めていますが，これは例外で，通常は絶対最大定格でも電気的特性でもないデータシートの冒頭の特長などの欄に記載されていることがほとんどです．

Column 3 CMRR と PSRR

同相信号除去比($CMRR$)と電源電圧除去比($PSRR$)は重要な特性値ですが、大振幅電圧利得(オープン・ループ・ゲイン)と同様に、汎用品の応用範囲では充分に大きく、あまり気にすることがないと思います。

普段はまったく無視するか、せいぜいデータシートの特性値を見てよしとしていても、一度は少し詳しく理解しておくと、問題が生じたときの対応も早くなると思います。

● CMRR と PSRR の意味

図c3_1に、$CMRR$(図の左)と$PSRR$(図の右)の意味を示します。OPアンプの差動入力電圧はゼロとみなせますが、これらの電源に対する相対的な電位(同相入力電圧V_{IC})を同時に変えた場合には出力は変化してはなりません。しかし、実際には、おもに入力回路のアンバランスが原因で出力に変化が生じます。V_{IC}の変化に対する出力の変化の割合をすべて入力電圧が変化したものとみなして換算し、デシベル表示した値が$CMRR$です。値が大きいほど、V_{IC}の変化に対する出力電圧の変化率が小さくなります。

一方、$PSRR$は電源電圧の変化に対する出力電圧の変化率を、$CMRR$と同様に入力電圧の変化率に換算した値です。これらは図c3_2のような回路で測定します。差動増幅器の項で説明したとおり、抵抗のバランスが測定値に直結します。抵抗の0.1%の誤差は、$CMRR$の60dBに相当する影響を与えます。このため、この方法では抵抗器の選別や調整を行っても80dBを超える$CMRR$の測定は困難です。

● PSRR は CMRR も含んでしまう？

図c3_1の$CMRR$と$PSRR$の意味が異なるこ

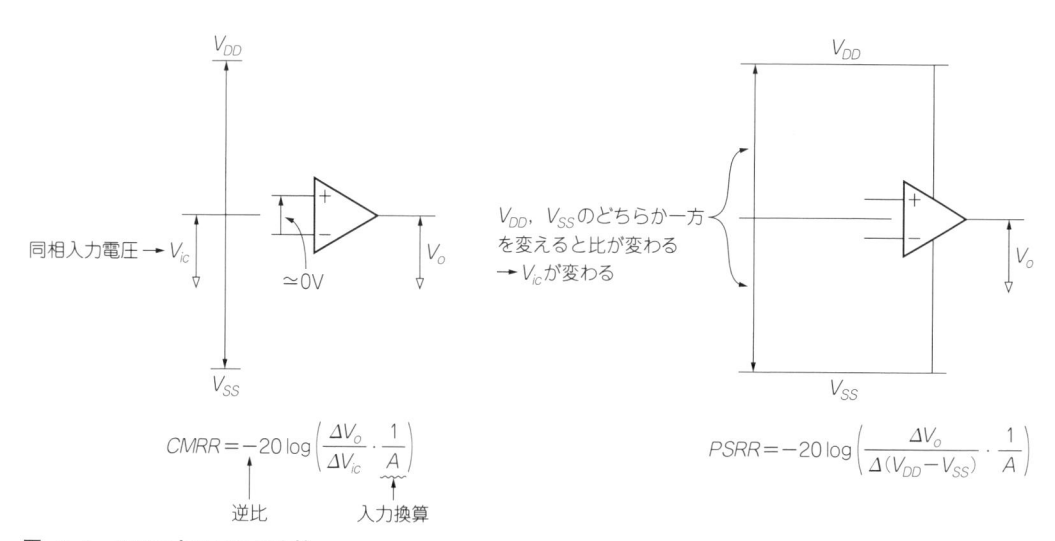

$$CMRR = -20 \log\left(\frac{\Delta V_o}{\Delta V_{ic}} \cdot \frac{1}{A}\right)$$

$$PSRR = -20 \log\left(\frac{\Delta V_o}{\Delta (V_{DD} - V_{SS})} \cdot \frac{1}{A}\right)$$

図c3_1 CMRRとPSRRの比較

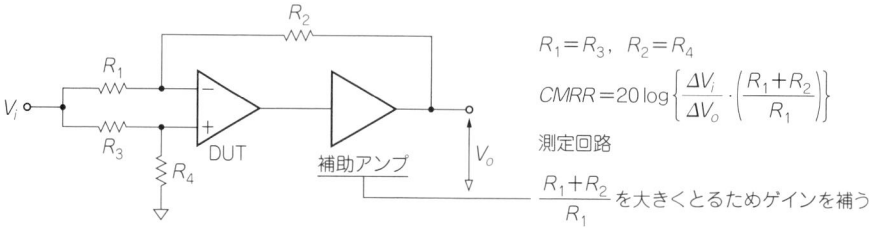

$R_1 = R_3,\ R_2 = R_4$

$$CMRR = 20 \log\left\{\frac{\Delta V_i}{\Delta V_o} \cdot \left(\frac{R_1 + R_2}{R_1}\right)\right\}$$

測定回路

$\frac{R_1 + R_2}{R_1}$ を大きくとるためゲインを補う

図c3_2 CMRRの測定回路

とはわかると思います．しかし，PSRRの測定で正/負どちらか一方の電圧を変えた場合，電源電圧に対するV_{IC}は相対的に変化します．つまり，CMRRの影響が上乗せされてしまうことになります．正負の電源電圧を同時に対称的に変えるようにすれば，V_{IC}は常に電源電圧の中点，つまり0になり，CMRRの影響は回避されます．

● **PSRRが悪化する原因**

一般にOPアンプの初段は，ペア・トランジスタによる差動回路になっていて，トランジスタの特性差がCMRRの悪化につながることは想像がつきます．PSRRが悪化する原因はいくつかあります．

図c3_3は，典型的なOPアンプの等価回路です．3段の回路ブロックに分かれますが，表面的には各ブロックの接続は電流の受け渡しで行っており，電源電圧が影響しにくくなっています．しかし，トランジスタにはアーリー効果などによるコレクタ抵抗成分が存在し，等価的に丸印で示したような位置に入ります．また，位相補償容量が電源と信号間に接続される場合もあります．これらは，電源電圧の変化を出力に伝える要素になります．影響は，電源電圧変動の筒抜けに近い場合もあります．ただし，負帰還によってデータシートの特性値には現れません．汎用品ではあまり問題視されず，高い周波数での特性が掲載されていること自体がまれです．図c3_4は，ローノイズで有名なAD797の特性ですが，PSRRは周波数が上がるに連れて-20dB/decの割合で減少します．これは，開ループ利得が減少する割合と一致します．データシートのPSRRは，直流における動作を保証します．しかし，交流，特に高周波の雑音を避けるためには，PSRRの値にかかわらず電源のバイパスとデカップリングを強化する必要があります．

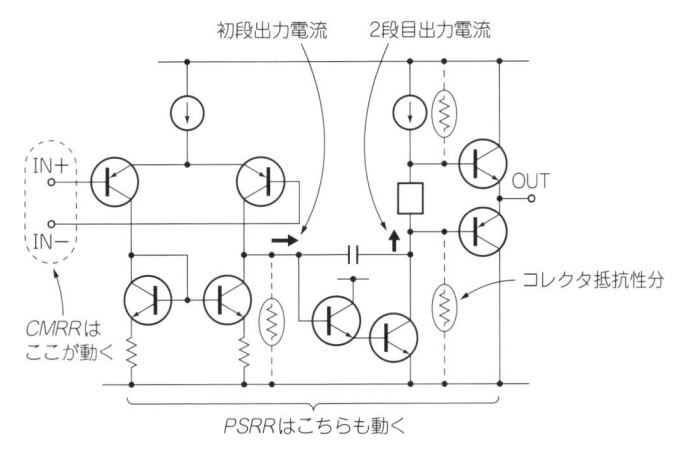

図c3_3 電源電圧の変動を出力に伝えてしまう要素

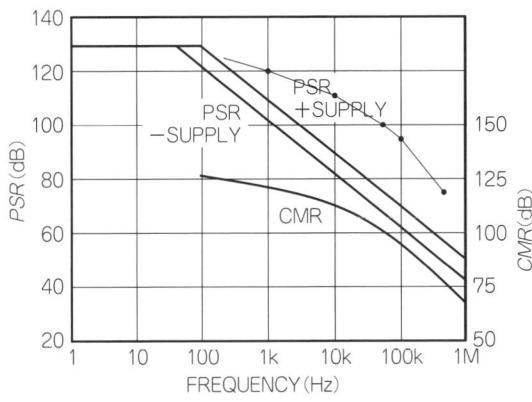

図c3_4 負帰還量の減る高周波域ではCMRR，PSRR共に極度に悪化する

Column 4 アーリー効果

バイポーラ・トランジスタの単純なモデル化による考察では，コレクタ電流 I_C はベース電流 I_B に比例し，コレクタとエミッタ間の電圧 V_{CE} には依存しません．

しかし，実物では V_{CE} によってコレクタとベース間の空乏層の厚さが変化し，連動して I_C も変化することが知られています．これを発見者の名前からアーリー効果と言います．

アーリー効果がなければトランジスタの I_C は定電流特性ですが，アーリー効果によりコレクタ・エミッタ間に抵抗が並列に入ったのと等価になります．MOS FET においても原理は異なりますが，ドレイン・ソース間電圧 V_{DS} によってチャネル長が変化しドレイン電流 I_D が変化します．

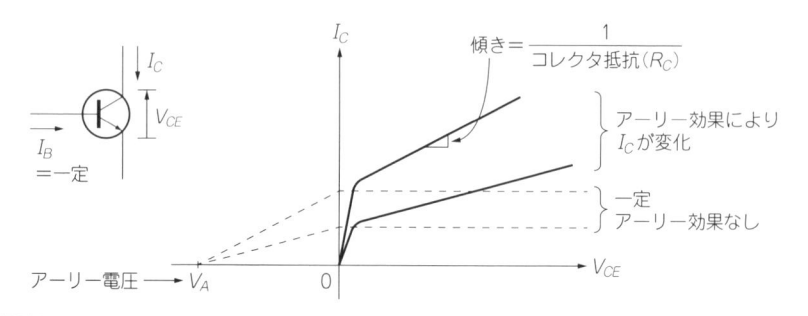

図 c4_1 アーリー効果の特性

一般的な IC の場合，電気的特性は特定の電源電圧でのみ規定されています．OP アンプを"動作電源電圧"の範囲全体で保証するには，厳密にはすべての電圧でテストしなければなりません．製品評価時（≒データシートに掲載するデータの採取時）は，電源電圧を変化させながら測定を行うことも可能ですが，数万個単位で一度に行われる生産工程のテストでは不可能です．

標準の電源電圧で保証項目をテストし，その他の電源電圧では"動作"を確認できる何らかの方法で代用することで，コストと信頼性のバランスが提供されています．動作電源電圧範囲全般での特性は，標準の電源電圧でのテスト結果に準じると考えます．OP アンプの性格上それで充分で，もし標準以外の電源電圧でのテストがどうしても必要な場合は，ユーザ側でスクリーニングを行うことになります．

データシートの規定は，メーカとユーザの長年の経験から現在の形に集約しています．また，負帰還を基礎とした OP アンプの応用技術では，部品のばらつきや不確定要素は回路の工夫で回避するのが基本的な考え方です．

新たなテストが必要と感じるときは，OP アンプに関する無理や理解不足があるかもしれません．また，入力オフセット電圧や入力換算雑音電圧など，回路の工夫で解決不可能なパラメータに関しては，標準品よりも特性を強化した製品（高精度品，ローノイズ品）が存在します．既存の製品に対して特殊な要求を付け加える前に，回路設計と既存の製品ラインナップを見直すことで，希望する性能を満たしつつ不要な手間やコストを避けることができるかもしれません．

● 正負二電源回路

OP アンプは，標準的には正負二電源で使います．単電源回路も正負二電源を必要とする OP アンプの応用例の一つで，OP アンプの基本動作には変わりありません．

元々 OP アンプは，直流や時間的に緩慢な動きのある信号を処理することが本来の目的でした．アナログ・コンピュータの出力装置はペン・レコーダでしたし，初期の OP アンプ IC はスルーレートも利得帯域幅積も小さく，20kHz のオーディオ信号をフルスイングするのも難しい仕様でした．

直流増幅を基本とし，交流まで同じように動作するアンプを直流増幅器（直流アンプ）と呼びます．一方，交流増幅のみで直流は増幅できないアンプを交流増幅器（交流アンプ）と呼びます．また，正と負の電圧を出力するためには，正負二つの電源が必要です．理屈上はアンプの理想形で，OP アンプでは当然である直流アンプも正負二電源も，実物のアンプ全体から見れば特殊な仕様です．OP アンプ IC が普及する以前は実現が困難でした．現在では，かつては OP アンプ IC の弱点だった周波数帯域も広がり，アンプの代名詞になるほど応用範囲が広がりました．

正負二電源回路（両電源などともいう）と単電源回路

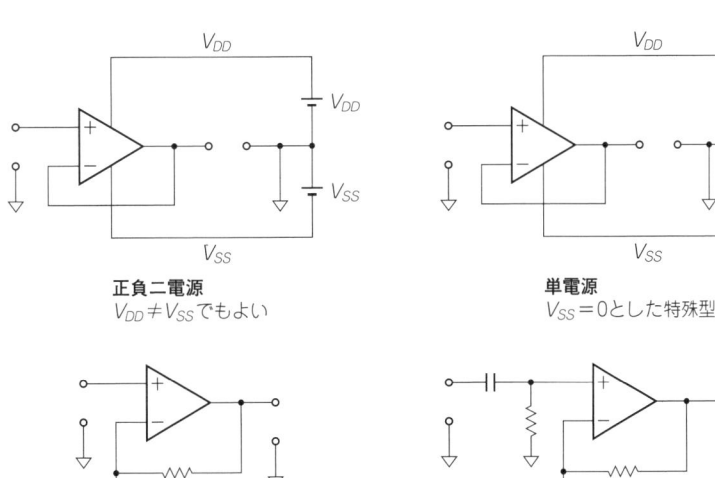

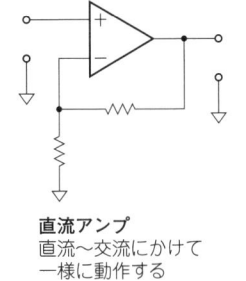

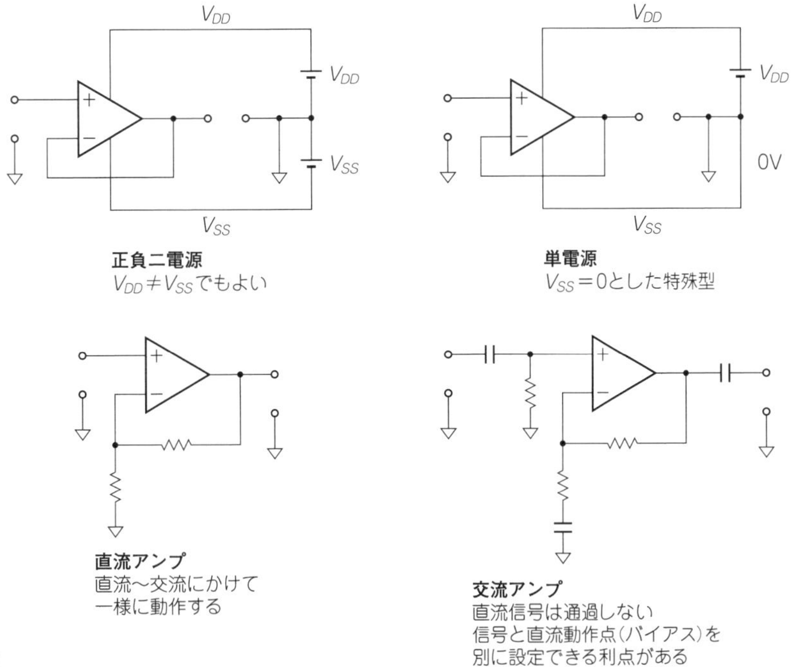

図 2.1.1
正負二電源と単電源の比較(上),
直流アンプと交流アンプの比較(下)

正負二電源
$V_{DD} \neq V_{SS}$ でもよい

単電源
$V_{SS}=0$ とした特殊型

直流アンプ
直流〜交流にかけて
一様に動作する

交流アンプ
直流信号は通過しない
信号と直流動作点(バイアス)を
別に設定できる利点がある

は，単純にグラウンドの電位をどこに定めるかの違いで区別されます．グラウンド電位＝負の電源電圧としたのが単電源回路です．

正負二電源回路は，|正の電源電圧|＝|負の電源電圧|にするのが普通ですが，両者の絶対値が異なる構成(例えば，$V_{DD} = +3V$，$V_{SS} = -2V$ のような構成)も可能です．単一電源から仮想グラウンドを生成する場合は，動作的には正負二電源回路とみなせます．

また，同相入力電圧範囲と最大出力電圧に注意すれば，"両電源用 OP アンプ"と"単電源用 OP アンプ"は相互に使用できます．そのためか，ロームのデータシートでは，両者の区別をやめて入出力電圧範囲のタイプで分類しているようです(**図 2.1.1 上**)．

正負二電源の直流アンプは，OP アンプを使用したアンプの基準形で，単電源や交流アンプは応用型です．次に，直流アンプの実用に当たって検討すべき項目を列挙します(**図 2.1.1 下**)．

2.2 直流アンプ

直流アンプは，"直流も交流と同じように増幅できるアンプ"で，リニア・アンプの一般形と言えます．OP アンプを「1.2 基本のアンプ」のとおりにつなぐと，直流アンプになります．正負二電源構成にできれば設計は簡単で，OP アンプの能力を最大限に使うことができます．

2.2.1 電源電圧

電源電圧は，入出力電圧との兼ね合いになります．通常は，システムの電源電圧に合わせることになると思います．LM101 や μA741 など，普及し始めた頃の OP アンプ IC は ±15V で使うことが標準だったので，旧型の OP アンプは ±15V が設計の中心になっています．

従来型の OP アンプは同相入力電圧範囲，最大出力電圧とも正負の電源電圧より 1V 以上狭くなっています．±5V 以下の電圧で動作可能なものもありますが，信号振幅がほとんど取れないこともあるので注意を要します．低電圧動作には，最近のフルスイング型を使うのが簡単です(**図 2.2.1**)．

2.2.2 利得

利得はアンプの基本性能で，負帰還によって決まります．誤差やひずみをなくすには，負帰還量を大きくしなければなりません．厳密には，応用回路の要求仕様から必要な OP アンプの性能などを決定します．目安として，汎用の OP アンプを一段で使う場合は 100 倍(40dB)程度が上限です．

$$A_f = A_v/(1+\beta A_v)$$

より，

$$A_f = 1/((1/A_v)+\beta)$$

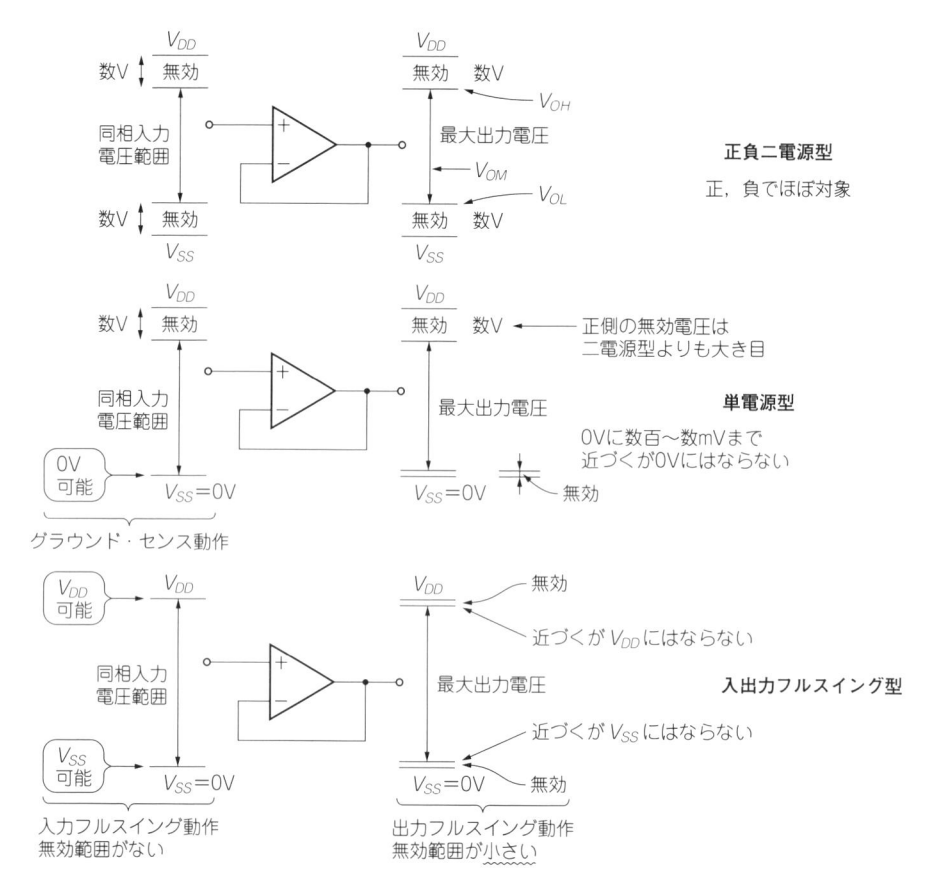

図 2.2.1 正負二電源型，単電源型，フルスイング型と入出力電圧範囲の関係
ボルテージフォロアの図は単なるシンボル．V_{ic}とV_oの範囲は別個に決まる．

で$A_v \to \infty$のとき，

$$A_f \fallingdotseq 1/\beta$$

となり，アンプの利得はβで決まります．A_vが小さいときは，$1/A_v$がβに対する誤差になります．例えば，この誤差を1%以下にするためには，

$$1/A_v < \beta \times 1\%$$

となり，A_vは仕上がり利得を決める$1/\beta$の100倍(仕上がり利得+40dB)以上必要になります．したがって，40dBの仕上がり利得を得るためには，A_vは80dB以上必要になります．絶対的な利得の誤差があまり問題にならない用途でも，負帰還による非直線性や周波数特性の偏差，ICの個体差の改善効果が低くなり誤差やひずみが出やすくなります(図2.2.2)．

2.2.3 周波数帯域

OPアンプの利得-周波数特性は，周波数に反比例するので交流を扱う場合は注意します．利得と周波数の積は一定値となり，利得帯域幅積(G_B積；GBW)と呼ばれます．G_B積が1MHzのOPアンプの場合，

G_B積 = 利得 × 周波数帯域幅 = 1MHz
(注：利得はデシベルではなく倍率として計算する．
(G_B積 1MHz) = 1倍 × 1MHz = 10倍 × 0.1MHz)

なので，利得を10倍に取ると周波数帯域幅は100kHzになります．このとき，10kHzで利得は10倍(20dB)しかなく，これが負帰還還量になります．オーディオなどのようにひずみの要求が厳しい用途では，もう少しG_B積が大きいほうが良いということになります(図2.2.3)．

2.2.4 入出力電圧，出力電流

正負二電源の場合，信号電圧は0Vを基準に正負二方向に振れます．それぞれの限界は，電源電圧とOPアンプの同相入力電圧範囲，最大出力電圧で決まります．従来型のOPアンプでは，同相入力電圧範囲，最大出力電圧ともに電源電圧目一杯ではありません．これらを電源電圧一杯に拡張したものがフルスイング型です．ただし，最大出力電圧はフルスイング型でも電源電圧まで数十mVで止まります．

また，最大出力電圧は，負荷(出力電流)の大きさで変わります．通常のOPアンプは電圧増幅用で，あまり大きな出力電力を取り出すことができないので注意

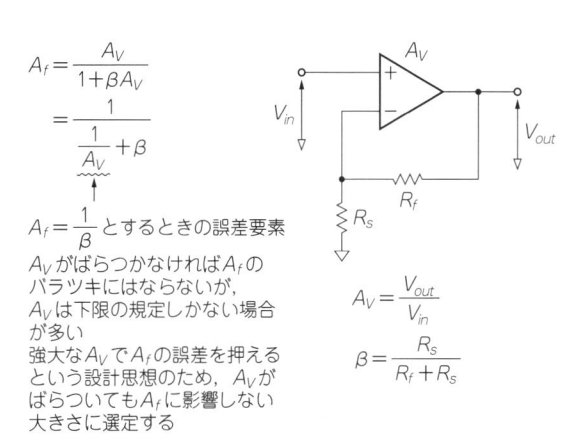

$$A_f = \frac{A_V}{1+\beta A_V}$$
$$= \frac{1}{\frac{1}{A_V}+\beta}$$

$A_f = \frac{1}{\beta}$ とするときの誤差要素

A_V がばらつかなければ A_f のバラツキにはならないが、A_V は下限の規定しかない場合が多い
強大な A_V で A_f の誤差を押えるという設計思想のため、A_V がばらついても A_f に影響しない大きさに選定する

また内部のひずみ、誤差、ノイズは $1+\beta A_V$ に反比例して小さくなる

$$A_V = \frac{V_{out}}{V_{in}}$$
$$\beta = \frac{R_s}{R_f + R_s}$$

図 2.2.2 A_V が小さいと利得がばらつく

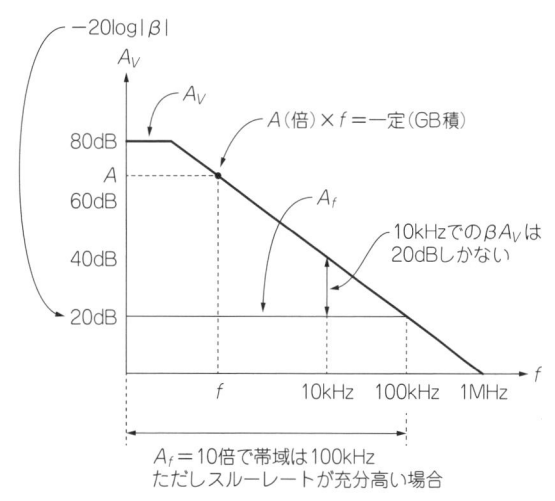

図 2.2.3 G_B 積：利得は周波数に反比例する

$A_f = 10$ 倍で帯域は 100kHz
ただしスルーレートが充分高い場合

10kHzでの βA_V は20dBしかない

$A (倍) \times f = 一定 (GB積)$

$-20\log|\beta|$

2.2.5 入力インピーダンス、入力バイアス電流

します．アクチュエータの類や信号ケーブルを駆動する場合は，専用のドライバICを選択肢として優先したほうが無難です．ビデオ用やオーディオ用にライン駆動も兼用できる高出力電流仕様のOPアンプもありますが，そのような品種でも出力電流を流さないほうが特性的に有利です（**図 2.2.4**, **図 2.2.5**）．

多段の回路の中間では，入力インピーダンスはあまり問題になりません．入力インピーダンスよりは，入力バイアス電流（I_b）が問題になります．インピーダンスは高くても，I_b は等価的に入力に並列の定電流源と同様なので，ある程度の大きさになります．バイポーラ入力型のOPアンプでは，$I_b = 100\text{nA}$ 程度の実力のものもありますが，100kΩ の抵抗に流れると 10mV の入力オフセット電圧になります．古い教科書には，プラスとマイナスの入力端子に流れる I_b の影響を相殺するため，二つの端子から見た直流抵抗を等しくすべしとあります．

しかし，実際にOPアンプを使ってみると，あまり現実的な手法ではないことがわかります．遵守する必要はありません．特に，I_b が流れないFET入力型では，まったく無用な配慮です（I_b によるオフセット電圧の相殺以外に理由がある場合は別）．

高インピーダンスのセンサ素子を直接接続するような用途では，原理的に I_b が流れない MOS FET 入力型を使います．ただし，MOS FET 入力型でも，入力の保護用にダイオードが電源-入力端子間に入っている場合も多く，入力電流はまったくゼロではありません．また，電流は流れなくても電位は決める必要があるので，入力端子が完全にオープンになってしまうような使い方はできません（**図 2.2.6**, **図 2.2.7**）．

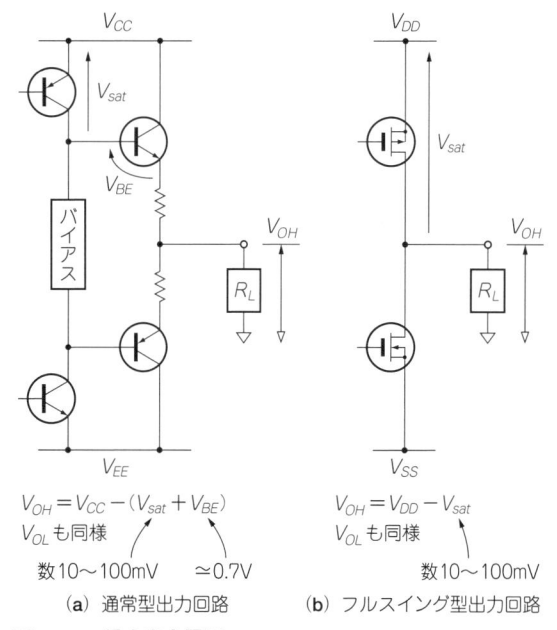

(a) 通常型出力回路
$V_{OH} = V_{CC} - (V_{sat} + V_{BE})$
V_{OL} も同様
数10～100mV　≃ 0.7V

(b) フルスイング型出力回路
$V_{OH} = V_{DD} - V_{sat}$
V_{OL} も同様
数10～100mV

図 2.2.4 最大出力電圧

2.2.6 スルーレート

スルーレート（SR）は，出力電圧が変化する速度を表しています．周波数帯域と混同されることがありますが，直接関係はありません．SR を上回る変化をする電圧波形は，速度が追いつかずひずみます．SR は，特定の周波数における正弦波出力電圧の最大振幅を決定します．振幅 A の正弦波電圧 V の時間変化率は，

$$V = A\sin\omega t$$
$$dV/dt = A\omega\cos\omega t$$

で $t = 0$ のとき最大になります．よって，

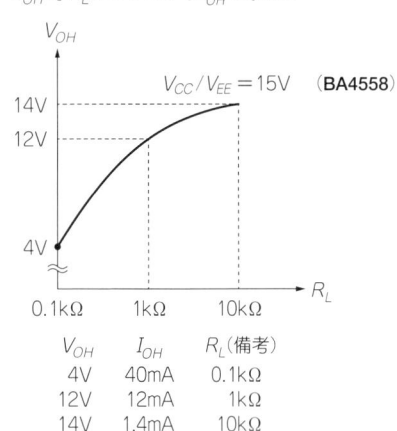

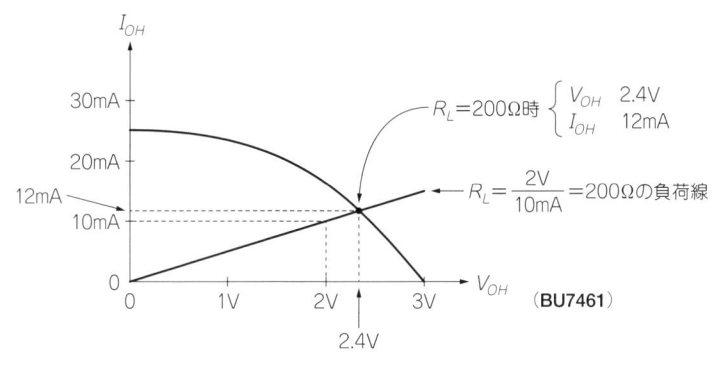

V_{OH}対R_LのグラフからI_{OH}を求める　　　　　I_{OH}対V_{OH}のグラフから特定のR_Lでの値を求める

V_{OH}	I_{OH}	R_L(備考)
4V	40mA	0.1kΩ
12V	12mA	1kΩ
14V	1.4mA	10kΩ

図 2.2.5　最大出力電圧，最大出力電流の求め方

$$SR = dV/dt_{(\max)} = A_{(\max)}\omega = A_{(\max)} \times 2\pi f$$
$$A_{(\max)} = SR/2\pi f$$

となります．物理的には，$V = A\sin\omega t$ が無ひずみ最大振幅のとき，$t = 0$ での接線の傾きが SR になります(古い教科書では，これが SR の定義になっている)．

SR が小さくても信号振幅が小さければ，高い周波数まで扱うことが可能です．小振幅での周波数の上限は，利得帯域幅積(GBW)および単一利得周波数(f_t)で決まります．また，GBW や f_t 以下の信号でも，振幅が大きくなると SR の制限を受けます．SR が $1\text{V}/\mu\text{s}$ のとき，10V 振幅の正弦波出力を得ることのできる周波数は，最高でわずか 16kHz です．

振幅を ±2.5V に下げれば，周波数の上限は 4 倍の 64kHz になります．±15V 動作の旧型 OP アンプと比較して，新型の低電圧動作 OP アンプは同じ SR でも実質的に 4 倍程度の能力になります(図 2.2.8)．

2.2.7　精度，ノイズ

負帰還の理論で説明したとおり，直線性とひずみは負帰還によって特別に高精度を要求しなければ問題ない程度に改善されます．仕上がり利得の精度は，単純に負帰還量を決める抵抗値の精度で決まります．

直流信号を扱う用途では，入力オフセット電圧が小さいことが重要です．負帰還によって改善されず，そのまま誤差になるからです．古い製品には汎用品にも調整端子がありましたが，最近の製品は備えていません．ただし，外部に調整回路を設けることは比較的簡単です．また，後段がマイコン処理の場合は，演算で差し引く方法もあります．

入力換算雑音電圧は，入力オフセット電圧の交流版に相当し，やはり負帰還で改善することができません．入力換算雑音電圧に由来するノイズは，OP アン

$$V_f = V_{ID} \times A_V \times \beta$$
$$V_{in} - V_f = V_{ID}$$
$$V_{in} - (V_{ID} \times A_V \times \beta) = V_{ID}$$
$$V_{in} = (1 + \beta A_V)V_{ID}$$
$$V_{ID} = \frac{1}{1 + \beta A_V}V_{in}$$

V_{ID} は V_{in} の $\frac{1}{1+\beta A_V}$

R_{in} にかかる電圧
よってみた目の入力抵抗は R_{in} の $1+\beta A_V$ 倍

$$(\text{みた目の}R) = \frac{V_{in}}{i_{in}} = \frac{V_{in}}{\left(\frac{V_{ID}}{R_{in}}\right)} = \frac{V_{in}}{V_{ID}} \times R_{in}$$
$$= (1 + \beta A_V)R_{in}$$

図 2.2.6　入力インピーダンスは大きく見える

プの動作する周波数帯域全体に分布するため，信号と分離することは困難です．同期などの手法を用いない通常の回路構成では，ローノイズ型の OP アンプを使うしかありません．

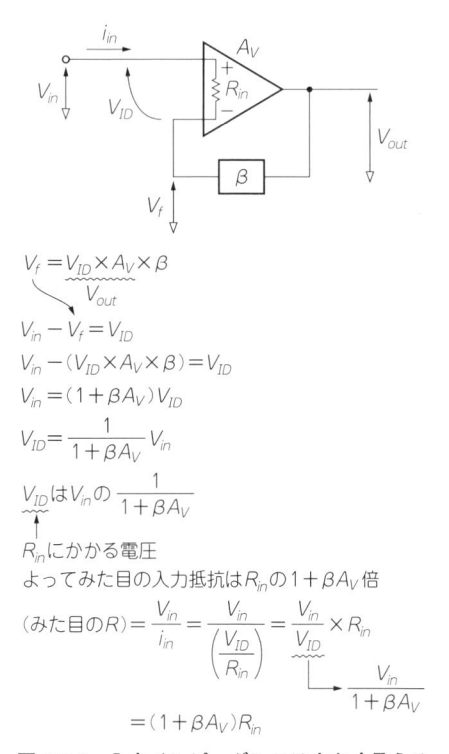

ノイズを表す指標は，SN 比，NF(雑音指数)，SINAD などいくつかありますが，入力換算雑音電圧・電流は OP アンプ固有の雑音の絶対的な大きさを表します(他の指標は，信号の大きさと雑音の対比になる)．雑音に対して信号の大きさを極力大きく保ち，他の雑音が加わらないようにします．OP アンプの周辺も含め

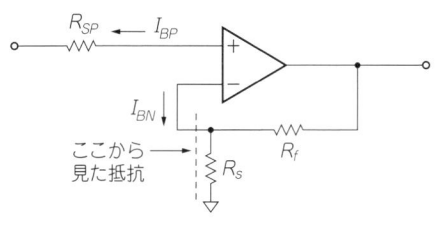

図2.2.7
入力インピーダンスが大きくても入力電流が小さいとは限らない

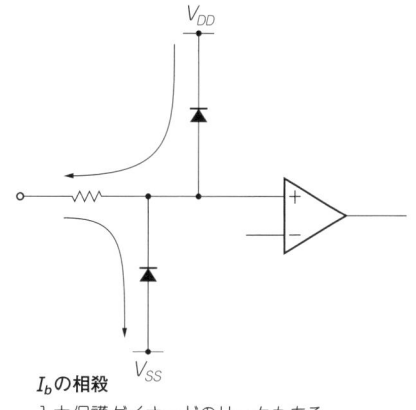

$$R_{SN} = \frac{R_s R_f}{R_s + R_f}$$

$I_{BP} = I_{BN}$ なので $R_{SP} = R_{SN} = \dfrac{R_s R_f}{R_s + R_f}$

とすると
$R_{SP} \times I_{BP} = R_{SN} \times I_{BN}$
となってオフセット電圧の発生を防ぐことができる.
しかし,実際それほどの必要性がないので省略してよい.

I_bの相殺
入力保護ダイオードのリークもある
MOS FET入力でも油断はできない

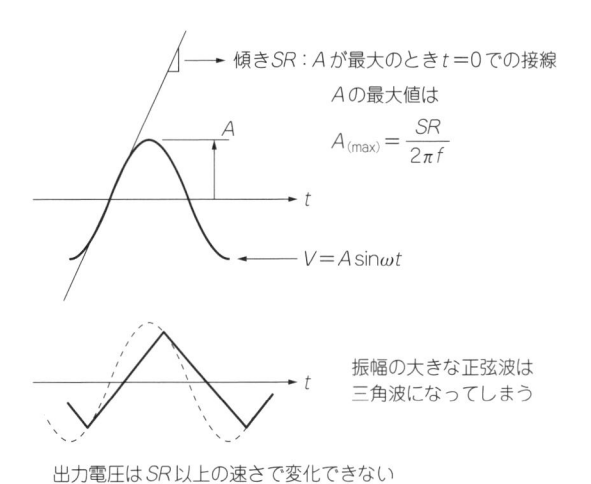

図2.2.8 スルーレート

傾きSR:Aが最大のとき$t=0$での接線
Aの最大値は
$A_{(max)} = \dfrac{SR}{2\pi f}$

$V = A\sin\omega t$

振幅の大きな正弦波は三角波になってしまう

出力電圧はSR以上の速さで変化できない

た応用回路内部で発生する雑音としては, OPアンプの雑音の他に抵抗(例えば, 負帰還回路のR_s, R_f)の熱雑音が問題になります.

熱雑音は, 抵抗と絶対温度の平方根に比例します. 温度300Kで1kΩの抵抗に発生する熱雑音は, 理論値で4nV/√Hzです. 汎用OPアンプの中で, ローノイズなものはV_n = 5nV/√Hz程度なのでOPアンプの実力を発揮させるには信号源抵抗をもう一桁程度低くするのが理想です.

入力換算雑音電流は, バイポーラ・トランジスタ入力型のOPアンプで発生し, ベース電流によるショット・ノイズが原因です. ベース電流の平方根に比例し, 理論ではI_b = 100nA当たり0.18pA/√Hzのホワイト・ノイズです. 1kΩの信号源抵抗に流れても0.18nV/√Hzの電圧を生じるだけなので, あまり問題になることはありませんが, 信号源抵抗が大きい場合に影響が見えてくるときがあります(図2.2.9, 図2.2.10, 図2.2.11).

2.2.8 回路例

少し曖昧ですが, "汎用"ならば難しいところはありません. 具体的には, 利得20dB, 直流で8〜10ビットの精度(直線性 ±0.1%), 確度10mV, 交流で周波数帯域20kHz以下, 利得偏差±1dB, ダイナミック・レンジ60dB, 全高調波ひずみ率最大1%というところです.

ごく普通のアンプですが, 確度(オフセット)と利得の精度はOPアンプの選択や工程内での調整で達成しようとすると大掛かりです. マイコンやDSPを使い, ディジタル・データ処理で校正できればアナログのハードウェアは簡素化できます(図2.2.12).

① OPアンプの選択

SR:1V/μs, 利得帯域幅:1〜数MHzのOPアンプが基準になります. 電源電圧が低い場合は, フルスイング型を選択すると信号電圧を大きく取れます. 電源電圧が高い場合は, スルーレートが高くないと交流の出力電圧を大きくできません.

$$SR = 2\pi f \times A_{(max)}$$

なので, 20kHzで±10Vのピーク電圧を得る場合,

$$SR = 2\pi \times 20\text{kHz} \times 10\text{V} = 1.256\text{V}/\mu\text{s}$$

となります. 電源電圧±15Vで, 出力電圧を余裕を持って振り切るには数倍大きいSRが必要です. 逆に, 電源電圧±2.5V程度ならば, SR:1V/μsでも余裕です.

直流しか扱わない場合は, SRや利得帯域幅が小さくても使用できます. 低消費電力型のOPアンプを使用できます.

①$R \gg R_s$としてR_sへの影響を減らす

$$\beta = \frac{\dfrac{RR_s}{R+R_s}}{R_f + \dfrac{RR_s}{R+R_s}} \quad \text{—RがR_sに並列に入る}$$

②$R \gg R_f$として調整の感度を下げる

$\pm 1.5\text{V} \times \dfrac{10\text{k}\Omega}{1\text{M}\Omega} = \pm 15\text{mV}$ 程度の調整が可能

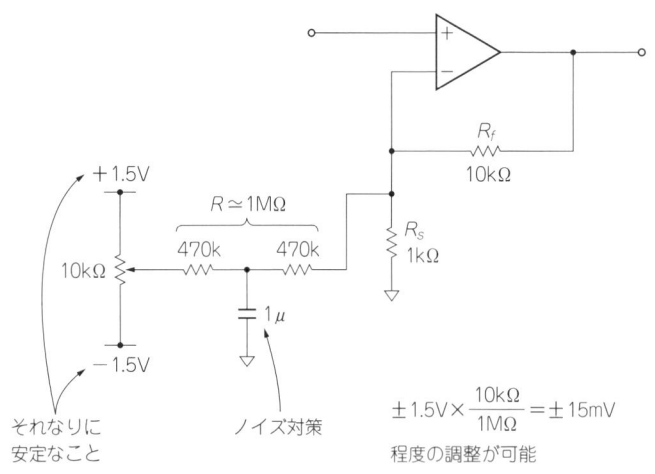

それなりに安定なこと
ノイズ対策

図 2.2.9 調整端子がない場合の入力オフセット電圧の調整法

V_n：OPアンプの入力換算雑音電圧
i_{np}, i_{nn}：OPアンプの入力換算雑音電流

ほかに
　R_{sp}, R_s, R_f の熱雑音が加わる

i_{np}, i_{nn} は

$$R_{sp} \times i_{np}, \quad \frac{R_s \cdot R_f}{R_s + R_f} \times i_{nn}$$

が雑音電圧として加わる．
抵抗の熱雑音 V_{nT} は

$V_{nT} = \sqrt{4kTRB}$　k：ボルツマン定数
　　　　　　　　　　1.38×10^{-23} [J/K]
　　　　　　　　T：絶対温度 [K]
　　　　　　　　B：周波数帯域幅 [Hz]

$T = 300\text{K}, R = 1\text{k}\Omega$ で

$V_{nT} = \sqrt{4 \cdot 1.38 \times 10^{-23} \cdot 300 \cdot 1000} \cdot \sqrt{B}$
　　　$= 4.06 [\text{nV}/\sqrt{\text{Hz}}]$

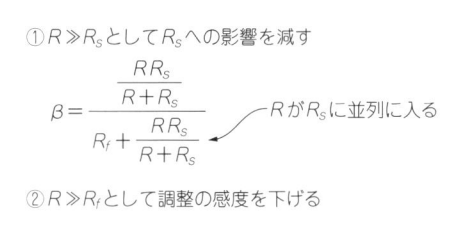

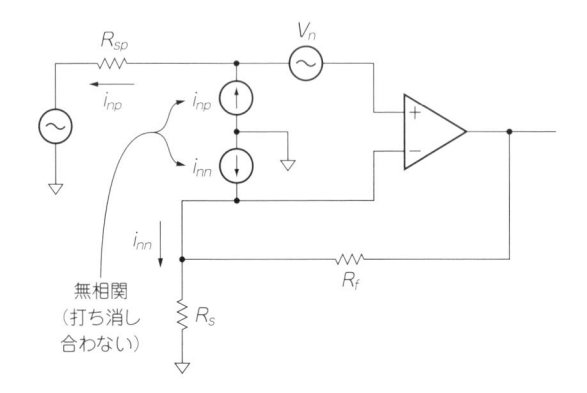

（下線）$\sqrt{\text{Hz}}$の意味
帯域幅の平方根当たり

無相関（打ち消し合わない）

図 2.2.10 入力換算雑音電圧，入力換算雑音電流
すべての雑音が一箇所から発生するとみなして考える

$i_n = \sqrt{2qIB}$　q：素電荷
　　　　　　　　　1.602×10^{-19} [C]
$I = 100\text{nA}$ のとき
$i_n = \sqrt{2 \cdot 1.602 \times 10^{-19} \cdot 100 \cdot 10^{-9}} \times \sqrt{B}$
　　$= 0.178 [\text{pA}/\sqrt{\text{Hz}}]$

図 2.2.11 入力換算雑音電圧，入力換算雑音電流の影響の見積もり

② 帰還抵抗値の選択

2本の抵抗比によって仕上がり利得を決定できることは，前述したとおりです．抵抗値は低いほうが周波数特性やノイズの点で有利ですが，OPアンプの負荷になります．低消費の回路では無視できません．

③ 入力バイアス抵抗

常に前段に何かつながる場合は不要です．外部とのインターフェースなどでオープンになる場合は，バイアス電流を流すように適当な抵抗でグラウンドとつなぎます．FET入力の場合も，直流の経路を確保できるようにします．

④ 発振対策

マイナス入力端子側の入力容量と帰還抵抗の積で位相遅れを生じるので，R_f にコンデンサを並列にして補償します．プラス入力端子も容量でグラウンドに接続しないと発振する場合もあります．出力に容量を直接つなぐと，出力抵抗と負荷容量の積で位相遅れを起こし発振します．出力には，アイソレーション抵抗を入れます（**図 1.3.18** 参照）．

⑤ 電源バイパス

電源端子とグラウンド間にバイパス・コンデンサを入れます．高速のOPアンプやディジタルICでは，ICピンの直近に周波数特性の良いセラミック・コン

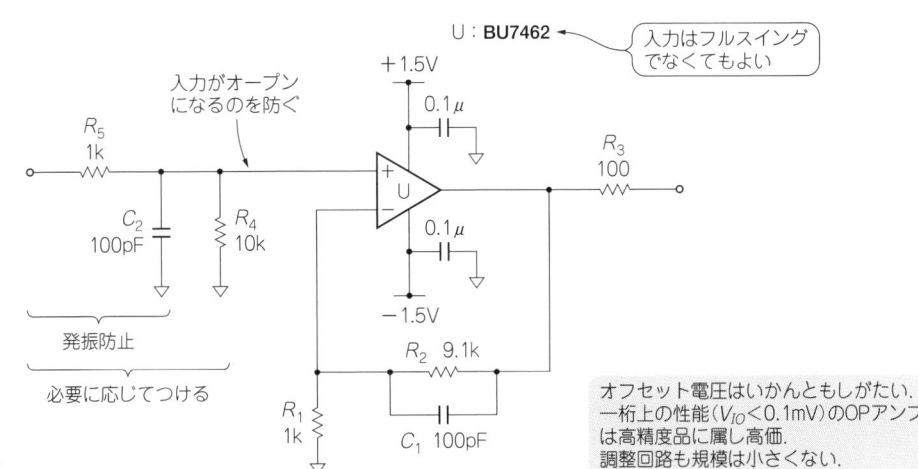

図 2.2.12
非反転増幅器の例

(図中注記)
- U：BU7462
- 入力はフルスイングでなくてもよい
- 入力がオープンになるのを防ぐ
- 発振防止 必要に応じてつける
- オフセット電圧はいかんともしがたい．一桁上の性能($V_{IO}<0.1$mV)のOPアンプは高精度品に属し高価．調整回路も規模は小さくない．

デンサなどを配置しなければ動作不良の原因になりますが，汎用OPアンプではそこまでは厳しくないようです．ただし，実用上問題がないように見えても，回路の特性（特にオープンループの特性）は変化するので，常に常識的な処理をしておけば不測のトラブルを防ぐことができます．

⑥ 直流の精度と確度

利得の設定精度と直線性は，負帰還の抵抗 R_f，R_sと A_v の大きさで決まり，確度はオフセット電圧が支配的です．

$$A_f = 1/((1/A_v) + \beta)$$

より，A_v が大きければ A_v のばらつきや変動が精度に与える影響は少なくなります．その影響は β に対し $1/A_v$ になるので，利得20dB（$\beta = 0.1$）のとき，$A_v = 80$dB（10000倍）あれば直線性 $\pm 0.1\%$ は達成可能です．A_f は，β を決める抵抗器の精度で決まります．

確度は，汎用OPアンプの入力オフセット電圧が標準1mV，最大5mV程度なので，利得10倍とした場合に標準で10mVを満たすかどうかと言うところです．

データシートの標準値，最大値は統計的に決められているため，ある確率で最大値付近の値が出てもおかしくはありません．

利得を決める抵抗値やオフセット電圧も精度の高い部品を用いたり，トリマ抵抗で調節したりすることはできます．しかし，いずれもコストの増大につながるので，他に何らかの方策を見出すほうが得策です．後の段でディジタル処理が可能ならば，そのほうが現実的でしょう．

⑦ 交流特性

SR に関しては，①のとおりです．ひずみを小さくするには，最高周波数における帰還量 $1 + \beta A_v$ を確保します．20kHzで $\beta A_v = 20$dBとすると，$\beta = -20$dB(0.1)なので，$A_v = 40$dB（100倍）となります．このとき，周波数と A_v の積が必要な G_B 積になり，

$$G_B\text{積} = 20\text{kHz} \times 100 = 2\text{MHz}$$

アンプの帯域幅は，(G_B積)/(仕上がり利得)になるので200kHzになります．

最高周波数は 20kHz なので，性能を要求しなければ G_B 積はもう少し小さくてもかまいませんし，負帰還量を増やしてひずみの減少を狙うならば，G_B 積が大きめのOPアンプを選びます．

最大出力電圧を1Vとし，60dB（1000倍）のダイナミック・レンジを確保するためには，1V/1000 = 1mV がノイズ・フロアになります．利得20dBなので，入力換算雑音電圧は 100μV 以下にしなければなりません．アンプの帯域幅が200kHzなので，略式に[注]この平方根で割ると $0.22\mu\text{V}/\sqrt{\text{Hz}}$ が必要な入力換算雑音電圧の上限になります．特に，ローノイズ型のOPアンプを使わなくても，一桁程度低い値になります．

* * *

以上，何の問題もありませんでしたが，これは平均的な汎用OPアンプの仕様をそのまま設計するアンプの仕様にしたからです．これらの仕様から外れる場合は，少し工夫が必要になります．

2.3　交流アンプ

正負二電源構成では，OPアンプを使った交流アンプと直流アンプの違いはほとんどありません．入力と出力を結合コンデンサでつないで，直流が通過しない

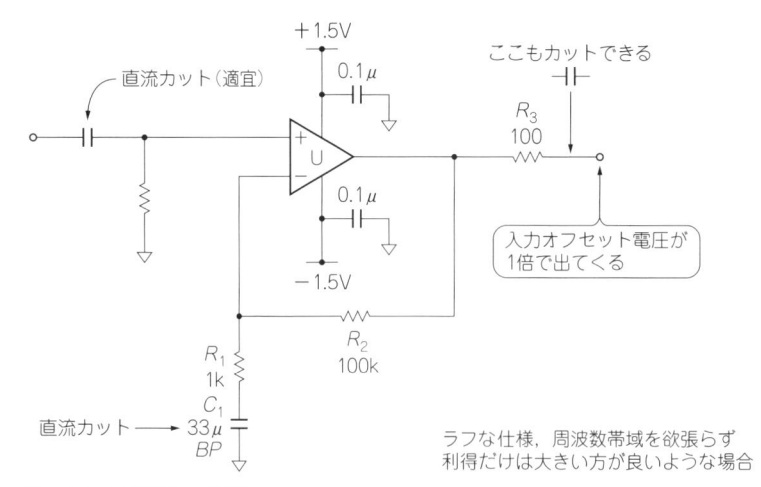

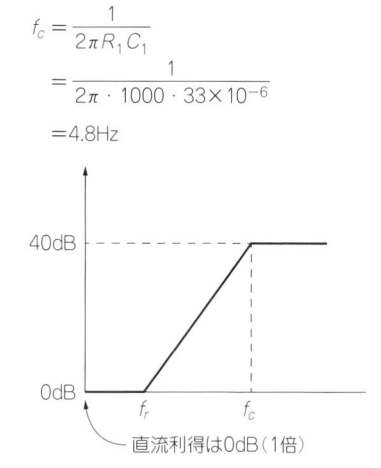

図 2.3.1　交流アンプの例
入力オフセット電圧があまり問題にならない

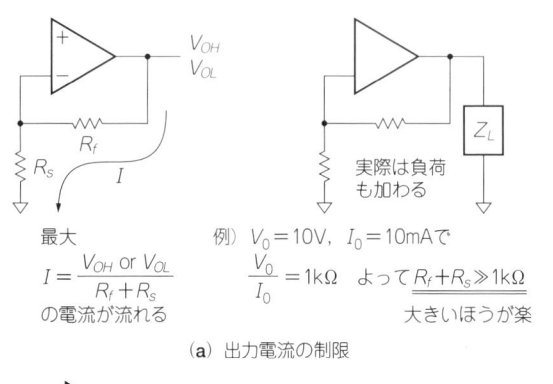

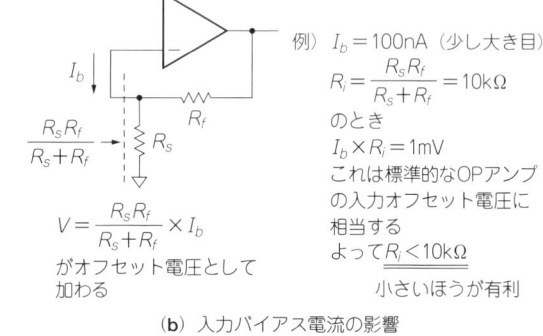

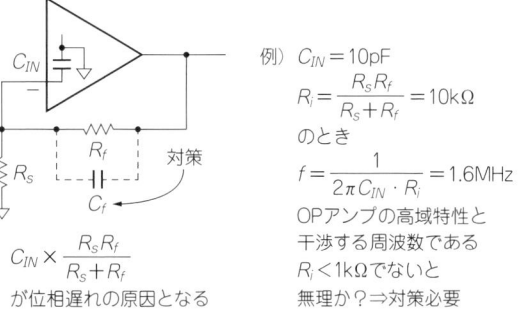

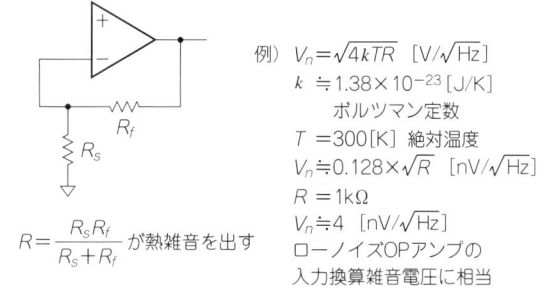

$$f_c = \frac{1}{2\pi R_1 C_1} = \frac{1}{2\pi \cdot 1000 \cdot 33 \times 10^{-6}} = 4.8\text{Hz}$$

(a) 出力電流の制限

$$I = \frac{V_{OH} \text{ or } V_{OL}}{R_f + R_s}$$ の電流が流れる

例）$V_0 = 10\text{V}$, $I_0 = 10\text{mA}$ で $\frac{V_0}{I_0} = 1\text{k}\Omega$ よって $R_f + R_s \gg 1\text{k}\Omega$ 大きいほうが楽

(b) 入力バイアス電流の影響

$$V = \frac{R_s R_f}{R_s + R_f} \times I_b$$ がオフセット電圧として加わる

例）$I_b = 100\text{nA}$（少し大き目）
$R_i = \frac{R_s R_f}{R_s + R_f} = 10\text{k}\Omega$ のとき
$I_b \times R_i = 1\text{mV}$
これは標準的なOPアンプの入力オフセット電圧に相当する
よって $R_i < 10\text{k}\Omega$　小さいほうが有利

(c) 時定数の影響

$$C_{IN} \times \frac{R_s R_f}{R_s + R_f}$$ が位相遅れの原因となる

例）$C_{IN} = 10\text{pF}$
$R_i = \frac{R_s R_f}{R_s + R_f} = 10\text{k}\Omega$ のとき
$f = \frac{1}{2\pi C_{IN} \cdot R_i} = 1.6\text{MHz}$
OPアンプの高域特性と干渉する周波数である
$R_i < 1\text{k}\Omega$ でないと無理か？⇒対策必要

(d) 熱雑音の影響

$$R = \frac{R_s R_f}{R_s + R_f}$$ が熱雑音を出す

例）$V_n = \sqrt{4kTR}$ [V/√Hz]
$k \fallingdotseq 1.38 \times 10^{-23}$ [J/K] ボルツマン定数
$T = 300$ [K] 絶対温度
$V_n \fallingdotseq 0.128 \times \sqrt{R}$ [nV/√Hz]
$R = 1\text{k}\Omega$
$V_n \fallingdotseq 4$ [nV/√Hz]
ローノイズOPアンプの入力換算雑音電圧に相当

図 2.3.2　R_s, R_f の決定（$R_f + R_s = 1\text{k}\Omega \sim 1\text{M}\Omega$ 程度の範囲，要求は矛盾するので，妥協点を探す）

ようにしたアンプも交流アンプですが，一般には負帰還回路の R_s にコンデンサを直列にして，100%（$\beta = 1$）の直流負帰還を掛けたアンプを交流アンプと称します．直流成分による障害を避けることができます．

例えば，100倍の直流アンプでは，10mVの入力オフセット電圧が1Vに増幅されて出力に現れますが，交流アンプにすれば出力には10mVしか現れません．特に，低電圧動作では最大出力電圧に大きな影響があります．

図 2.3.1 の回路は，精度の必要がない100〜1kHz 程度のセンサ信号を，マイコンのコンパレータが認識できるように大きくするようなラフな用途を想定しています．オーディオ用に100倍（40dB）の仕上がり利得を狙うためには，OPアンプの G_B 積が1MHz 程度では不足しますが，周波数帯域と精度を欲張らなければ使うことができると思います（**図 2.3.2**）[注]．

(注) 本来は"等価雑音帯域幅"を考えなければならない．

第3章 単電源回路

OPアンプは正負二電源で使うことが基本ですが，ディジタル回路が主力になるにつれて単一の電源で動作させることが多くなりました．単電源回路と呼ばれる構成で，大きく分けて次のような方法があります．

① グラウンド電位＝負の電源電圧とする方法
② 単一の電源から仮想グラウンドを生成し，信号の基準とする方法
③ スイッチング電源などで負の電源を生成する方法

このうち，②，③はOPアンプの動作は正負二電源です．①の方法が，本当の意味での単電源動作です．これができれば一番簡単ですが，負の電源は負の信号電圧を扱うために必要です．よって，信号電圧が正の場合に限定するか，そうでなければ電圧を正の範囲にシフトして扱う配慮が必要です．一番注意しなければならないのは，正負二電源でなければ完全な0Vは出力できないことです．フルスイング型や単電源用と呼ばれる品種を使っても解決しません（図3.1.1）．

3.1 直流バイアス

信号電圧がOPアンプが扱うことのできる範囲を超える場合は，直流的にシフトして動作可能な範囲に収める必要があります．交流アンプでは，電源電圧の中点にバイアスすることで正負二電源と同等な動作点となります．

直流を扱う場合は，バイアス電圧も信号電圧と同じように増幅されるのでかなり複雑です．入力信号は常に正極性でも，反転アンプに入力すると負になってしまいます．反転アンプ回路でプラスの入力端子にバイアス電圧を与える場合，プラスの入力端子は単にバイアスの入力端子ではないことを忘れてはいけません．バイアス回路からのノイズや信号の回り込みもよくあるトラブルです．直流回路でOPアンプを複数段縦続する場合，個々にバイアス電圧を与えると，それぞれの違いがオフセットになります（図3.1.2）．

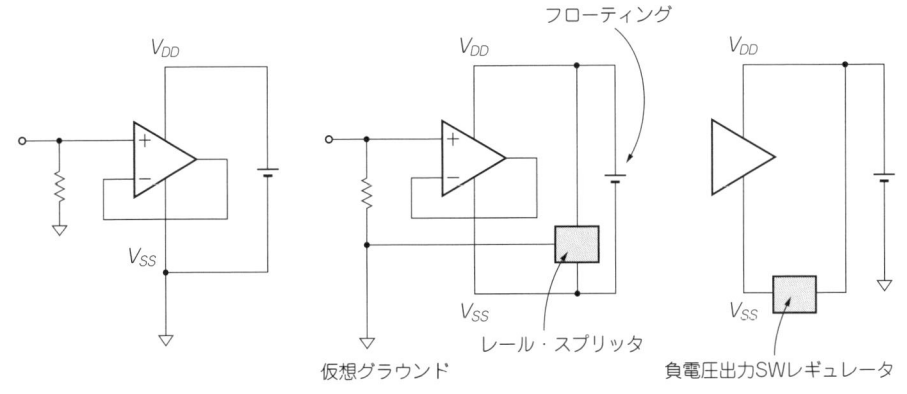

図 3.1.1　単電源回路

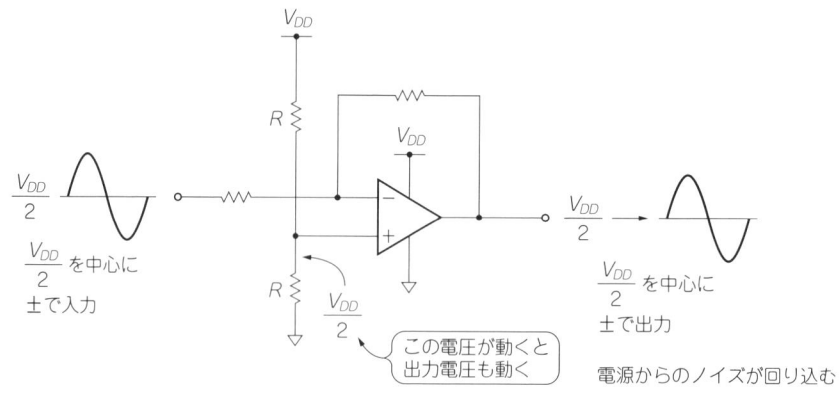

図 3.1.2 バイアス入力端子はノイズの入力端子にもなる

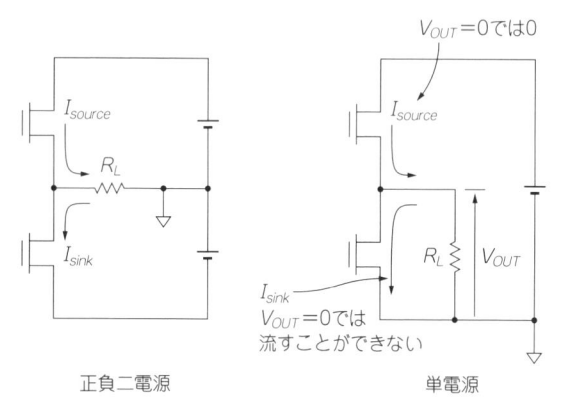

図 3.2.1 負荷のグラウンドをどこにつなぐかで電流の流れ方が変わる（負荷は純抵抗とは限らない．$V_{OUT} = 0$ で I_{sink} 方向に電流が流れることもある）

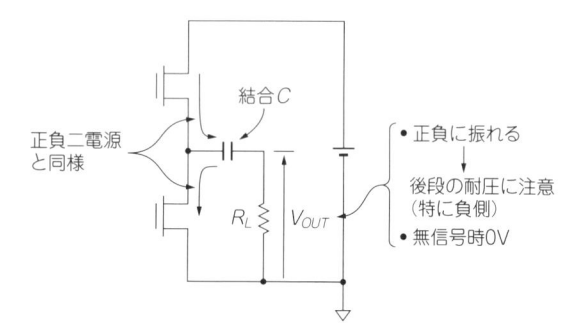

図 3.2.2 負荷を C 結合にすると出力電圧は正負に振れる

3.2 負荷電流

単電源回路が正負二電源回路と大きく異なる点の一つは，負荷電流の経路です．OPアンプによっては，最大出力電圧が変わってしまいます．出力端子と負の電源（＝グラウンド）間に負荷抵抗 R_L を接続する場合，$V_{out} = 0$ とするにはOPアンプの出力電流を流すことができません．$V_{out} - V_{ss} = 0$ で I_{sink} を流すには，超伝導状態でなければならないからです．

さらに，I_{source} も 0 である必要があります．すると，出力トランジスタはカットオフとなり動作しません．単電源回路では 0V 出力が不可能な理由です．交流回路で結合コンデンサを介して負荷をつなぐ場合は，正負二電源と同じ経路で負荷電流が流れます．この場合，単電源であっても出力電圧はグラウンド電位を中心に正負に振れるので，後段の負側の耐圧に注意する必要があります（図 3.2.1，図 3.2.2）．

3.3 仮想グラウンド

以上のことから，単一電源で信号処理や回路構成が少し複雑になる場合は，仮想グラウンドを設けて正負二電源と同様な動作をさせるほうが，OPアンプの動作は簡単です．仮想グラウンドは，レール・スプリッタと称され，電源電流と同程度の負荷電流を吸収できることが単に抵抗分圧で中点電圧を得る方法と異なります．ただし，信号系はすべてこの電位を基準に動作する必要があり，前後につながる回路との接続は工夫する必要があります（図 3.3.1）．

3.4 単電源OPアンプと正負二電源OPアンプの違い

OPアンプには，一般用（正負二電源用）と単電源用があります．両者の違いは，同相入力電圧範囲と最大出力電圧で，他に決定的な差異はありません．動作も同じです．正負二電源用は，同相入力電圧，最大出力電圧共に正負の電源電圧の中点（＝グラウンド電位）を

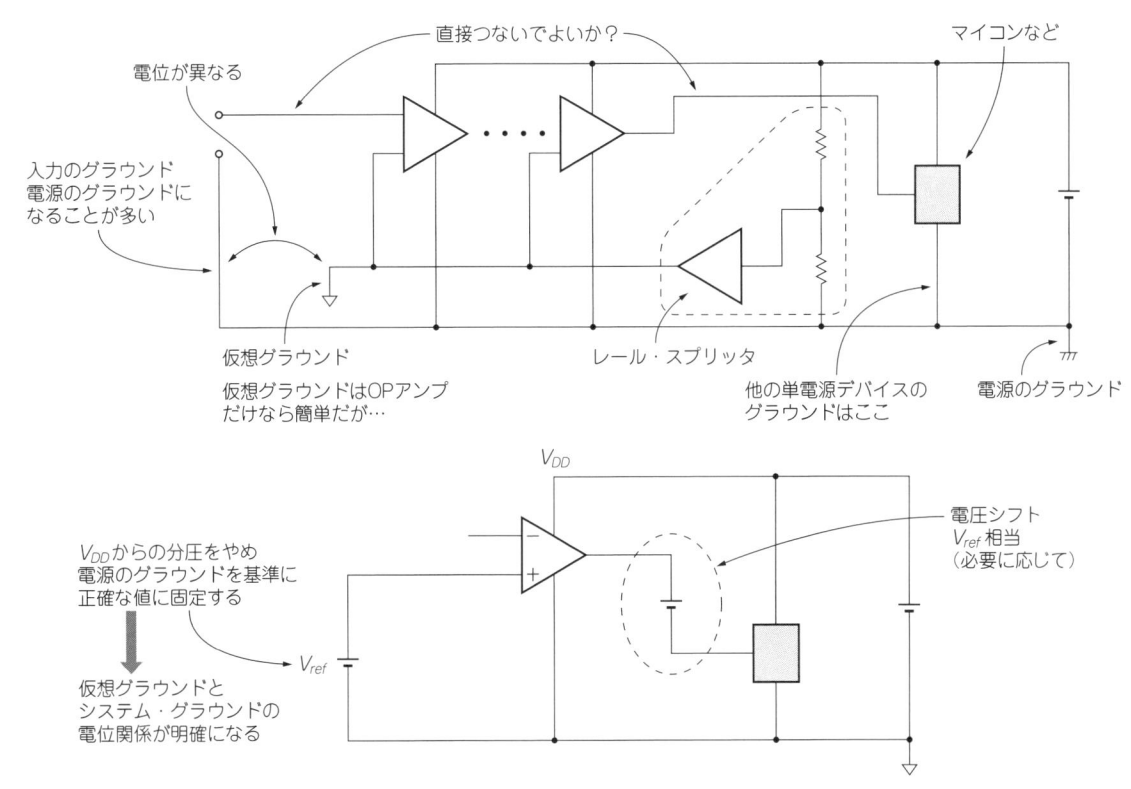

図 3.3.1 仮想グラウンドとシステム・グラウンドの関係
少し複雑なので，単にシステム・グラウンドから電圧シフトして考えた方が良い場合もある（下）

中心にほぼ対称なのに対し，単電源用は，負の電源側に偏っています．単電源動作は負の電源電圧がグラウンド電位になるからです．

しかし，単電源用の同相入力電圧は，グラウンド電位（＝負の電源電圧）を含んでいますが，最大出力電圧（低電圧側：V_{OL}）はグラウンド電位に達しません．単電源型の出力電圧は，グラウンドからおよそ数10mV程度は無効です（品種と負荷による）．

単電源OPアンプと正負二電源OPアンプの違いは，グラウンドの電位と入出力電圧の限界の関係で，向き/不向きがあるというだけで，電源が一つか二つかの差ではありません．最近の入出力フルスイング型は，どちらにも同じように使うことができます．ロームのデータシートでは，電源構成の区別をやめて入出力電圧範囲のタイプで分類していることは前述のとおりです（図 2.2.1，図 2.2.4）．

3.5 正負二電源OPアンプの単電源での使用

正電源と負電源の中点付近を中心にして信号が振れるようにすれば使用できます．負の電源電圧が同相入力電圧範囲から外れるので，いわゆる"グラウンド・センス動作"はできません．交流アンプなど，信号がゼロを中心に正負に同じ大きさで振れる場合は，単電源型を使うより振幅が大きく取れるために好都合です．出力フルスイング・タイプを使えばベストです．

3.6 単電源OPアンプの正負二電源での使用

単電源OPアンプは，普通に正負二電源で使用可能です．従来型の単電源OPアンプは，同相入力電圧，最大出力電圧が負側に偏っているので，低い電源電圧では使いにくい場合もあります．

単電源OPアンプとして代表的なLM358/LM2904は，特異な特徴を持っているので別途説明します．電源構成に係わらず使用できますが，出力の回路形式が特殊なので配慮が必要になります．

Column 5　元祖単電源OPアンプ　LM358/2904

　LM358/2904は，旧ナショナルセミコンダクタ（現在はTIに吸収）の開発した単電源用のOPアンプです．開発時期は古く，OPアンプICの初期に遡りますが，各社からセカンド・ソースが供給され，現在でも最も需要のある品種の一つです．

　同時期に普及したμA741，LM301，RC4558などの正負二電源型の代表的な品種が，後発の製品と交代する中で，LM358/2904の需要が衰えないのは特徴のある製品仕様が理由だと思います．

　同時期のOPアンプは，正負二電源型が一般的で単電源は特殊でした．正負二電源型の回路を元に負電源＝グラウンドとするため，入出力電圧の基準を負電源に偏らせたものが単電源型です．最近の製品は，フルスイング化などの進んだ技術で素直に実現していますが，LM358/2904はかなり特異な方法を採用しています．

● 広い電源電圧範囲

　電源電圧は＋3～32V（ロームBA10358ファミリ・データシートより）です．最近の製品では耐圧が低く，置き換えができない場合があります．しかも，LM358/2904は低い方は3Vから動くので，ほとんどの動作電圧に対応できます．

● グラウンド・センス

　単電源動作の要の一つであるグラウンド・センス動作（同相入力電圧＝負の電源電圧での動作）が可能です．旧型の正負二電源型OPアンプは，同相入力電圧を下限値を超えて負の電源電圧に近づけると，出力が正の側に飽和する品種があります．これを"出力反転"や"出力跳躍"と呼びます．BA4558などが相当しますが，LM358/2904では負の電源電圧まで正常に動作します．

　LM358/2904では負の電源電圧が同相入力電圧範囲の下限ですが，絶対最大定格は−0.3Vです．LM358/2904でも，負の電源電圧を超えて同相入力電圧を下げると，破壊に至る前に出力反転が起こります（図c5_1）．

● 電源電圧を超える入力耐圧

　入力は，通常のバイポーラ・トランジスタによる差動アンプの外側に，さらに差動アンプを重ねたような回路になっています．一見，ダーリントン接続のようですが，同相入力電圧範囲の下限が負の電源電圧を含むように，負側にV_{BE}ぶんシフトするのが目的です．

　同相入力電圧範囲の中点を正電源と負電源の中点から負電源側にシフトしただけで，正電源側は動作範囲が狭くなっています．入力トランジスタは，当時の設計で一般的なラテラル型（横型）です．h_{FE}が低く，周波数特性が悪いなど，IC技術の都合による"窮余の策"でしたが，ベースを中心として対称な構造のため，V_{BE}の逆耐圧がV_{CB}と同等に高いという特徴があります．このためLM358/2904では，正常動作可能な同相入力電圧範囲は正電源側で電源電圧より1.5V程度内側になっているものの，耐電圧は高く取れます．

　オリジナルのデータシートでは，電源電圧を超

通常型OPアンプ

V_{IC}を0にするとカレントミラーが動作せず，OPアンプの出力電圧がV_{CC}にはね上がる

LM358 / LM2904

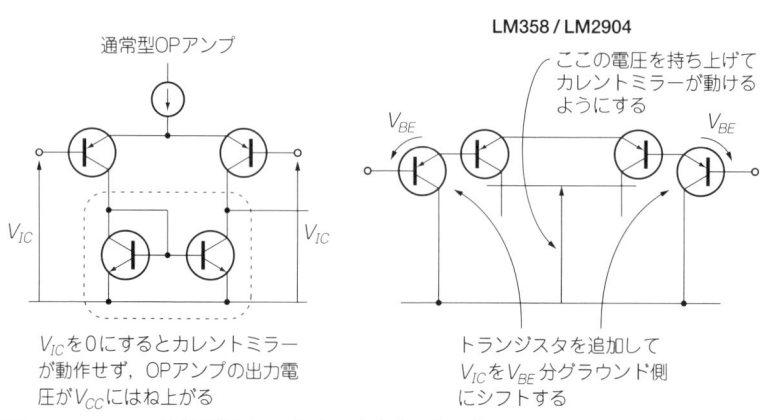

ここの電圧を持ち上げてカレントミラーが動けるようにする

V_{BE}　　　　　V_{BE}

トランジスタを追加してV_{IC}をV_{BE}分グラウンド側にシフトする

図c5_1　LM358は単電源で0V入力でも出力反転が起こらない

えて電圧を加えても，絶対最大定格までは破壊しないことが注釈に明記されています（例えば，$V_{cc}=5V$ 時に $V_{ic}=30V$ を加えても破壊しない）．ただし，セカンド・ソース品のデータシートには，この記述がない場合もあります．

データシートの内容は，各メーカが開発時の評価や保証体制などの理由から決定した仕様なので，オリジナルと同じと拡大解釈はできず，メーカの指定に従うしかありません．セカンド・ソースでは，通常のOPアンプと同様に，同相入力電圧範囲の絶対最大定格が，電源電圧（＋α）で規制されていることが多いようです．

負側の入力耐圧は－0.3Vで，通常のOPアンプと同様です．

● C級バイアス・プッシュプル出力

0V出力は，単電源動作のもう一つの要です．この時代のOPアンプは，AB級バイアスのコンプリメンタリSEPP型の出力回路が一般的でした．出力段をAB級にバイアスするためには，出力トランジスタのベース間に，ある程度の電圧を加える必要があり，それによって最低出力電圧 V_{OL} が制限されます．LM358/2904では，C級バイアスとすることで V_{OL} 出力時に負側の出力トランジスタをカットオフし，V_{BE} による制限を避けています．

ただし，この動作では負荷→OPアンプへ電流の吸収ができないため，飽和電圧の小さな定電流回路で出力→負電源へ微小なバイアス電流 [BA2904で $I_{sink}=40\mu A(typ)$] を流しています．

I_{sink} 以内であれば，出力回路は正側の出力トランジスタによるA級動作になります．I_{sink} を超える電流をOPアンプが吸い込んだ場合，負側の出力トランジスタがONとなり，V_{OL} は $V_{BE}+V_{sat}$ 以上になります．シンク電流が小さい場合のみ，0V出力がそれらしく機能することになります．つまり，出力電流を常にソース方向で使うのが理想です．

出力電流の方向が変化する場合は，変化点で両方の出力トランジスタがカットオフし，電流の不連続を生じ，交流信号であればクロスオーバひずみとなります．クロスオーバを避けるには，出力を外部で抵抗か定電流素子でグラウンド（＝負側電源）にプルダウンして，正側のトランジスタに常に電流が流れるようにします．使用範囲で出力をA級動作化するので電力損失が増えます．

LM358/2904と同時代の単電源OPアンプのMC3404（オリジナル：モトローラ，セカンド・ソースは多数あり）は，やや複雑な回路を採用しており，0V出力時にはC級動作で V_{OL} を下げ，出力電圧が電源の中点付近ではAB級動作となり，交流出力時のクロスオーバひずみを防いでいます．

ただし，交流アンプとするのであれば，正負二

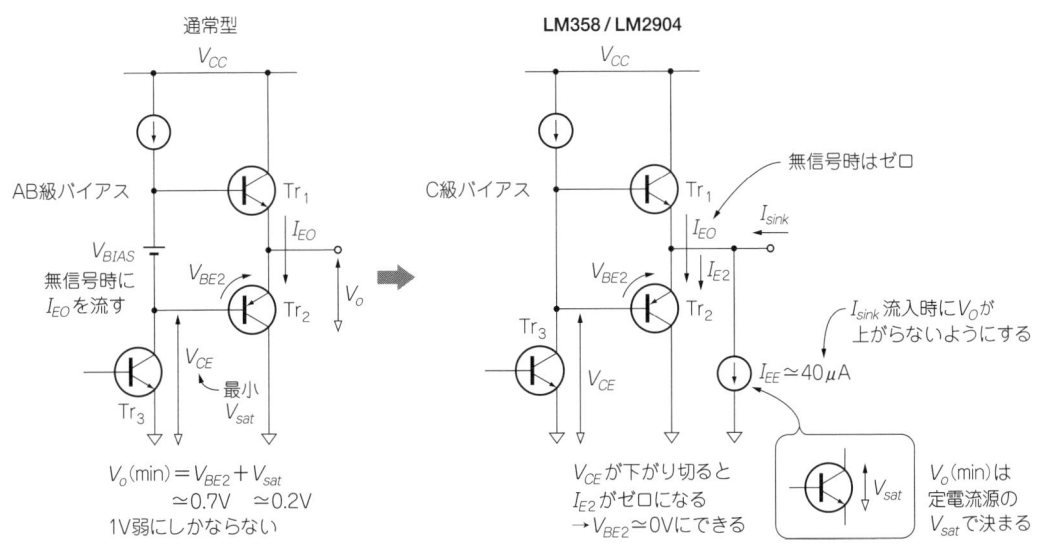

図c5_2 出力流入電流が小さければ出力電圧は0Vに近づく
このためにC級バイアスを採用しておりひずみ率など他の特性が犠牲になっている

電源動作の OP アンプを中点電圧にバイアスして使うほうが簡単です．かつては，低電圧動作が可能な正負二電源動作の OP アンプは少なかったので，低電圧動作可能な単電源 OP アンプがその役割も兼ねていたようですが，現在では適当なものが沢山あります．

また，後に開発されたフルスイング型出力回路の OP アンプは，複雑な動作をせずに 0V 出力が可能です（厳密には，負電源を使わなければぴったり 0V にはならない）．

LM358/2904 の出力特性は，今となってはかなり使いにくい感じを否めません．しかし，慣れてしまえば，これで充分な用途が多いと思います．これを選択の基準に考える場合も多いと思いますが，特殊性は充分理解する必要があります（図 c5_2，図 c5_3）．

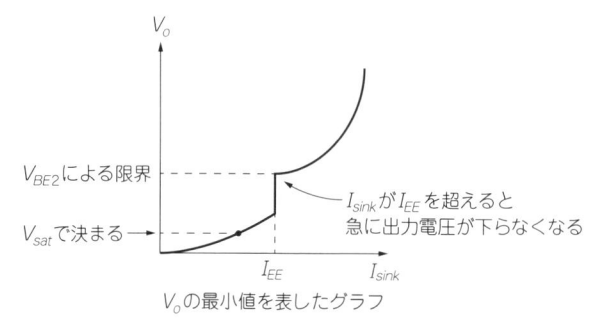

図 c5_3　出力流入電流が I_{EE} を超えると V_o の最小値が跳ね上がる

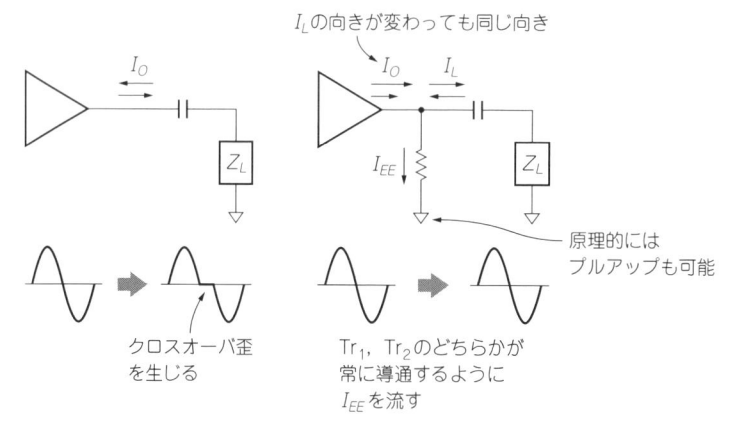

図 c5_4　C 級バイアス出力のため出力電流の方向が変わるとクロスオーバひずみを生じる

第4章

応用回路

4.1 加減算回路

　加算回路と減算回路は，単純なアンプに次ぐ基本回路です．無意識にこの回路を使っている場合も多いと思います．例えば，外付けのオフセット電圧調整回路は，オフセット電圧の減算回路です．

　反転型と非反転型があり，非反転型は単純に抵抗で合成しているだけで，OPアンプはバッファとしての役割しかありません．反転型が優れているのは，入力電圧V_iと出力電圧V_oの関係が$V_i:V_o=-R_i:R_f$となる点です．複数の入力端子に対して，一つだけに入力電圧が加えられたときに，個々に$V_{iN}:V_{oN}=-R_{iN}:R_f$が成立し，すべての入力電圧が同時に加えられた場合の出力電圧は，個別にV_{iN}が存在するときの$V_o(V_{oN})$の総和$V_o=\Sigma V_{oN}$となります．極性が反転しますが，入力数が増えても各入力は互いに干渉することなく，R_{iN}とR_fの比で出力に加算されます．

　OPアンプの入力がバーチャル・ショートのために，電圧的にはそこで0Vとなり，入出力が分離され電流だけが加算されてR_fに流れます．単に抵抗で合成した場合は，抵抗の合成や分圧比の計算が必要になり，入力数が増えると全体の計算がやり直しになります（図4.1.1）．

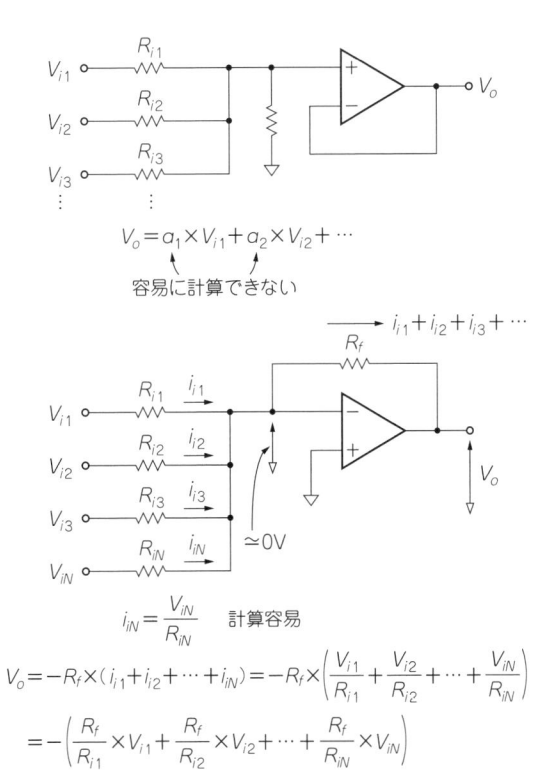

$$V_o = a_1 \times V_{i1} + a_2 \times V_{i2} + \cdots$$
容易に計算できない

$$i_{iN} = \frac{V_{iN}}{R_{iN}} \quad 計算容易$$

$$V_o = -R_f \times (i_{i1}+i_{i2}+\cdots+i_{iN}) = -R_f \times \left(\frac{V_{i1}}{R_{i1}}+\frac{V_{i2}}{R_{i2}}+\cdots+\frac{V_{iN}}{R_{iN}}\right)$$

$$= -\left(\frac{R_f}{R_{i1}}\times V_{i1}+\frac{R_f}{R_{i2}}\times V_{i2}+\cdots+\frac{R_f}{R_{iN}}\times V_{iN}\right)$$

図4.1.1　加算回路

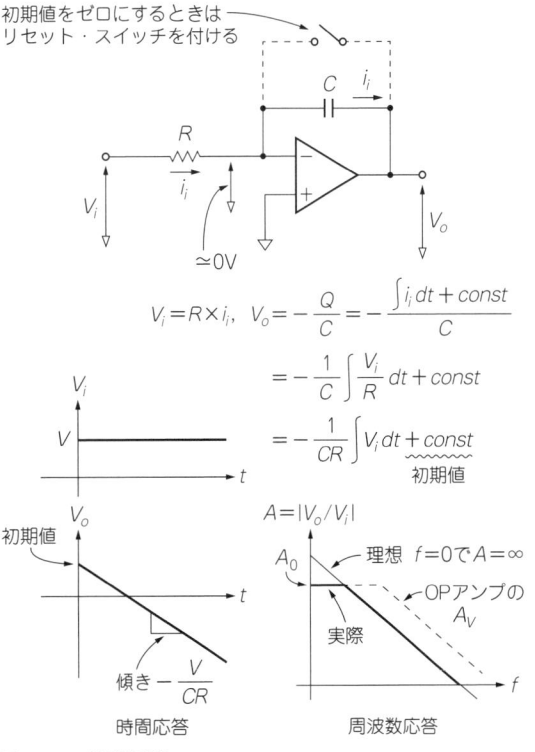

$$V_i = R \times i_i, \quad V_o = -\frac{Q}{C} = -\frac{\int i_i\,dt + const}{C}$$

$$= -\frac{1}{C}\int \frac{V_i}{R}\,dt + const$$

$$= -\frac{1}{CR}\int V_i\,dt + \underset{初期値}{const}$$

傾き$-\dfrac{V}{CR}$

$A=|V_o/V_i|$　理想　$f=0$で$A=\infty$
A_0　実際　OPアンプのA_V

時間応答　　周波数応答

図4.2.1　積分回路

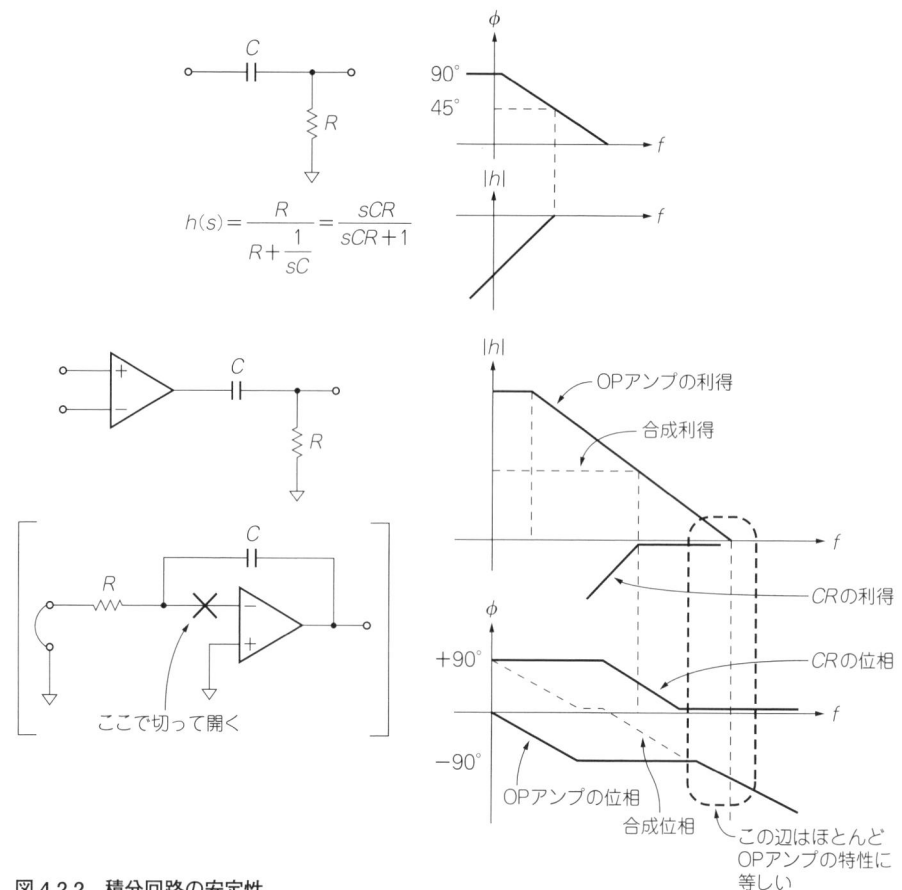

$$h(s) = \frac{R}{R + \frac{1}{sC}} = \frac{sCR}{sCR + 1}$$

図 4.2.2　積分回路の安定性
"$G=1$ まで位相補償"とうたった品種ならば発振しない

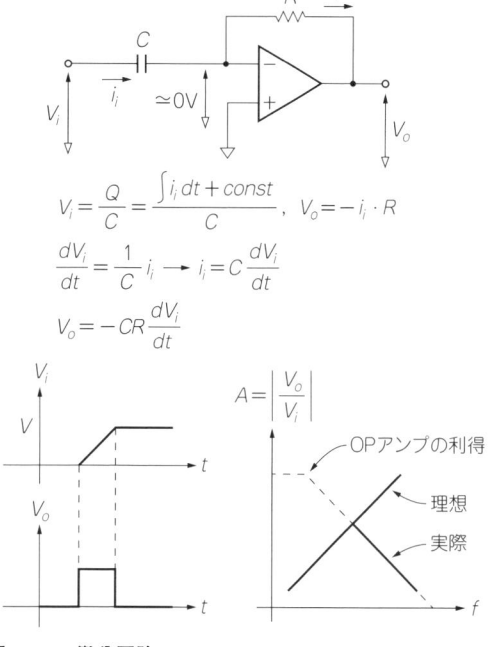

$$V_i = \frac{Q}{C} = \frac{\int i_i dt + const}{C}, \quad V_o = -i_i \cdot R$$

$$\frac{dV_i}{dt} = \frac{1}{C} i_i \longrightarrow i_i = C \frac{dV_i}{dt}$$

$$V_o = -CR \frac{dV_i}{dt}$$

$$A = \left| \frac{V_o}{V_i} \right|$$

図 4.2.3　微分回路

4.2 微積分回路

　微分回路，積分回路は，入力電圧を時間で微分 / 積分した電圧を出力します．もともとはアナログ・コンピュータの構成要素で，かなり厳密な特性を要求されたはずですが，現在ではフィルタ回路と折衷型のラフな使い方が多いと思います．

　教科書には，積分回路と微分回路の両方が掲載されていますが，微分回路は OP アンプの利得が高域下がりのために微分特性には向いていません．積分回路は，OP アンプが低域ほど大きな利得を持っているため理想に近い動作をします．実際，微分回路の使用例はあまり見かけませんが，積分回路はタイミング回路として頻繁に使われています．弛張発振器や状態変数回路（フィルタに使用）などが具体例です．

　OP アンプと使用部品を選び，実装に注意すれば，ほとんど原理図どおりの回路で 100kHz 以上の弛張発振器から数時間の長時間積分器まで製作が可能です（図 4.2.1，図 4.2.2，図 4.2.3）．

4.3 OPアンプをコンパレータとして使う

OPアンプは,コンパレータとして流用することができます.専用のコンパレータと比べると応答速度が遅く,性能は期待できません.応答速度の規定はありませんが$(V_{OH} - V_{OL})/SR$で概算できます.正負の入力端子間に,2本の入力保護ダイオードが逆並列に入ったOPアンプは使えません.また,コンパレータをOPアンプとして使うことはできません(図4.3.1).

4.4 出力電流の増強

基本的なOPアンプは電圧増幅器なので,大きな電流を出力できるように設計されていません.プロ用オーディオ機器向けのものが600Ωのライン駆動に,ビデオ用が50Ωのライン駆動にそれぞれ対応していますが,最大出力電流は50mA程度です.出力を短絡すると大電流が流れるものもありますが,最大出力電圧を維持したまま出力できる電流は,短絡時よりは小さくなります.

また,許容損失(電力)が小さく,電流を流す能力はあっても動作が制限されます.出力電流を増強するには,パワー・アンプとしても使える特別なOPアンプを使うか,バッファ・アンプを外付けにします.ディスクリートのコンプリメンタリSEPPエミッタ・フォロア回路が,外付けバッファとしてよく使われてきましたが,ディスクリート回路の採用が減った現在では,少し特殊な例に入ります.

SEPPエミッタ・フォロアは飽和電圧が高く,低電圧動作時の信号振幅が小さいことも難点です.ここでは,複数個の汎用OPアンプを並列に使う方法を紹介します.OPアンプを並列にするのは一見簡単そうに見えますが,なかなか良い方法がありません.同じものを並列にしても,特性のバラツキやオフセット電圧で出力を相互に短絡した状態になってしまうからです(図4.4.1).

4.5 差動アンプ

差動アンプは,二つの入力端子間の電位差を増幅して出力するアンプです.入力は差動で,出力はシングルエンドのものが多く使われます.バランス信号→アンバランス信号の変換のほか,2点の電位差の検出も重要な用途です(図4.5.1,図4.5.2,図4.5.3).

4.6 アクティブ・フィルタ

アクティブ・フィルタは,信号処理の主役がディジタルに移行しても利用価値が高い応用回路です.A-D変換やD-A変換の前後に折り返しと平滑化のフィルタが必須の他,正常な信号処理を可能にするためのフィルタ処理がアナログ部で必要になるからです.

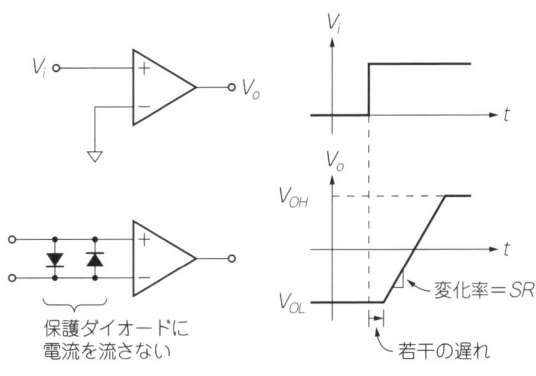

図4.3.1 OPアンプをコンパレータとして流用する

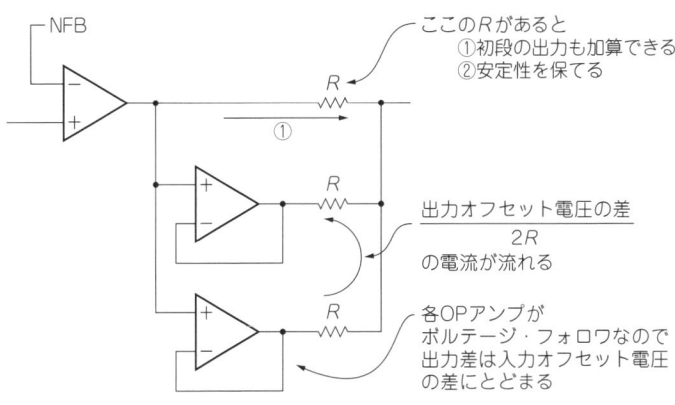

図4.4.1 複数のOPアンプを並列に使った出力電流の増強法

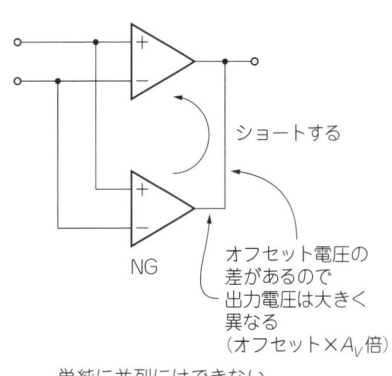

フィルタの技術はとても広範に及びます．ごく簡単には，数種類の回路形式と遮断特性で分類されます．ここでは，基本になる2次のアクティブ・フィルタについて説明します．より詳しい内容は，専門書を参照してください．

4.6.1 四つの型(LPF, HPF, BPF, BEF)
通過域と阻止域の形によって，

低域通過型(LPF：Low Pass Filter)
高域通過型(HPF：High Pass Filter)
帯域通過型(BPF：Band Pass Filter)
帯域阻止型(BEF：Band Elimination Filter)

に分類されます．特性式は数学的に決まります．LPFが基本で，他の特性は周波数変換という手法でLPFから変形して求めることができます．したがって，理論的な説明はLPFで進めます．ただし，実用的にはそれぞれの雛形となる回路について導出済みの特性式に必要な特性をあてはめて回路定数を算出します．

4.6.2 1次ローパス・フィルタと2次ローパス・フィルタの特性

1次ローパス・フィルタと2次ローパス・フィルタの特性式を示します．これらは，数学で導き出された一般形で理想式です．フィルタの次数は2次までに限らず3次以上もあり，次数が上がるほど，遮断特性が急峻になります．N次フィルタの遷移域の傾きは，$-20 \times N$ dB/decade になります．3次以上のフィルタは，複数段の1次と2次のフィルタを縦続接続することで構成できます．ただし，2次のフィルタを1次のフィルタ二個の縦続接続で構成することは，限定的にしかできません．

2次のフィルタには，1次にはないQというパラメータが存在します．Qは，通過帯域の平坦さと遷移域の傾き(遮断の急峻さ)を決めます．2次フィルタの特性式では，Qが$1/\sqrt{2}$ ($\fallingdotseq 0.7$)以上になると利得にピークを生じます．Qをあげるとピークが高くなり，遮断特性が急峻になります．$Q<1/\sqrt{2}$ではピークは出ませんが，Qが小さくなるにつれて遮断特性がなだらかになっていきます．

ただし，Qが変化しても，通過域(低域)の利得は1に漸近し，遷移域の傾きは-40 dB/decadeに漸近します．1次のフィルタ二個の縦続接続では$Q \leq 0.5$にしかなりません(図 4.6.1)．

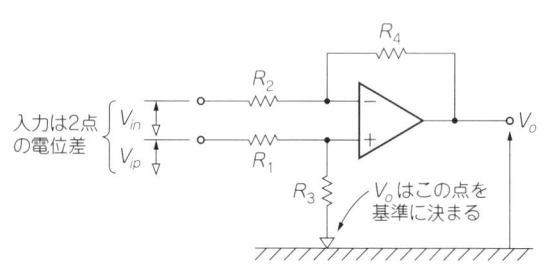

OPアンプの入力はバーチャル・ショートなので

$$\frac{R_3}{R_1+R_3} \times V_{ip} = \frac{R_4 \times V_{in} + R_2 \times V_o}{R_2+R_4}$$

$$\frac{R_2}{R_2+R_4} \times V_o = \frac{R_3}{R_1+R_3} \times V_{ip} - \frac{R_2}{R_2+R_4} \times V_{in}$$

ここで$R_1 : R_3 = R_2 : R_4$とすると，

$$\frac{R_3}{R_1+R_3} = \frac{R_4}{R_2+R_4} \rightarrow \begin{cases} \text{このとき} \\ V_{ip}=V_{in} \text{ ならば } V_o=0 \end{cases}$$

$$\frac{R_2}{R_2+R_4} \times V_o = \frac{R_4}{R_2+R_4}(V_{ip}-V_{in})$$

$$V_o = \frac{R_4}{R_2}(V_{ip}-V_{in}) = \frac{R_3}{R_1}(V_{ip}-V_{in})$$

$R_2 \sim R_4$の精度が重要

図 4.5.1 差動増幅器

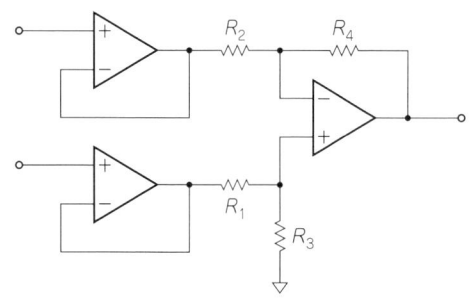

信号源インピーダンスの影響を受けないようバッファを入れる

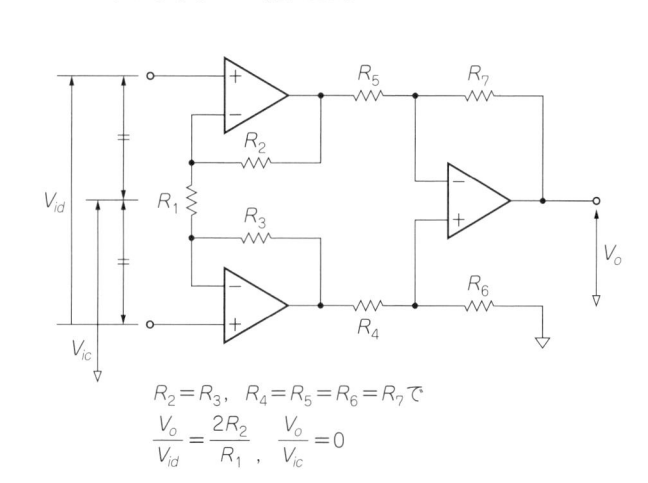

図 4.5.2 インスツルメンテーション・アンプ

$R_2 = R_3$, $R_4 = R_5 = R_6 = R_7$で

$$\frac{V_o}{V_{id}} = \frac{2R_2}{R_1}, \quad \frac{V_o}{V_{ic}} = 0$$

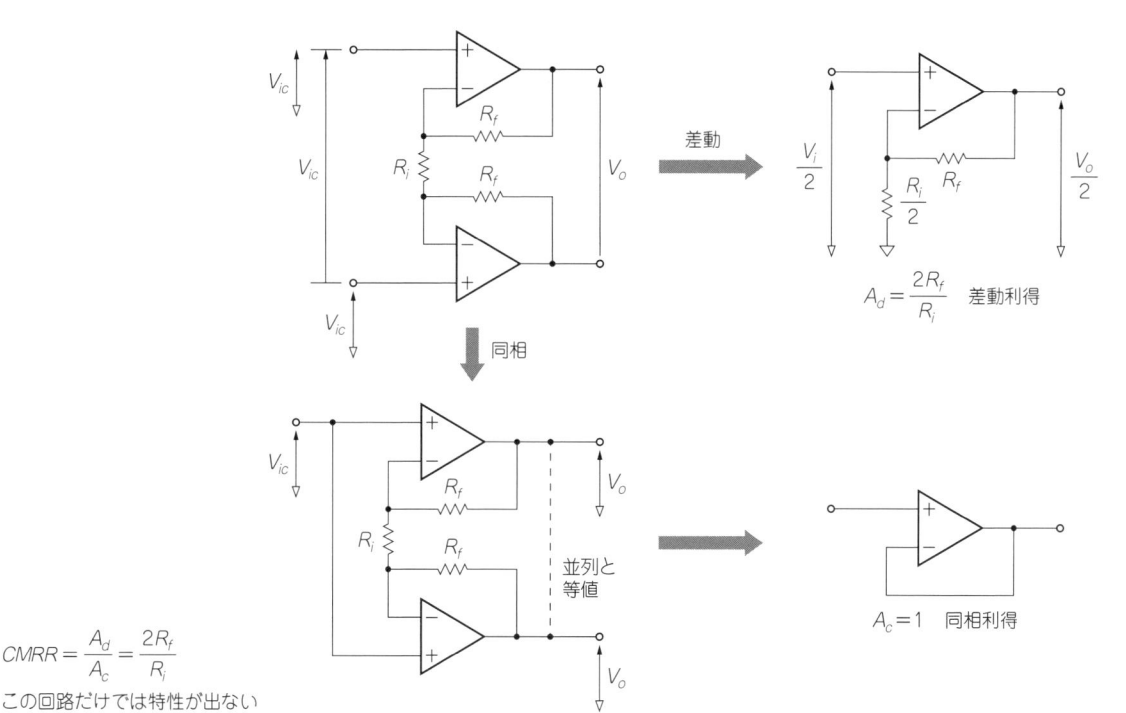

$CMRR = \dfrac{A_d}{A_c} = \dfrac{2R_f}{R_i}$
この回路だけでは特性が出ない

図 4.5.3 インスツルメンテーション・アンプの前半の動作

$\dfrac{V_o(\omega)}{V_i(\omega)} = T(\omega)$, $\omega_0 = \dfrac{1}{CR}$ のとき

$T(\omega) = \dfrac{1}{1+j\left(\dfrac{\omega}{\omega_0}\right)}$

または

$T(s) = \dfrac{\omega_0}{s+\omega_0}$ ……$T_1(s)$ とする

一次のローパス・フィルタの伝達関数

二次のローパス・フィルタの伝達関数は一般的に

$T(s) = \dfrac{\omega_0^2}{s^2 + \dfrac{\omega_0}{Q}s + \omega_0^2}$

一次のローパス・フィルタの2段縦続

$T_1(s) \times T_1(s) = \left(\dfrac{\omega_0}{s+\omega_0}\right)^2 = \dfrac{\omega_0^2}{s^2 + 2\omega_0 s + \omega_0^2}$

……$Q=0.5$ の2次ローパス・フィルタにしかならない

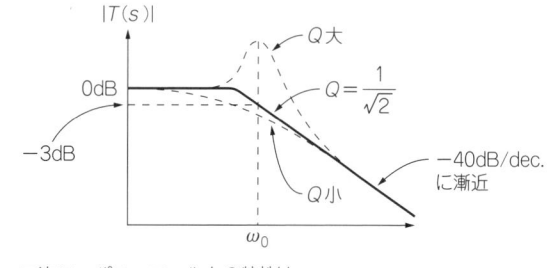

二次ローパス・フィルタの特性は
$Q > \dfrac{1}{\sqrt{2}} (\simeq 0.7)$ になるとピークを生じる

$\Rightarrow Q = \dfrac{1}{\sqrt{2}}$ で通過域の平坦部が最も長くなる

最大平特性：バターワース特性
一次の縦続で $Q > 0.5$ はできない

$T_{11}(s) \times T_{12}(s) = \dfrac{\omega_1}{s+\omega_1} \cdot \dfrac{\omega_2}{s+\omega_2} = \dfrac{\omega_1 \omega_2}{s^2 + (\omega_1+\omega_2)s + \omega_1 \omega_2}$

$\omega_0^2 = \omega_1 \omega_2$, $\dfrac{\omega_0}{Q} = \omega_1 + \omega_2$

$Q = \dfrac{\omega_0}{\omega_1+\omega_2} = \dfrac{\omega_0}{\omega_1 + \dfrac{\omega_0^2}{\omega_1}} = \dfrac{1}{\dfrac{\omega_1}{\omega_0}+\dfrac{\omega_0}{\omega_1}} = \dfrac{1}{a+\dfrac{1}{a}}$

$Y(a) = a + \dfrac{1}{a}$, $Y'(a) = 1 - \dfrac{1}{a^2}$ $\quad Y(a)_{(MIN)} = 1 + \dfrac{1}{1} = 2$

$Y'(a) = 0 \rightarrow 1 - \dfrac{1}{a^2} = 0$

$2\dfrac{1}{a^2} = 1$ $\quad\quad\quad Q_{(MAX)} = \dfrac{1}{Y(a)_{(MIN)}} = 0.5$

$a^2 = 1$, $a = \pm 1$

図 4.6.1 フィルタの Q とは…

4.6 アクティブ・フィルタ 49

4.6.3 バターワース特性

4.6.2 では，LPF の特性の一般形について説明しました．他方で，一般形を応用して実現すべき遮断特性の理想形がいくつか定められています．代表的な遮断特性は，次の三つです．

① バターワース型
② チェビシェフ型
③ ベッセル型

これらは，次のような特徴を持ちます．

① バターワース型

最大平坦特性とも呼ばれます．カットオフ周波数が同じ場合，三つの中では通過域がもっとも平坦です．

② チェビシェフ型

通過域の利得にリップル（小さな上下）を認める代わりに，遮断特性を急峻にした特性です．通過域に一定幅のリップルがあるのがチェビシェフ型ですが，他に阻止域にリップルがある逆チェビシェフ型，通過域，阻止域両方にリップルがある連立チェビシェフ型もあります．

③ ベッセル型

遮断特性をなだらかにする代わりに，位相を平坦化した特性です．利得が平坦でも，位相の変化が周波数に対して直線でないと信号波形がひずんでしまいます．これは，高調波ひずみのような非直線ひずみと異なり，正弦波ではひずまず直線ひずみと呼びます．波形（時間応答）が重要な場合に使用します．

これらの分類は，2次のフィルタを重ねて作る高次のフィルタで使われます．2次のLPFでは，$Q=1/\sqrt{2}$ で通過域が最も平坦なバターワース特性になります．②，③も Q の調整で相当するものができるはずですが，ことさら遮断特性を目的として使われることはないようです．2次のフィルタでは難しい理論を使わず，$Q=1/\sqrt{2}$ を常用として，必要に応じて Q に多少の変更を加えることで実用になると思います．

4.6.4 2次アクティブ・フィルタの回路

1次のフィルタ回路は，C と R の受動回路（パッシブ回路）です．任意の Q を持つ2次のフィルタを受動素子で構成する場合，C と R のほかに L が必要です．OP アンプと組み合わせた能動回路（アクティブ回路）とすることで L を使わず比較的簡単に構成できるようになります．4.6.2項で説明した基本特性を任意のカットオフ周波数と Q で実現できる回路がいくつか存在します．アクティブ・フィルタの設計は，一から

正帰還型LPF

$$\frac{V_{out}}{V_{in}} = \frac{K\dfrac{1}{R_1 R_2 C_1 C_2}}{s^2 + \left[\dfrac{1}{R_1 C_1} + \dfrac{1}{R_2 C_1} + (1-K)\dfrac{1}{R_2 C_2}\right]s + \dfrac{1}{R_1 R_2 C_1 C_2}}$$

$$\omega_0 = \sqrt{\frac{1}{R_1 R_2 C_1 C_2}}, \quad Q = \frac{1}{\sqrt{\dfrac{R_2 C_2}{R_1 C_1}} + \sqrt{\dfrac{R_1 C_2}{R_2 C_1}} + (1-K)\sqrt{\dfrac{R_1 C_1}{R_2 C_2}}}$$

① $C_1 = C_2 = C$，$R_1 = R_2 = R$ とする　　$Q = \dfrac{1}{\sqrt{2}}$ のとき
$\omega_0 = \dfrac{1}{CR}$，$K = 3 - \dfrac{1}{Q}$　　　　　$K \fallingdotseq 3 - 1.4 = 1.6$

② $R_1 = R_2 = R$，$K = 1$ とする
$C = \dfrac{1}{\omega_0 R}$，$C_1 = 2QC$，$C_2 = \dfrac{C}{2Q}$
$Q = \dfrac{1}{\sqrt{2}}$ のとき
$C_1 = \sqrt{2} C \fallingdotseq 1.4C$，$C_2 = \dfrac{C}{\sqrt{2}} \fallingdotseq 0.7C$
$C_1 = 2C_2$，$\omega_0 = \dfrac{\sqrt{2}}{C_1 R} = \dfrac{1}{\sqrt{2} C_2 R}$

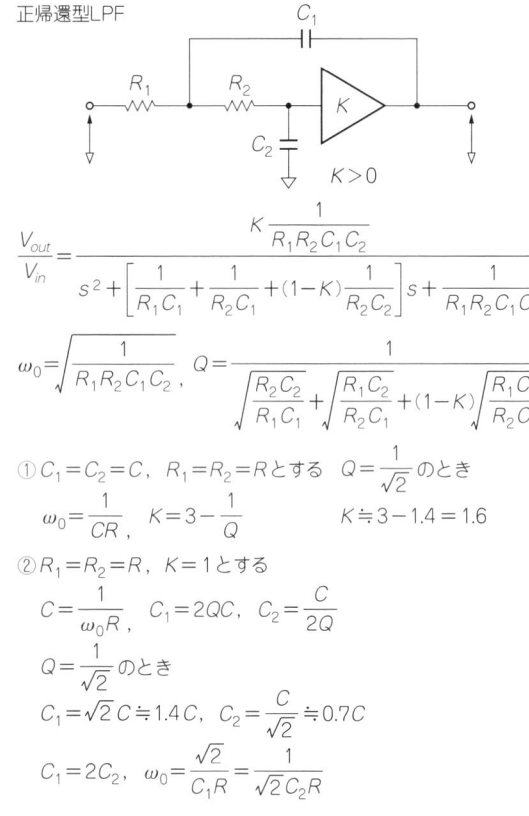

図 4.6.2　正帰還形 LPF

回路を設計することなく，雛形となる回路に必要な定数を当てはめて行います．次の三つの形式が良く使われます．

① 正帰還型
② 多重帰還型
③ 状態変数型

単純に，2次のフィルタ回路として使う分には大同小異で，それぞれ可も不可もあります．多段構成にする場合は，素子感度などを精査して選択する必要があります．

① 正帰還型アクティブ・フィルタ回路

サレン・キー型とも呼ばれるこの回路は，部品点数が少なく，回路が簡単なため最も使用されている回路だと思います．LPF で $K=1$，$R_1 = R_2$，$Q = 1/\sqrt{2}$ とすると $C_1 = 2 \times C_2$ となり，定数の関係も簡潔です．

弱点は，LPF で C_1 を通して高域成分が入力から出力に通過するため，アンプの出力インピーダンスが大きいと高域成分が吸収されずに出力されてしまうことです（**図 4.6.2**，**図 4.6.3**）．

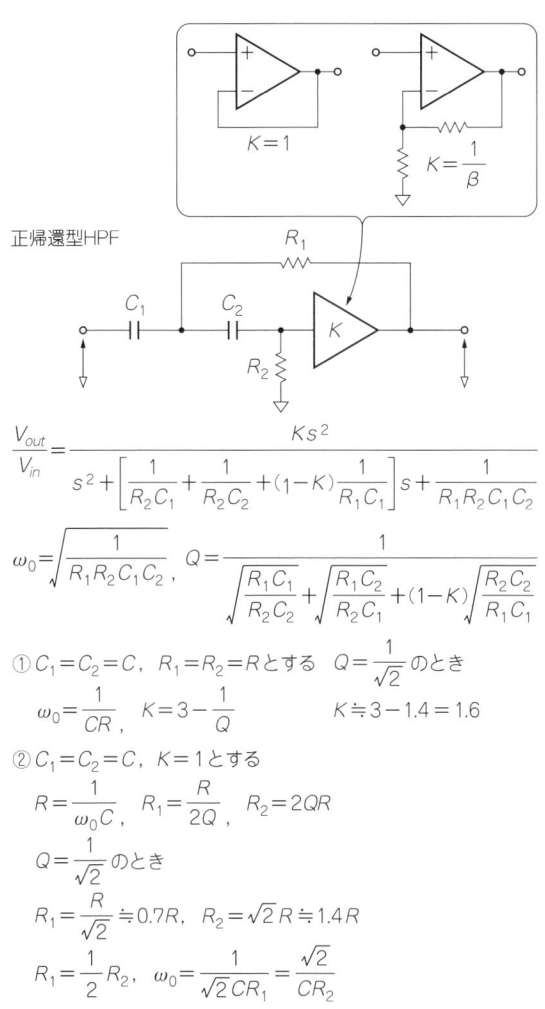

正帰還型HPF

$$\frac{V_{out}}{V_{in}} = \frac{Ks^2}{s^2 + \left[\dfrac{1}{R_2C_1} + \dfrac{1}{R_2C_2} + (1-K)\dfrac{1}{R_1C_1}\right]s + \dfrac{1}{R_1R_2C_1C_2}}$$

$$\omega_0 = \sqrt{\frac{1}{R_1R_2C_1C_2}}, \quad Q = \frac{1}{\sqrt{\dfrac{R_1C_1}{R_2C_2}} + \sqrt{\dfrac{R_1C_2}{R_2C_1}} + (1-K)\sqrt{\dfrac{R_2C_2}{R_1C_1}}}$$

① $C_1 = C_2 = C$, $R_1 = R_2 = R$ とする　$Q = \dfrac{1}{\sqrt{2}}$ のとき

$\omega_0 = \dfrac{1}{CR}$, $K = 3 - \dfrac{1}{Q}$　　$K \fallingdotseq 3 - 1.4 = 1.6$

② $C_1 = C_2 = C$, $K = 1$ とする

$R = \dfrac{1}{\omega_0 C}$, $R_1 = \dfrac{R}{2Q}$, $R_2 = 2QR$

$Q = \dfrac{1}{\sqrt{2}}$ のとき

$R_1 = \dfrac{R}{\sqrt{2}} \fallingdotseq 0.7R$, $R_2 = \sqrt{2}R \fallingdotseq 1.4R$

$R_1 = \dfrac{1}{2}R_2$, $\omega_0 = \dfrac{1}{\sqrt{2}CR_1} = \dfrac{\sqrt{2}}{CR_2}$

図 4.6.3　正帰還形 HPF

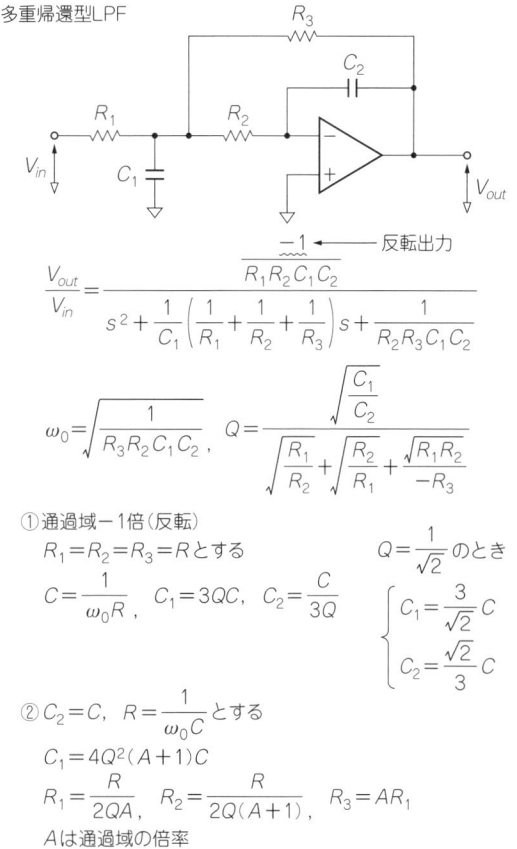

多重帰還型LPF

$$\frac{V_{out}}{V_{in}} = \frac{-\dfrac{1}{R_1R_2C_1C_2}}{s^2 + \dfrac{1}{C_1}\left(\dfrac{1}{R_1} + \dfrac{1}{R_2} + \dfrac{1}{R_3}\right)s + \dfrac{1}{R_2R_3C_1C_2}} \quad \text{←反転出力}$$

$$\omega_0 = \sqrt{\frac{1}{R_3R_2C_1C_2}}, \quad Q = \frac{\sqrt{\dfrac{C_1}{C_2}}}{\sqrt{\dfrac{R_1}{R_2}} + \sqrt{\dfrac{R_2}{R_1}} + \dfrac{\sqrt{R_1R_2}}{-R_3}}$$

① 通過域 −1倍（反転）

$R_1 = R_2 = R_3 = R$ とする　　　　$Q = \dfrac{1}{\sqrt{2}}$ のとき

$C = \dfrac{1}{\omega_0 R}$, $C_1 = 3QC$, $C_2 = \dfrac{C}{3Q}$　$\begin{cases} C_1 = \dfrac{3}{\sqrt{2}}C \\ C_2 = \dfrac{\sqrt{2}}{3}C \end{cases}$

② $C_2 = C$, $R = \dfrac{1}{\omega_0 C}$ とする

$C_1 = 4Q^2(A+1)C$

$R_1 = \dfrac{R}{2QA}$, $R_2 = \dfrac{R}{2Q(A+1)}$, $R_3 = AR_1$

A は通過域の倍率

$A = 1$, $Q = \dfrac{1}{\sqrt{2}}$ のとき

$\begin{cases} C_1 = 4C \\ R_1 = \dfrac{1}{\sqrt{2}}R, \quad R_2 = \dfrac{1}{2\sqrt{2}}R = \dfrac{1}{2}R_1, \quad R_3 = R_1 \end{cases}$

図 4.6.4　多重帰還形 LPF

② 多重帰還型アクティブ・フィルタ回路

正帰還型と並んでよく使われています．部品点数は増えますが，LPF で $R_1 = R_2 = R_3$, $Q = 1/\sqrt{2}$ では $C_1 = 3 \times C_2$ で，やはり簡潔な関係になります．入力と出力で位相が反転しますが，正帰還型の高域筒抜けの問題は回避できます（図 4.6.4，図 4.6.5）．

③ 状態変数型アクティブ・フィルタ回路

アナログ・コンピュータの名残りの回路で，フィルタの特性式を加算器と積分器（伝達関数は $1/s$）を用いて演算しています．状態変数は現代制御理論の概念で，系の内部状態を表現する変数ですが，基本的なフィルタ設計では使いません．

もともとは汎用の演算回路なので，構成はやや複雑である代わりに，各回路要素の動作は簡潔です．同時に，LPF，BPF，HPF の出力を得ることができ，カットオフ周波数に影響を与えずに Q の設定をすることができます．外部で演算することによって BEF の出力も可能です．

Q にかかわらず，二つの積分回路の定数を等しくできるので，二連ボリュームによりカットオフ周波数を変えることもできます．OP アンプが 3 回路必要になり回路規模が大きくなりますが，少し複雑なことをする場合に便利です．また，素子感度が低く，Q を高くすることができます（図 4.6.6，図 4.6.7）．

4.6.5　高次フィルタの構成

2次 LPF，HPF の遮断特性は，−40dB/dec です．より急峻な特性が必要なときは，高次のフィルタを使います．しかし，回路規模や設計と製作の難易度を考慮した場合には，ディジタル処理も選択肢に含めたほうが現実的です．

単純に，1次 + 2次 = 3次，2次 + 2次 = 4次……となりますが，同じ特性の回路を重ねるとカットオフ

多重帰還型HPF

$$\frac{V_{out}}{V_{in}} = \frac{-\frac{C_1}{C_3}s^2}{s^2 + \frac{1}{R_2}\left(\frac{1}{C_2}+\frac{1}{C_3}+\frac{C_1}{C_3 C_2}\right)s + \frac{1}{R_1 R_2 C_2 C_3}}$$

$$\omega_0 = \sqrt{\frac{1}{R_1 R_2 C_2 C_3}}, \quad Q = \frac{\sqrt{\frac{R_2}{R_1}}}{\sqrt{\frac{C_3}{C_2}}+\sqrt{\frac{C_2}{C_3}}+\frac{C_1}{\sqrt{C_2 C_3}}}$$

① 通過域1倍(反転)
$C_1 = C_2 = C_3 = C$ とする $\quad Q = \frac{1}{\sqrt{2}}$ のとき
$R = \frac{1}{\omega_0 C}, \quad R_1 = \frac{R}{3Q}, \quad R_2 = 3QR$
$\begin{cases} R_1 = \frac{\sqrt{2}}{3}R \\ R_2 = \frac{3}{\sqrt{2}}R \end{cases}$

② $C_1 = C_2 = C$ とする
$R = \frac{1}{\omega_0 C}, \quad C_3 = \frac{C_1}{A}, \quad R_1 = \frac{R}{Q\left(2+\frac{1}{A}\right)}, \quad R_2 = QR(2A+1)$

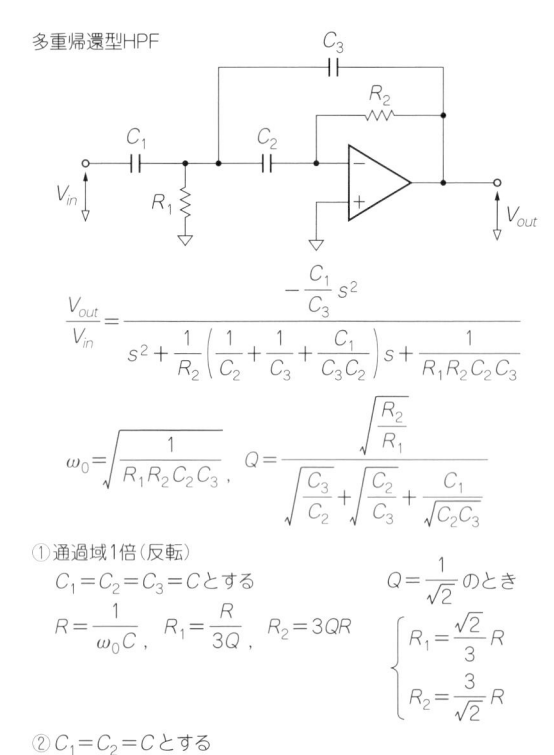

図 4.6.5　多重帰還形 HPF

状態変数型フィルタ(非反転入力)

$$\omega_0 = \sqrt{\frac{R_2}{R_3 R_6 R_7 C_1 C_2}}$$

$$Q = \frac{1 + \frac{R_4(R_1+R_5)}{R_1 R_5}}{1 + \frac{R_2}{R_3}} \sqrt{\frac{R_2 R_6 C_1}{R_3 R_7 C_2}}$$

$A_{BP} = \frac{R_4}{R_1}, \quad A_{HP} = \frac{R_2}{R_3}, \quad A_{LP} = \frac{A_{BP}}{Q}$

$R_6 = R_7 = R, \quad C_1 = C_2 = C, \quad R_2 = R_3$ のとき
$\omega_0 = \frac{1}{RC}, \quad Q = \frac{1}{2}\left(1 + \frac{R_4(R_1+R_5)}{R_1 R_5}\right)$

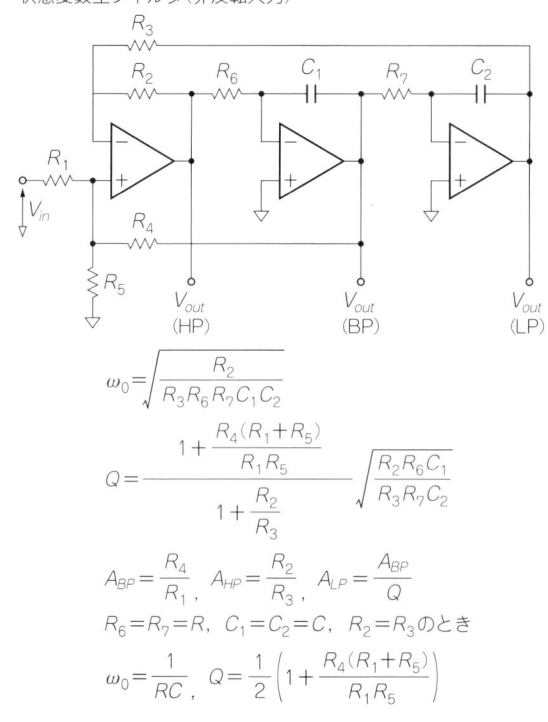

図 4.6.6　状態変数型フィルタ(非反転入力)

周波数での利得は下がります．このことは，Q の低下を意味します．

高い次数で希望する特性(例えば，バターワース特性)を得るには，縦続にする各フィルタのカットオフ周波数と Q を微妙に変えて組み合わせます．凹凸を組み合わせて希望の特性にするのです．これには定量的な理論があり，バターワース型など主要な特性では設計アルゴリズムも確立しています．

設計用のプログラムは数多く存在し，通過域と阻止域の端の周波数と利得の最大偏差を入力すると，次数と各段のカットオフ周波数と Q を算出し，さらに具体的な回路定数を E 系列にフィッティングして出力してくれるものもあります．また，各段の Q と正規化したカットオフ周波数の数表が古くから使われています．10 次を超えるような高次のフィルタでは，計算どおりになりにくい点もありますが，方法を知っていれば理論に立ち入らなくても計算だけは可能です(図 4.6.8)．

4.6.6　製作上の注意点

フィルタ回路は特に理論が発達した分野なので，理論偏重にならないように注意します．数学的に実現可能な高性能フィルタでも，回路特性が追いつかない場合があります．

特に注意すべきは，使用部品の性能と実装状態です．OP アンプの周波数特性には，充分注意します．具体的には，f_T は信号周波数の 10 倍程度は最低でも必要です．ここで言う信号周波数とは，入力される全帯域の周波数で必要な信号が，1kHz でも最大 100kHz の不要成分を取り除く必要があれば，100kHz が信号周波数になります．抵抗とコンデンサは，誤差と安定性，周波数特性とひずみに注意します．とくにコンデンサには，電解コンデンサや高誘電率型のセラミック・コンデンサなど，アクティブ・フィルタにはほとんど適さないものもあります．

実装に関しては，パターンの引き回しやデカップリングに注意しないと，クロストークで遮断特性が達成できない恐れが出ます．回路が正常に動作して，初めて特性が出ます．

アクティブ・フィルタは，パッシブ型と比較すると OP アンプによる制限が出ます．周波数特性の他，入力電圧の制限もあります．場合によっては，パッシブ・フィルタで大きな不要成分を取り除かなければ，アクティブ・フィルタに導入できないこともあります．

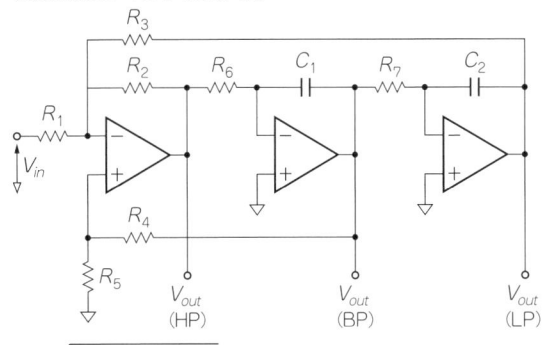

状態変数型フィルタ（反転入力）

$$\omega_0 = \sqrt{\frac{R_2}{R_3} \cdot \frac{1}{R_6 R_7 C_1 C_2}}$$

$$Q = \left(1 + \frac{R_4}{R_5}\right)\left(\frac{1}{\frac{1}{R_1} + \frac{1}{R_2} + \frac{1}{R_3}}\right)\sqrt{\frac{R_6 C_1}{R_2 R_3 R_7 C_2}}$$

$$A_{LP} = \frac{R_3}{R_1}, \quad A_{HP} = \frac{R_2}{R_1}, \quad A_{BP} = \left(1 + \frac{R_4}{R_5}\right)\frac{1}{R_1\left(\frac{1}{R_1} + \frac{1}{R_2} + \frac{1}{R_3}\right)}$$

$R_6 = R_7 = R,\ C_1 = C_2 = C,\ R_1 = R_2 = R_3$ のとき

$$\omega_0 = \frac{1}{RC}, \quad Q = \left(1 + \frac{R_4}{R_5}\right) \times \frac{1}{3}, \quad A_{BP} = \left(1 + \frac{R_4}{R_5}\right) \times \frac{1}{3}$$

図 4.6.7 状態変数型フィルタ（反転入力）

4.7 整流，絶対値回路

整流回路は，信号電圧の極性が正または負のみに限定して通過する回路です．交流の大きさを簡易的に求める用途などに使用します．簡単には，ダイオードを一本使用すれば機能的には同じです．しかし，ダイオードは非直線性が大きく，0V付近での誤差が大きくなります．

ダイオード＋OPアンプの構成にすれば，負帰還の作用でダイオードの直線性を改善し，0Vから直線的に導通する特性になります．信号が非導通側の極性では，ダイオードによって出力がOPアンプから切り離され，ハイ・インピーダンスになります．このため，負荷抵抗は重要で適切な値に設定しないと出力が不安定になります．ノイズやOPアンプの入力バイアス電流の影響を受けないように小さめの値に設定しますが，導通時の直線性や消費電力の点では大きいほうが有利です．また，非導通時はOPアンプが飽和しているので，交流信号を通過させると非導通→導通の変化時に，OPアンプの応答が遅れて波形が一部欠けることがあります．

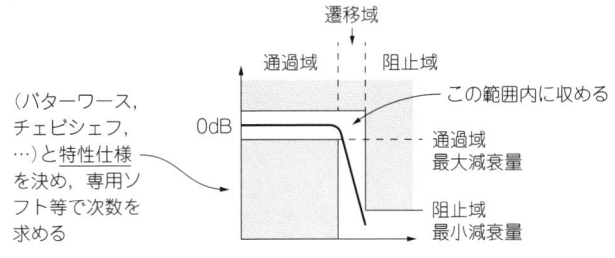

(1) フィルタの型

（バターワース，チェビシェフ，…）と特性仕様を決め，専用ソフト等で次数を求める

(2) 次数が決まる（例：バターワース，5次） ← 単にN次のバターワース・フィルタという場合は，ここからスタート

次数　　　1次　　　＋　　　2次　　　＋　　　2次　　　＝5次
カットオフ　f_C　　　　　　　f_C　　　　　　　f_C
Q　　　　　　　　　　　　0.618034　　　　　0.618034

この例のバターワース型では全段同じf_C

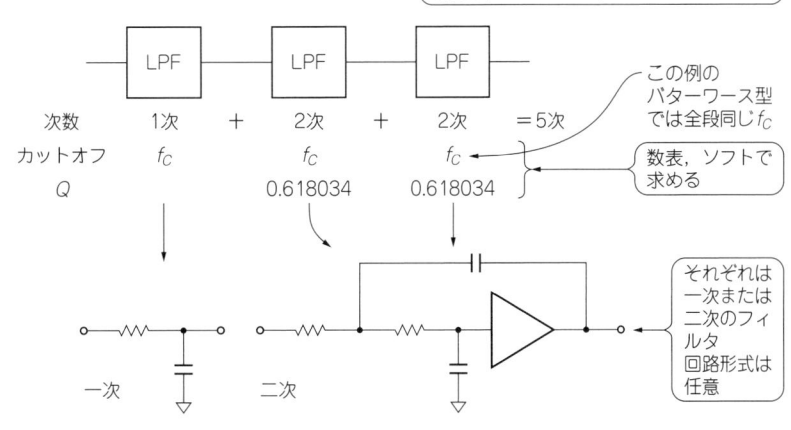

数表，ソフトで求める

それぞれは一次または二次のフィルタ
回路形式は任意

一次　　　二次

図 4.6.8 高次フィルタの設計

(2) 与えられたf_C，Qとなるよう各ブロックを設計する．個々のブロックはバターワースでも何でもない

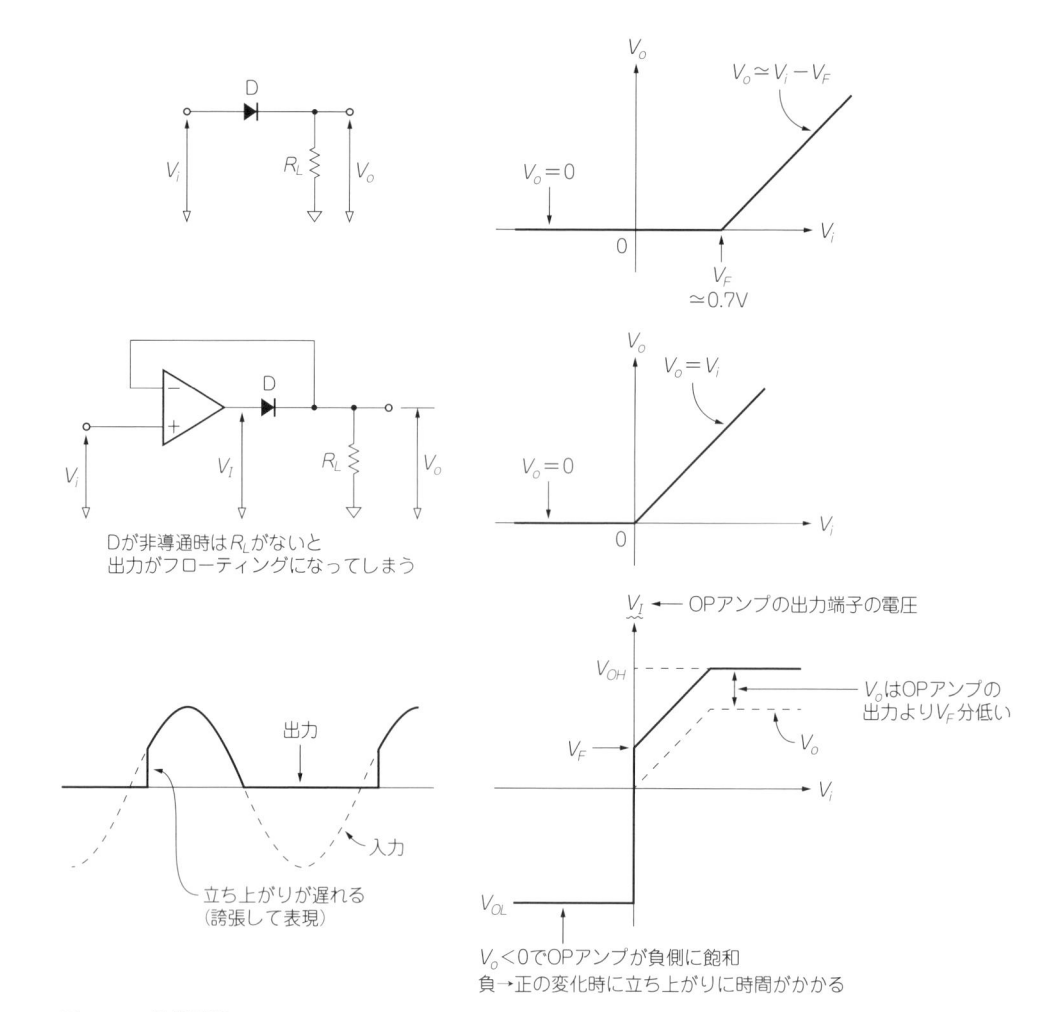

図 4.7.1　整流回路

Dが非導通時はR_Lがないと出力がフローティングになってしまう

OPアンプの出力端子の電圧
V_oはOPアンプの出力よりV_F分低い

立ち上がりが遅れる（誇張して表現）

$V_o<0$でOPアンプが負側に飽和
負→正の変化時に立ち上がりに時間がかかる

負の出力サイクルで負帰還がかかる→立ち上がりの改善

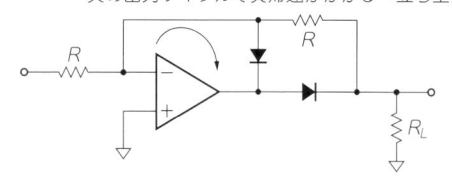

図 4.7.2　立ち上がりの改善

全波型の整流回路（絶対値回路）は，交流波形から二倍の半波整流波形を減算することで求めます．全波，半波とも，出力電圧を平均化すれば交流信号の大きさ（平均値）を求めることができます（**図 4.7.1**）．

4.8　ローノイズ・アンプ

汎用 OP アンプの守備範囲からは外れるような気がしますが，少し残留ノイズを小さくしたいことも多いと思います．ディスクリートのローノイズ・トランジスタを使った差動アンプを，汎用 OP アンプの前段に追加することはよく用いられる方法です．ただし，利用できるトランジスタが減ってきているため，現在ではかなり特殊な方法になりました．ここでは参考にとどめます．直流アンプとするためには，特性の揃ったトランジスタを温度差が生じないように，一つのパッケージに収めた複合型トランジスタが必要です．

交流アンプにすれば，ある程度適当でも実用になります．せいぜい同一ロットのトランジスタを使用する程度の配慮を行えば，厳密なペアにしなくてもそれなりの動作はします．

トランジスタのミスマッチによる入力オフセット電圧は，100%の直流帰還と出力の結合 C によって排除されます．ミスマッチによって，電源電圧除去比や同相除去比が悪化する恐れがあるので，電源の安定化やバイパス，デカップリングには注意します．

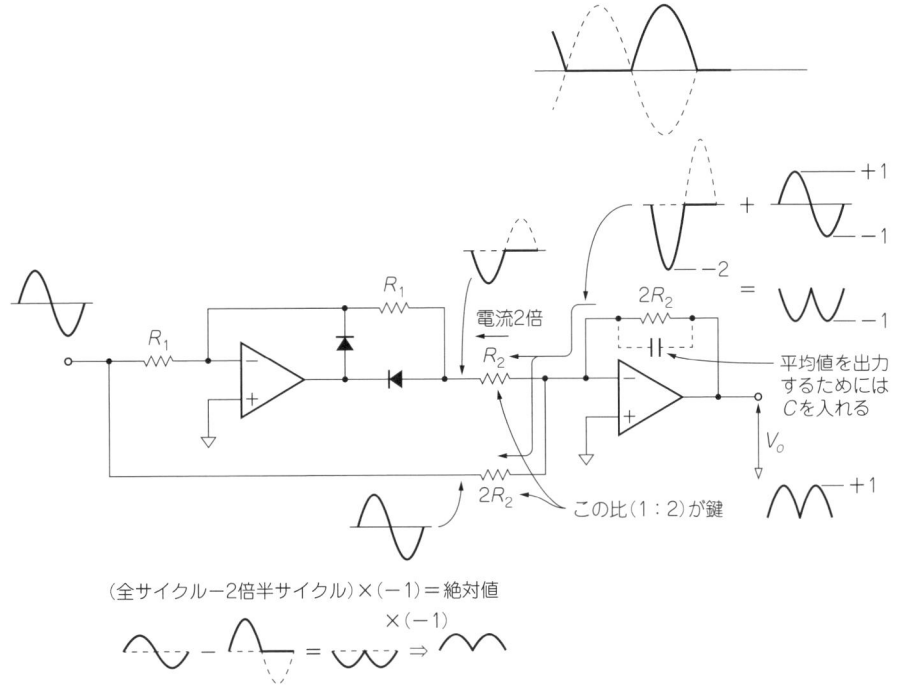

図 4.7.3 絶対値回路

（全サイクル−2倍半サイクル）×（−1）＝絶対値

入力換算雑音電圧（密度）は，汎用 OP アンプのローノイズ品で $V_n = 5\text{nV}/\sqrt{\text{Hz}}$，市販品最高クラスのローノイズ OP アンプで，$V_n = 1\text{nV}/\sqrt{\text{Hz}}$ に対しディスクリートのローノイズ・トランジスタは，$V_n = 1\text{nV}/\sqrt{\text{Hz}}$ を割る程度です．$V_n = 1\text{nV}/\sqrt{\text{Hz}}$ を大きく下回る性能を狙わなければ，デバイスの選択や入手を考慮すると多少高価で特殊でも，ローノイズ OP アンプを使うほうが結果的にローコストで，一般的だと思います（**図 4.8.1**）．

4.9　I-V 変換回路

電流→電圧の変換は，抵抗を使えばできます．しかし，電流源の出力インピーダンスが小さくなると，そのまま抵抗をつないだだけでは誤差を生じます．OP アンプと変換用の抵抗を組み合わせて使うと，バーチャル・ショートによって等価的に電流源をグラウンドに短絡した状態で，かつ電流をすべて変換抵抗に流すことができます．標準でも，80dB 前後の利得がある OP アンプのマイナス入力端子が直接入力になるので，前段に接続される信号源には制約があります．

OP アンプ側から見ると，信号源も含めて一つの回路を構成するので，信号源をつないだ状態で安定性などの評価をする必要があります．フォト・ダイオード

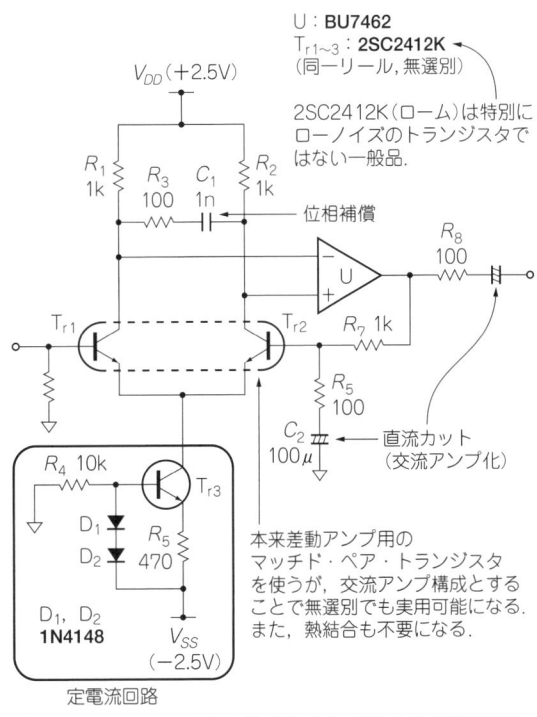

図 4.8.1　ローノイズの初段を追加して入力換算雑音電圧を低減する
図の定数（実験用）で 14dB 程度（JIS-A）改善

4.9　I-V 変換回路　55

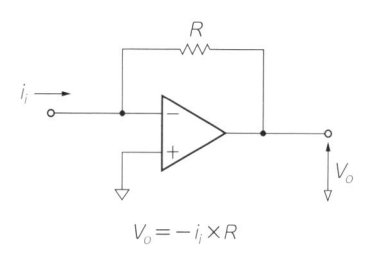

図4.9.1 I-V変換回路

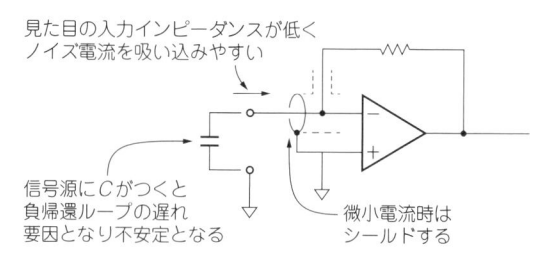

$V_o = -i_i \times R$

のセンサ・アンプなど微小電流を扱うことが多いので，微小電流専用のイメージがありますが，決してそのようなことはありません．

電流出力型のD-AコンバータICの出力を電圧に変換する場合にも使用され，その場合は，最大出力電流一杯の動作になることもあります．

微小電流を扱う場合は実装に注意が必要で，パターンの引き回しなども特別な方法を採りますが，通常の電流値では他の回路と同様の条件でも大丈夫です．

例えば，$1M\Omega$ の抵抗に電流を流すと $1V/1\mu A$ の変換率になりますが，よほど酷い実装状態でない限り，抵抗器の両端で抵抗値を実測して，あからさまな誤差を生じることはないはずです．この程度の電流ならば，普通に正常な実装をすれば，リーク電流の影響は小さいということになります．ただ，回路インピーダンスが高いと，周囲のノイズの影響を受けやすくなるため，シールド(静電シールド)が必要になることがあるかもしれません(図4.9.1)．

4.10 弛張発振回路(ファンクション・ジェネレータ)

周期信号を発生させるには，マイコンのタイマを使えば正確で簡単です．水晶発振があたりまえのマイコンと比較して，アナログ発振器は周波数の確度と安定度が劣りますが，まだまだ使われています．

弛張発振器は，コンデンサに充放電を繰り返すことで周期信号を得ます．この用途には，NE555とその派生品種が有名ですが，より一般的な部品であるOPアンプの積分器とコンパレータを組み合わせて構成できます．この回路では，コンデンサの充放電電流が各サイクル中一定となり，積分器の出力波形は時間に対する電圧の変化が直線の三角波，またはのこぎり波になります．

タイミングをアナログ的に発生するのに便利で，コンパレータで信号電圧と比較すれば，比例したデューティ・サイクルを得ることができ，PWMの変調器に使用できます．共振素子やリニアな帰還を利用した発振器と異なり，コンデンサは常に充電か放電のどちら

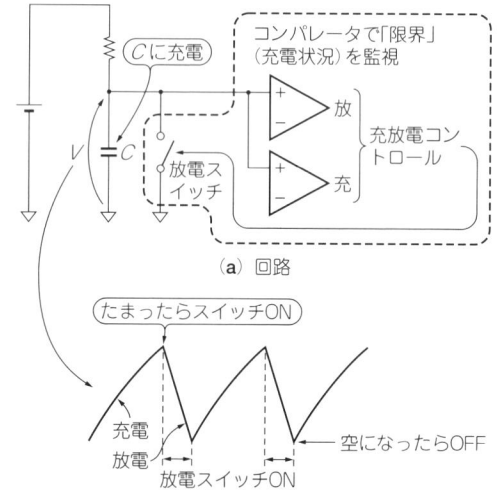

図4.10.1 弛張発振器では単純に充放電を繰り返す動きが発振波形となる

かの状態にあって，電圧が上限または下限に達した時点で充放電を反転する動作のため，安定点に陥って発振を停止することがありません．

積分器に使うOPアンプは，G_B 積と f_T が発振周波数に比べて充分高く，出力三角波の電圧変化速度に対してスルーレートが充分大きい必要があります．コンパレータは，発振周期より応答速度が充分速い必要があります．また，発振周波数付近での電圧利得が充分でないと，コンパレータの出力が充分振れずに発振不良となります．

発振周波数が低い場合は，コンパレータをOPアンプで代用することができ，二回路入りOPアンプ1個で構成できます．コンパレータの出力電圧がコンデンサの充電電流を決めるので，発振周波数は電源電圧に依存します．

OPアンプを1回路だけ使った弛張発振器もあります．正確には，コンパレータ1回路です．充電電流は一定にならず，コンデンサの端子電圧は指数関数的に変化します．出力は矩形波だけで，三角波を同時に得ることはできません(図4.10.1，トランジスタ技術2012年4月号，特集3-6，p.86から引用)．

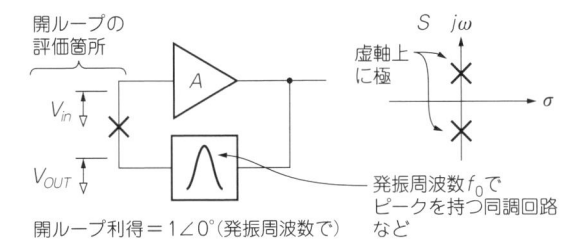

図4.11.1 発振器の基本構成

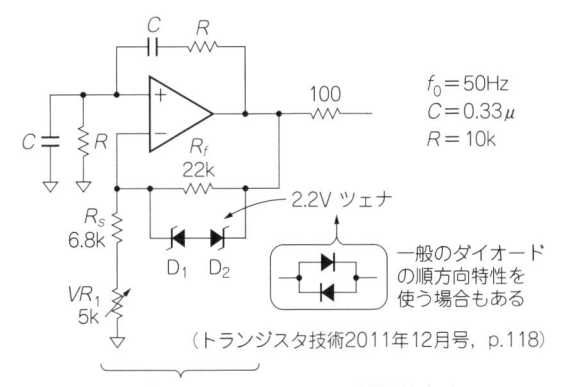

開ループの評価箇所
開ループ利得＝1∠0°（発振周波数で）
虚軸上に極
発振周波数 f_0 でピークを持つ同調回路など

$f_0 = 50$ Hz
$C = 0.33\mu$
$R = 10$ k

・利得が3倍強になるようにして発散傾向とする
・振幅が増大しはじめたところをD_1, D_2のリミッタで負帰還還量を増し，振幅制限して安定化する
・VR_1で確実に発振し，かつ，ひずみが許容できる点を設定する
・あまり低ひずみを狙うと，発振を停止しやすくなる

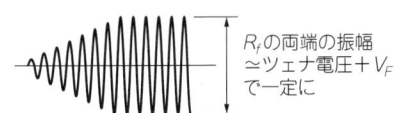

R_fの両端の振幅 ≒ツェナ電圧＋V_F で一定に

図4.11.3 ダイオード・リミッタによる振幅の安定化

4.11 正弦波発振回路

　正弦波は信号波形の基本ですが，アナログの正弦波発振器は少し複雑です．原理的には，アンプに帰還を掛け発振周波数でのみ開ループ利得1倍∠0°の正帰還になるようにします．OPアンプが負帰還設計の不具合で発振するのと同様な条件をわざと作るわけです．

　希望する周波数と出力電圧で条件を維持するのは難しく，トラブル時に勝手な周波数と電圧で発振するのと違います．

　発振周波数でのみ利得を得るためには，共振回路を用います．おもに，高周波ではLとCを用います．水晶発振子やセラミック発振子も，等価的にLC共振器と同様に扱うことができます．低周波では，LCや水晶発振子は大型になるため，CRの組み合わせかアクティブBPFで同様な特性を得ます．

この回路の伝達関数：$h(s)$を考察

$$h(s) = \frac{V_o}{V_i}$$

$$h(s) = \frac{\dfrac{R \cdot \frac{1}{sC}}{R + \frac{1}{sC}}}{R + \frac{1}{sC} + \dfrac{R \cdot \frac{1}{sC}}{R + \frac{1}{sC}}} = \frac{R \cdot \frac{1}{sC}}{\left(R + \frac{1}{sC}\right)^2 + R \cdot \frac{1}{sC}}$$

$$= \frac{R \cdot \frac{1}{sC}}{R^2 + 3R\frac{1}{sC} + \frac{1}{s^2C^2}} = \frac{RCs}{R^2C^2s^2 + 3RCs + 1}$$

$s = j\omega$ とおく

$$j\omega = \frac{RC \cdot j\omega}{-\omega^2 R^2 C^2 + 3RC \cdot j\omega + 1} = \frac{j\omega RC}{j\omega 3RC + 1 - \omega^2 R^2 C^2}$$

$\omega_0 = \dfrac{1}{RC}$ とおくと

$$h(j\omega) = \frac{j\omega \cdot \dfrac{1}{\omega_0}}{j\omega \cdot \dfrac{3}{\omega_0} + 1 - \dfrac{\omega^2}{\omega_0^2}}$$

∠$h = 0°$を満たすのは
$1 - \dfrac{\omega^2}{\omega_0^2} = 0$ のとき
→ $\omega = \pm\omega_0$

$\omega = \omega_0$ のとき

$$h(j\omega) = \frac{j\omega \cdot \dfrac{1}{\omega_0}}{j\omega \cdot \dfrac{3}{\omega_0} + 1 - \dfrac{\omega^2}{\omega_0^2}} = \frac{1}{3}$$

ウイーン・ブリッジ型発振回路

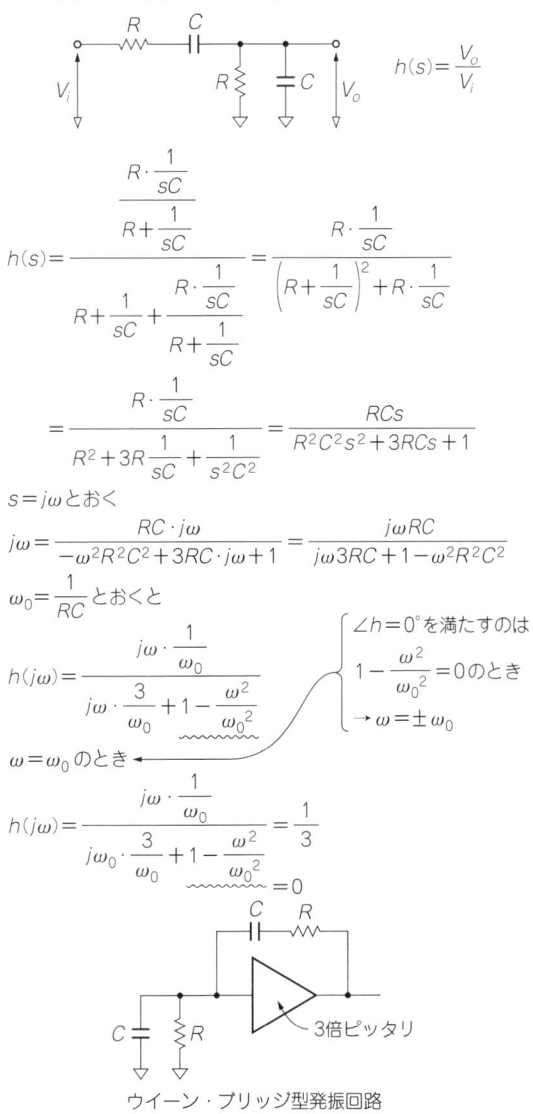

3倍ピッタリ

図4.11.2 ウイーン・ブリッジ型発振回路

　ウィーン・ブリッジ発振回路は，CR型の正弦波発振回路の中では，最も一般的です．この回路で最も重要な技術要素は発振条件の維持です．開ループ利得1倍∠0°は，ちょうどこの値でなければならず，ちょっとでもずれると発振が停止するか波形が発散して飽和してしまいます．このため，何らかのAGC機構（自動利得調整機構）を備えて出力を維持します．簡単には，ダイオードやツェナ・ダイオードの導通特性を利用し，出力の振幅が増大したときに負帰還を増強して利得を下げます．

　この方法は利得の非直線性を利用するため，ひずみ率は良くありません．また，ダイオードには特性のバ

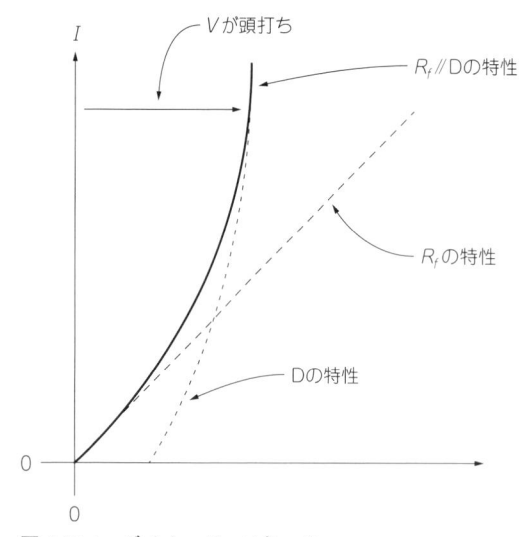

図 4.11.4 ダイオード・リミッタ
順方向(V_F)と逆方向(ツェナ)では違うが,リミッタの原理は同じ.

ラツキと温度変化があるので,動作を最良点に定めるために可変抵抗器による調整が必要になる場合もあり,見た目ほど簡単ではありません.

低ひずみを狙うためには,帰還回路にCdSフォトカプラやJ-FETなどの可変抵抗素子を入れ,発振器の出力振幅に応じて制御します.ただし,現在では利用できる可変抵抗素子が少なくなっています.高性能を狙うのであれば,DDS(ディジタル・ダイレクト・シンセサイザ)など,波形メモリ+D-A変換器のディジタル方式のほうが簡単です(**図 4.11.1**, **図 4.11.2**, **図 4.11.3**, **図 4.11.4**).

第5章 コンパレータの使い方

5.1 ヒステリシスの付けかた

OPアンプは，仮想短絡によって二つの入力端子間に電位差を生じない状態で使いますが，コンパレータは二つの入力端子間に電位差がない動作が苦手です．少しのノイズで出力が反転してしまうからです．

これを避けるためには，出力が反転すると同時に比較の判定レベルを確定方向にずらします．H→LとL→Hのレベル遷移が違う経路をたどるヒステリシス特性となります．この特性は，一般のコンパレータに2本の抵抗を追加することで実現できます．OPアンプの負帰還に似ていますが，帰還はプラスの入力端子に接続されており正帰還です．決して間違いではなく，OPアンプと同様の負帰還としてしまうと正常に動作しないので注意します．ヒステリシスが大きいほどノイズ・マージンが上がりますが，判定のレベルは不明確になります（**図5.1.1**）．

5.2 オープン・コレクタとワイアードOR，レベル・シフト

コンパレータには，オープン・コレクタ型という出力回路形式のものがあります．**図5.2.1**のような構成で出力電圧を得るためにはプルアップ抵抗が必要ですが，多様な回路に対応できます．

オープン・コレクタの代表的な使い方は，ワイアードORです．1本のプルアップ抵抗に，複数のオープン・コレクタ出力をつなぐことでロジック・ゲートを使わずにLアクティブのORを取ることができます．

もう一つの特徴的な使い方は，レベル・シフトです．オープン・コレクタ型のHighレベル側出力電圧は，プルアップ電圧で決まります．電源電圧と異なる電圧でプルアップすれば，ロジック・レベルの変換ができます（**図5.2.1**）．

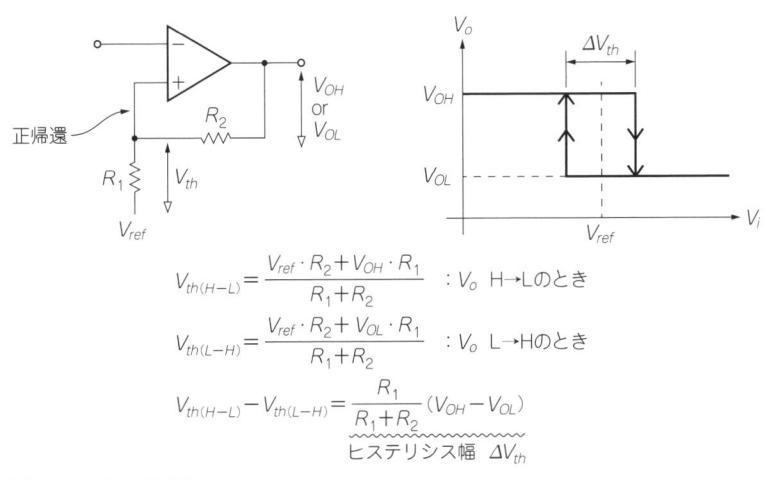

$$V_{th(H-L)} = \frac{V_{ref} \cdot R_2 + V_{OH} \cdot R_1}{R_1 + R_2} \quad : V_o\ \text{H→Lのとき}$$

$$V_{th(L-H)} = \frac{V_{ref} \cdot R_2 + V_{OL} \cdot R_1}{R_1 + R_2} \quad : V_o\ \text{L→Hのとき}$$

$$V_{th(H-L)} - V_{th(L-H)} = \underbrace{\frac{R_1}{R_1 + R_2}(V_{OH} - V_{OL})}_{\text{ヒステリシス幅}\ \Delta V_{th}}$$

図5.1.1 ヒステリシス

オープン・コレクタ出力

プルアップが必要

IC内部

オープン・ドレイン出力

V_{CC}と異なる電圧で
プルアップ可能

すべてH出力のときだけ
V_oがH
ひとつでもLならば
V_oもL

ワイアードOR

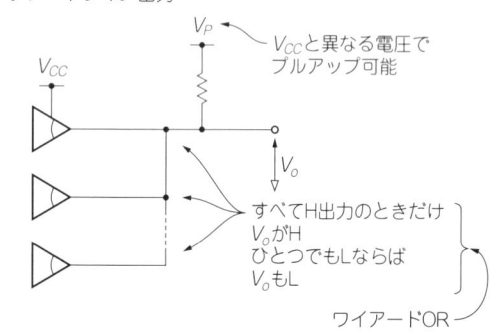

図 5.2.1　オープン・コレクタの応用

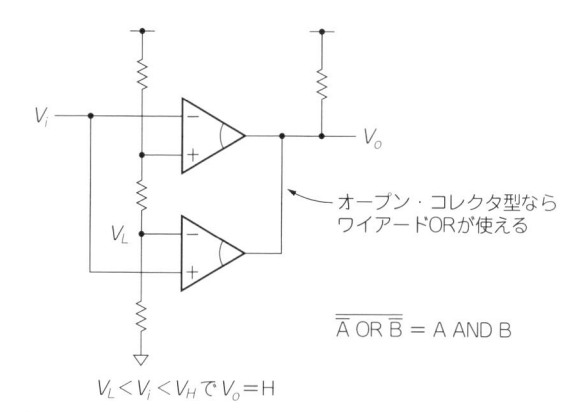

オープン・コレクタ型なら
ワイアードORが使える

$\overline{\overline{A} \text{ OR } \overline{B}} = A \text{ AND } B$

$V_L < V_i < V_H$で$V_o =$H

図 5.3.1　ウィンドウ・コンパレータ

5.3　ウィンドウ・コンパレータ

　特定の範囲の電圧を検出する回路が，ウィンドウ・コンパレータです．二つのコンパレータを使い，上限と下限を検出して AND を取れば簡単に構成できます．オープン・コレクタ出力型のコンパレータを使えば，ロジック・ゲートで出力を合成しなくてもコンパレータだけでできます(**図 5.3.1**)．

第6章 回路の実装

OPアンプ一般について言えば，実装は軽視できません．ただし，汎用という範囲に限れば，それほど難しく考えなくても一応の動作は可能です．

応用回路によっては，OPアンプに曲芸的な動作を強いることになりますが，さまざまな局面でも対応できるようにOPアンプ側で考慮されているから可能なのです．性能を特化した分野，例えば高速OPアンプではグラウンドの低インピーダンス化や最短距離の配線，浮遊容量の低減など，高速化に対応した配慮が必要で，そうしなければ基本動作すらできないこともあります．

汎用OPアンプでも，そのような配慮は無駄ではありません．ただ，安定した動作が可能か否かという水準では，ブレッドボードや空中配線でも問題なく動作してしまうことがほとんどです．もちろん，万全な動作と特性を得るためには相応の配慮が必要で，実装技術の一般論が有効なことは言うまでもありません．

6.1 入出力の保護

適正な環境下で定格電圧内の電源が与えられている場合は，破壊する要素はほとんどありません．強いてあげれば，他の回路へとつながる入出力と自己発熱が注意すべき点です．

入力は，同相入力電圧と差動入力電圧が絶対最大定格を超えないようにします．同相入力電圧の絶対最大定格は，正負の電源電圧＋αのことがほとんどです．「電源電圧を超えないこと」と意訳できます．簡単なようですが，外部とつながる入力や異なる電源電圧のブロック間など，そのままでは定格を超えてしまう事例が多くあります．

もっとも，代表的な入力保護はダイオードを使う方法です．同じ保護回路がOPアンプ内部にも備えられていることがありますが，静電破壊の防止が目的なので，大きな電流が流れると破壊してしまいます．過大電圧の恐れがあるときは，外部に充分な大きさの保護回路が必要です．また，保護回路自体も最大定格があるので，すべての場合に対して万全ということはありません．

差動入力電圧は，同相入力電圧と同じ絶対最大定格のものが多数派ですが，NPNトランジスタを入力に使った製品（NE5532の派生品種，BA15532など）などで「差動入力電圧の最大定格」＜「同相入力電圧最大定格」のものがあるので注意します．通常の動作条件では，定格を満たしていても電源のON/OFF時や出力が飽和したときなど，バーチャル・ショートが崩れて差動入力電圧が過大となることがあります．

出力は，過負荷（過電流）に対する保護が必要です．OPアンプ内部に保護回路を備えている場合もあります．そうでない場合は，出力と負荷の間に抵抗をはさむ以外に簡単な保護の手段はないと思います．標準的なOPアンプは電圧増幅が目的なので，出力インピーダンスは低くても，大電流を取り出すようにはできていません．

大電流を取り出す場合は専用のバッファ回路を追加し，過負荷の対策もそこで行うようにしたほうが良いでしょう．出力端子に外部から電圧が加わることはあまりないと思いますが，入力と同じ過電圧保護が必要になることもあります（図6.1.1）．

6.2 許容損失と発熱

破壊を避けるために出力電流を制限する必要がありますが，ほとんどの品種で絶対最大定格の規定がありません．しかし，出力電流による発熱が破壊の原因となるため，最大接合温度（T_{jmax}）で制限されます．接合温度（ICチップの温度）は，周囲温度＋（損失×熱抵抗）で決まります．

同じ損失でも周囲温度が高い場合，または熱抵抗が大きい場合は，接合温度は高くなり許容損失は小さくなります．周囲温度，損失，熱抵抗それぞれの関係は，損失軽減曲線（ディレーティング曲線）のグラフで表さ

Column 6　熱抵抗

物体の温度は，与えられた熱量と比熱に比例することは，学校の物理学で習ったとおりです．また，熱力学の第二法則により，熱は温度の高い方から低い方へ移動します．AとBの二点の温度がそれぞれ T_1, T_2 のとき，そこに熱の移動があるとは限りません．

しかし，この温度差の原因がすべて熱の移動にあるとすると，熱の流れ Q/t に温度差 T_1-T_2 が比例するとみなせます（$T_1-T_2 = \theta \times (Q/t)$）．この比例定数 θ が熱抵抗です．

物理学的にはさらに厳密な議論が必要ですが，工業分野では電力損失と二点間の温度差を結びつける便法として使われています．温度差，熱抵抗，電力損失（単位時間当たりの発熱量）の関係は電圧，電気抵抗，電流の関係に類似しています．

A-B間の熱抵抗が θ_{AB}，B-C間の熱抵抗が θ_{BC} の場合，A-C間の熱抵抗 θ_{AC} は電気抵抗と同様に，2つの熱抵抗の和で $\theta_{AC} = \theta_{AB} + \theta_{BC}$ と表すことができます．

たとえば，半導体デバイスでジャンクション（半導体のチップ）とパッケージ間の熱抵抗を θ_{jc}，パッケージと大気間の熱抵抗を θ_{ca} とした場合，ジャンクションの温度上昇は2つの熱抵抗の和と電力損失 P_d の積で表すことができます．

$$T_j - T_a = (\theta_{jc} + \theta_{ca}) \times P_d$$

直感的にわかりづらいところもありますが，特に温度は物体に与えられる熱量に比例し，温度差は熱の流れ（単位時間当たりの熱量の変化）と熱抵抗の積であるところに注意する必要があります．空冷の放熱器の場合，熱の流れの行き着く先は大気です．

ジャンクション温度 T_j は，大気の温度 T_a を一定として考えるのが普通です．これは大気が無限大の熱を受け入れることが可能なことを意味しますが，実際には放熱器からの熱で周囲の温度も上がります．熱抵抗が下がると熱が伝わりやすくなるだけで，伝えた熱を適正に処理しなければ温度は下がりません．周囲温度を低く保つ必要があります．半導体メーカでの特性測定は，再現性を高めるため条件を一定に決めて行われています．

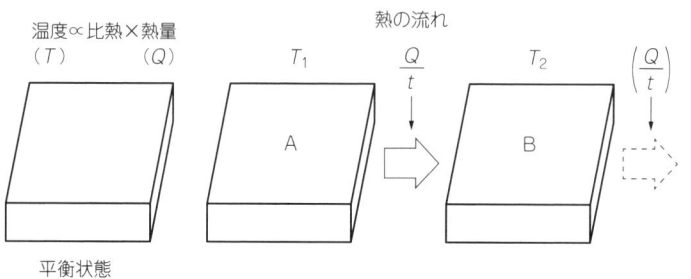

図 c6_1　熱抵抗は熱の流れやすさの尺度，流れの2点間の温度差を決める
電気抵抗と電流・電圧の関係同様，熱の流れを止めると熱抵抗を下げても発熱源の温度は下がらない

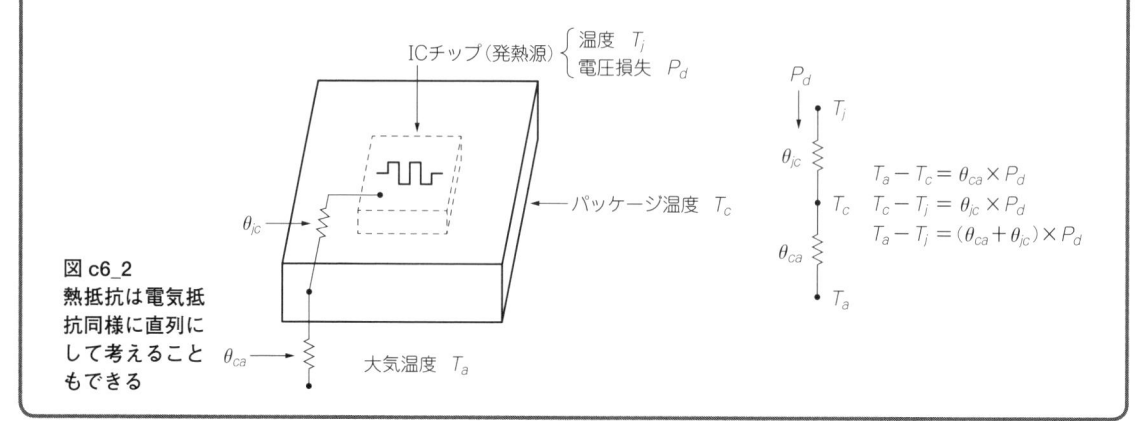

温度∝比熱×熱量
$(T)\ \ (Q)$
平衡状態

熱の流れ
$T_1 \xrightarrow{\frac{Q}{t}} T_2\ \ \left(\frac{Q}{t}\right)$

温度差は $\dfrac{Q}{t}$ によって生じるとみなす
$\Delta T = T_1 - T_2 = \underset{\text{熱抵抗}}{\theta} \times \dfrac{Q}{t}$

次元は仕事率
$[J/s = W]$

$\dfrac{Q}{t}$ が損失 $P = I \times V$ で生じるならば
$\Delta T = \theta \times P\ (\Rightarrow V = R \times I と類似)$

図 c6_2　熱抵抗は電気抵抗同様に直列にして考えることもできる

ICチップ（発熱源）　温度 T_j，電圧損失 P_d
パッケージ温度 T_c
θ_{jc}
θ_{ca} → 大気温度 T_a

$T_a - T_c = \theta_{ca} \times P_d$
$T_c - T_j = \theta_{jc} \times P_d$
$T_a - T_j = (\theta_{ca} + \theta_{jc}) \times P_d$

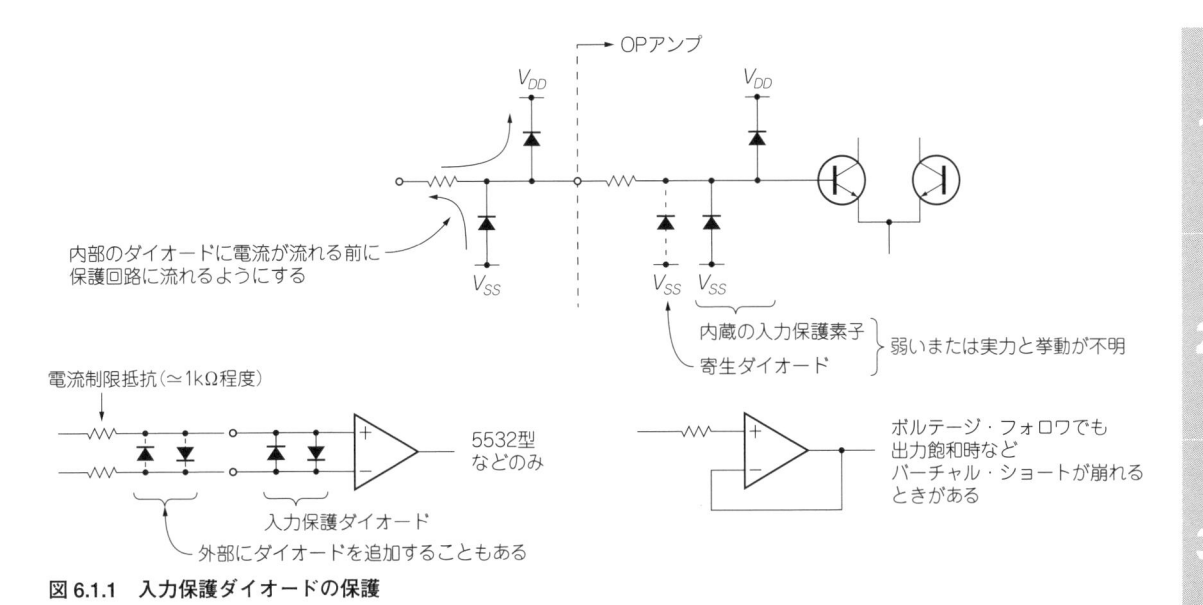

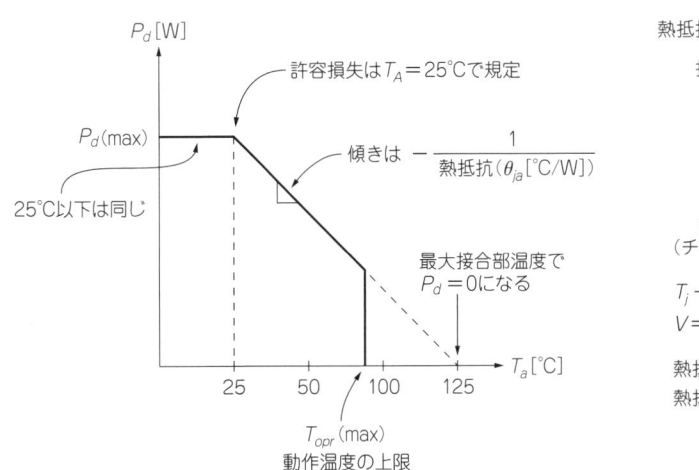

図6.1.1 入力保護ダイオードの保護

図6.2.1 損失軽減曲線と熱抵抗の関係

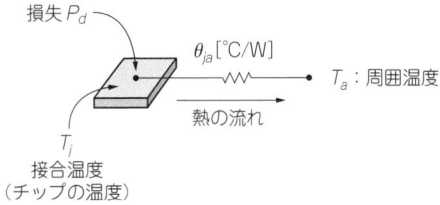

$$T_j - T_a = \theta_{ja} \times P_d$$
$$V = R \times I と類似$$

熱抵抗が大きい＝放熱が悪い
熱抵抗と損失でチップ温度が上がり許容損失が下る

れています．熱抵抗はパッケージの種類と実装状態で変わります（図6.2.1）．

熱抵抗は，一般にDIP型では自由空間（ICを空中に保持した状態）での値になりますが，面実装パッケージでは基板へ放熱することを前提としています．そのため，測定条件として使用する基板の大きさや形状が指定されています．

データシートの測定条件は，たいていは理想状態であり現実ははるかに厳しいことがほとんどです．そこで実際に，基板を組み立てて評価する必要があります．面実装基板の普及により，従来はDIPが使われていた回路をそのまま面実装に移植する場合などは特に要注意です．

OPアンプはさまざまな用途に使えて便利ですが，一般に実動時の出力電流は大きくても数mA程度で，10mA以上の電流を流す用途にはあまり適しません．応用回路設計を簡単にするには，出力電流を控えめに使うことが一番です．便宜上，ライン・ドライバやヘッドフォン・アンプなど，大出力電流の用途に使う場合は，許容損失に充分注意します．できれば，許容損失の大きなパッケージを持つ大出力電流用のOPアンプか，専用のドライバIC，ヘッドフォン・アンプICを採用したほうがよいと思います．データシート上の許容損失は，パッケージ全体の値であり，回路ご

6.2 許容損失と発熱　63

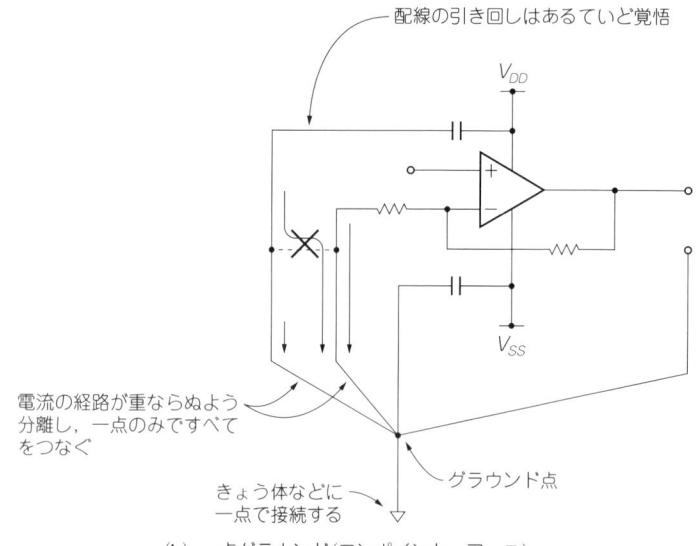

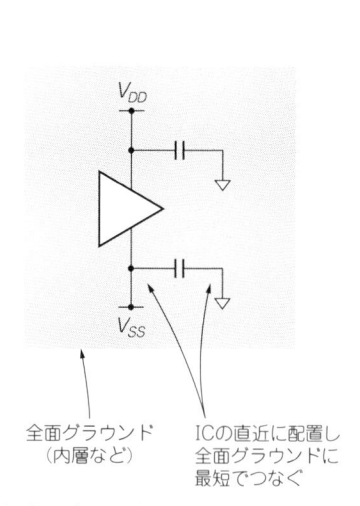

(a) 全面グラウンド(ニア・バイ・アース)
高周波向き

- 全面グラウンド（内層など）
- ICの直近に配置し全面グラウンドに最短でつなぐ

(b) 一点グラウンド(ワンポイント・アース)
低周波向き

- 配線の引き回しはあるていど覚悟
- 電流の経路が重ならぬよう分離し，一点のみですべてをつなぐ
- きょう体などに一点で接続する
- グラウンド点

図 6.3.1　全面グラウンドと1点グラウンド

グラウンド・ループ
- 磁束の通過により電流を生じる
- 磁束 ϕ
- 起電力が入力に直列に入る

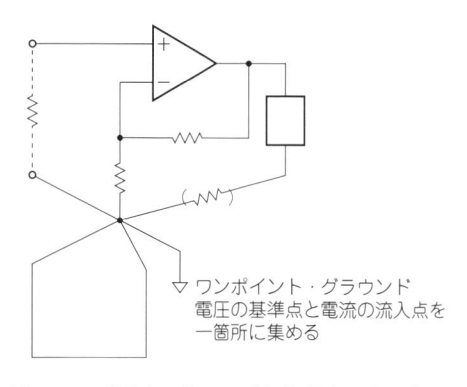

共通インピーダンス（例）
- R_L
- 負荷電流
- 配線のインピーダンス 負荷電流が入力に干渉する

ワンポイント・グラウンド
電圧の基準点と電流の流入点を一箇所に集める

全面グラウンド全面（ベタ・アース，ニア・バイ・アース）
- 理想だがパターンのインピーダンスは存在するので注意
- 電流の経路がわかりずらい
- R_L

図 6.3.2　グラウンドループと共通インピーダンス

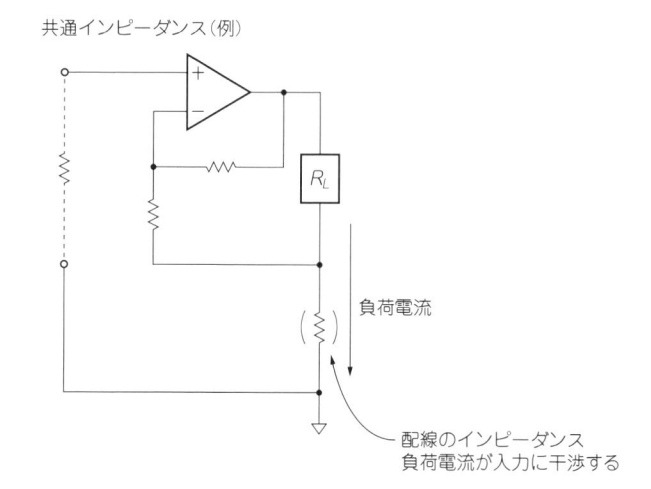

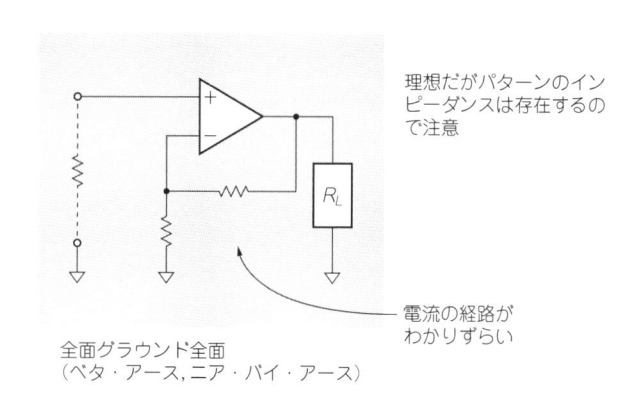

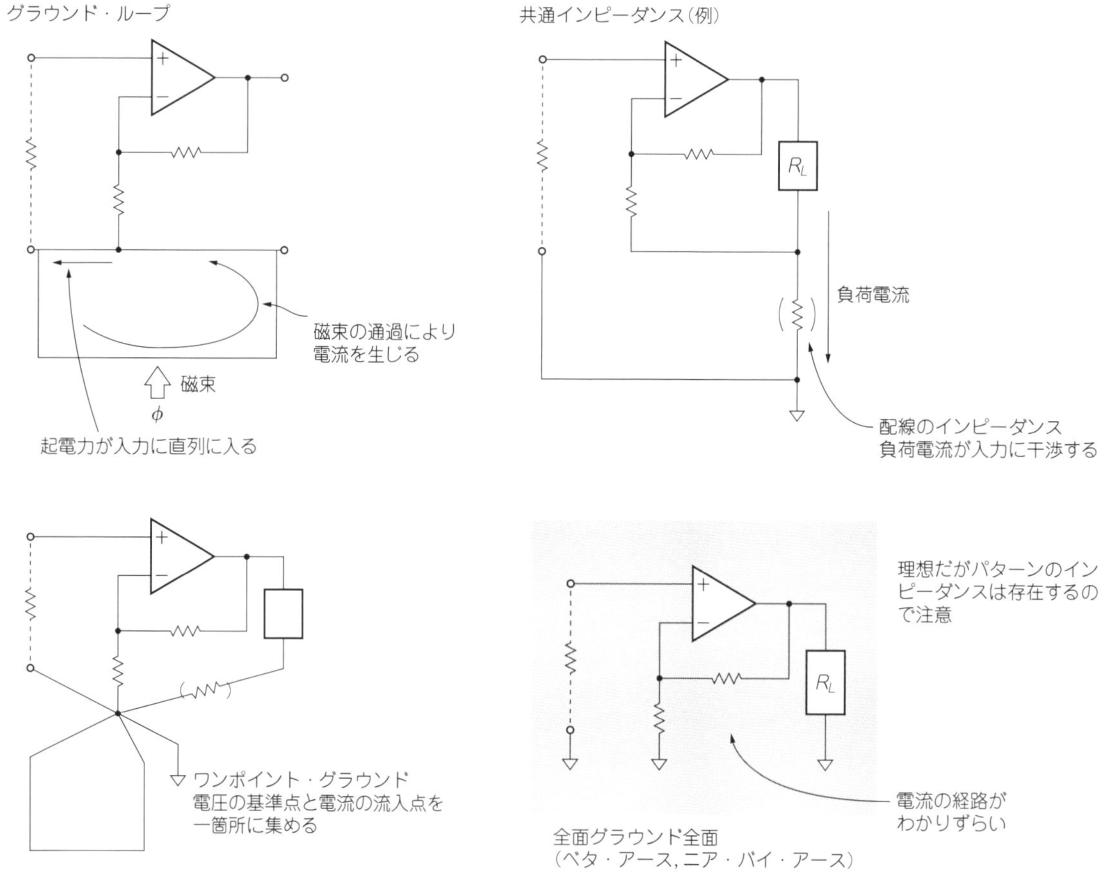

との値ではないので，多回路入りの品種では注意が必要です．

パッケージが同じでも，メーカが異なると許容損失も異なります．相当品で電気的特性が同じでも，許容損失は異なることがあるので注意します．

6.3 グラウンドの取り方，パターンの引き回し

グラウンドは，インピーダンスを低くするように心がけます．しかし，闇雲に太いパターンを引き，基板面を銅箔で埋めて何でもかんでもそこに最短距離で接続することが最良とは限りません．どんなに太いパターンでも，超伝導でない限り電気抵抗があります．大電流が流れるグラウンドにはパターンの抵抗による起電力が生じ，小信号ブロックのグラウンドを接続すると干渉の恐れがあります．

複数の回路ブロックが同一の電流経路を共有するとき，その経路のインピーダンスを共通インピーダンスといいます．共通インピーダンスは，信号が干渉する原因となるので避けなければなりません．複数の回路ブロックが共有する電源やグラウンドでは，特に生じやすい問題です．ベタ・グラウンドや網目状のグラウンドは低インピーダンス化には有利ですが，どこを電流が流れるか判然としません．細いパターンを引き回しても，積極的に他と分離したほうが結果が良くなることもあります．

その他，グラウンドに関する問題にグラウンド・ループがあります．グラウンドが環状の経路を描くとき，その一部が信号の経路と重なるとACラインの干渉を受けるというものです．ループを磁力線が通過することで起電力を生じるためです（図6.3.1）．

6.4 電源バイパス，デカップリング

電源のインピーダンスの影響を避けるためには，バイパス・コンデンサやデカップリング・コンデンサを用います．バイパス・コンデンサは電源のインピーダンスを下げることが目的で，デカップリング・コンデンサは他のブロックとの干渉を避けることが目的です．

動作的に両方を兼ねていることも多く，用語的に混同される場合もあります．バイパス目的ならば，大元の電源に向かうラインも太く，低インピーダンスのほうが有利なはずですが，デカップリングが目的の場合は干渉を防ぐために，RやLを直列にしてインピーダンスを上げることもあります．

OPアンプは，電源電圧除去比（$PSRR$）が大きく電源電圧の直流的な変動の影響は受けにくくなっています．OPアンプの等価回路上は，負帰還の作用で出力電圧を押さえ込み，電源電圧除去比を確保しています．このため，交流的には周波数が高くなると$PSRR$が低下し，f_T付近ではほとんど0dBとなってしまう品種もあります．電源に多少のインピーダンスを持たせても，OPアンプの電源電圧除去比に任せてRやLでブロックを分離し，電源変動に弱い高周波域ではバイパス・コンデンサでインピーダンスを下げる方法が，フラットに電源の低インピーダンス化を図るより好結果の場合もあります（図6.4.1）．

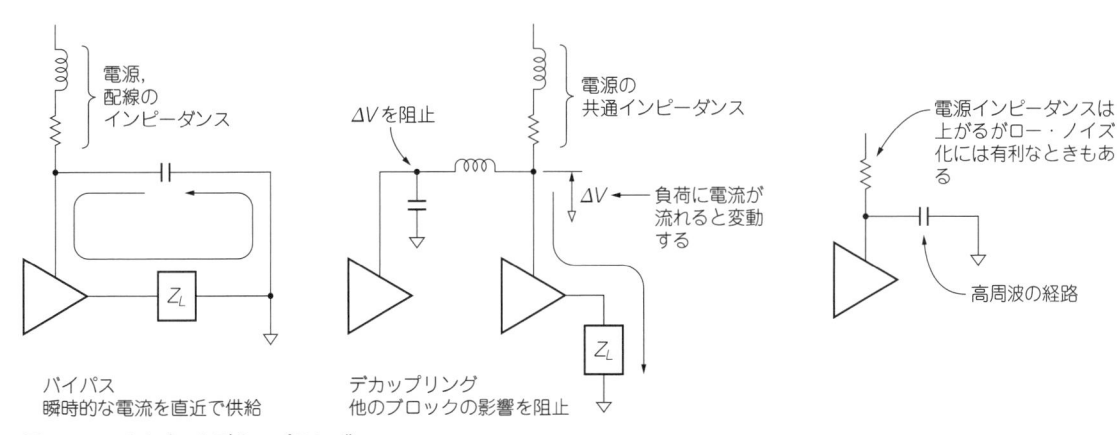

図6.4.1 バイパスとデカップリング

Column 7　OPアンプの空き端子処理

複数回路入りOPアンプに使わない回路が生じた場合，図c7_1(a)〜(c)のような方法で空き端子の処理をします．空き回路が使用している回路に影響しないように状態を固定する他，ロジックICのように静電破壊を避ける目的もあります．

(a)は，未使用回路をボルテージ・フォロアとし，入力を同相入力電圧範囲内の電位に固定します．入力電圧は±電源ではグラウンドに，単電源では中点につなぐのが一般的です．OPアンプによっては，ボルテージ・フォロアにすると発振するので，図c7_1(a)-3のようにR_1, R_2を追加して帰還量を減らします．場合によっては，C_iやC_fのような位相補償が必要になることは，アンプとして応用する場合とまったく同じです．

(b)は，プラス入力とマイナス入力を違う電位につないで，出力を$+V$か$-V$に飽和させます．入力にNPNトランジスタを使っている場合や，保護ダイオードを二つの入力間に内蔵している場合などでは，差動入力電圧の絶対最大定格が小さく，図(b)のままでは採用できないこともあります．

(c)は，プラス入力とマイナス入力を同じ電位につなぐ方法です．出力はオフセット電圧により$+V$か$-V$に飽和しますが，オフセットがなければ，アンプの利得が高い状態で能動状態になってしまいそうです．この方法のトラブルは聞いたことがありませんが，個人的には使ったことがありません．

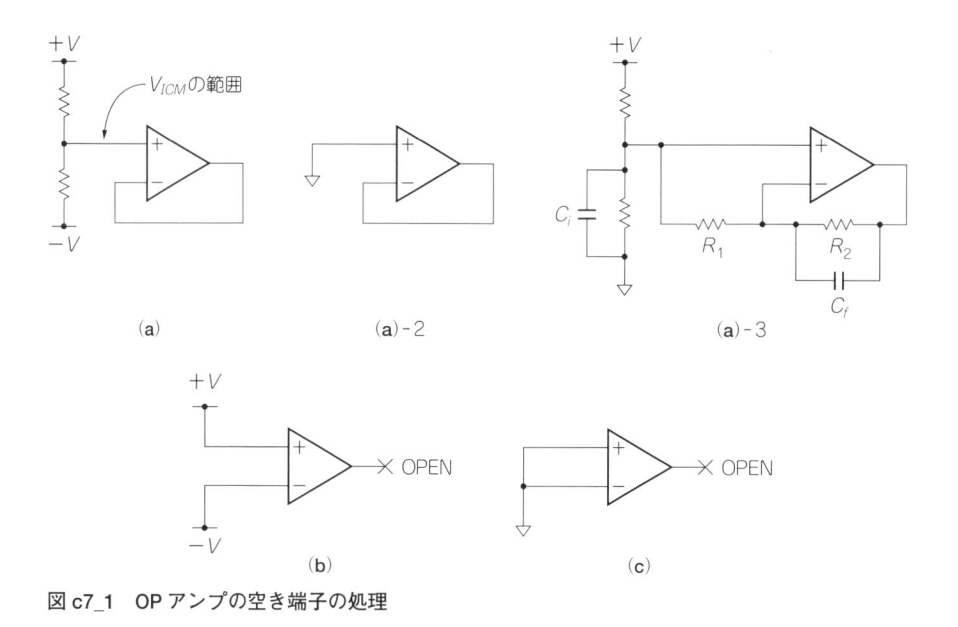

図c7_1　OPアンプの空き端子の処理

第7章 低電圧OPアンプ活用のヒント

● 低電圧OPアンプ活用のヒント

初期のOPアンプICの標準的な電源電圧は±15Vで，現在でもそれが踏襲されています．しかし，近年ではディジタルICと同じ単電源の+5V以下で動作するOPアンプの需要が高まっています．

負帰還理論などの原理的なことは変わりありませんが，入出力の電圧範囲や電源電圧がほぼ10分の1程度に下がってしまうことで生じる制約事項に対応しなければなりません．

ダイオードの順方向電圧降下V_FやトランジスタのV_{BE}，ツェナー・ダイオードを利用した回路などでは，従来回路のままでは動作しない場合もあります．また，電源電圧とは関係ありませんが，かつてはごく一般的だった部品の廃止が進んでおり，代替手法が必要になることもあります．

この章では，そのような近況に対応するためのヒントを紹介します．なお，取り上げる回路の動作は確認済みですが，量産向けの評価はしていません．

● フルスイング型とグラウンド・センス型の使い分け

新型のOPアンプについては，各社とも電源電圧と動作電流(≒SR)，回路数のマトリクスを埋めるように製品ラインナップを揃えているようです．ここで使ったロームの製品も，低電圧(V_{DD} = 1.8V ～ 5.5V)と高電圧(5V ～ 14.5V)の2通りに対して高速，低消費の2通りのラインナップがあります．さらに，低電圧OPアンプは，グラウンド・センス型とフルスイング型の2通りに分かれています．

その他，ロームのラインナップには，この表以外にも性能を特化した製品が種々存在します．

フルスイング型は，V_{SS}からV_{DD}まで同相入力電圧範囲になりますが，入力にクロスオーバを生じます．これは，ある同相入力電圧で入力オフセット電圧が急に変化することです．

P-chとN-ch(またはPNPとNPN)の差動アンプを並列にした入力回路に由来します．使い方によってはひずみの原因などになるので，グラウンド・センス型のほうが使いやすい場合もあります．

交流動作では，OPアンプが出力フルスイング型の場合，直流電圧を$V_{DD}/2$にバイアスすると最も最大出力が大きくなります．このためには，入力も$V_{DD}/2$にバイアスするのが簡単で，$V_{DD}/2$を中心に動作する通常型でも使える場合もあります．

7.1 振幅制御にFETなどを使わない正弦波発振器

正弦波発振器は，AGC機構(自動利得調整機構)によって，発振状態を維持します．大昔は，電球のフィラメントの抵抗変化やCdS(硫化カドミウム)セルと発光素子を組み合わせたフォトカプラなどが用いられていましたが，アナログ全盛の頃とは違って，利用可能な素子は少なくなりました．4.12で紹介したダイオードを用いたリミッタとJ-FETを可変抵抗素子として応用する方法が，辛うじて命脈を保っていると言

> **Column 8　SRとは？**
>
> 一般に，SRは内部の位相補償容量の充電電流で決まるため，動作電流と強い相関関係があります．高速品≒動作電流大，低消費電力品≒低速という関係になります．

V_{DD}	回路数	高速	低消費
1.8 − 5.5V (入力グラウンド・センス)	1	BU7461	BU7441
	2	BU7462	BU7442
	4	BU7464	BU7444
1.7 − 5.5V (入出力フルスイング)	1	BU7261	BU7241
	2	BU7262	BU7242
	4	BU7264	BU7244
5 − 14.5V (入出力フルスイング)	1	BU7561	BU7541
	2	BU7562	BU7542

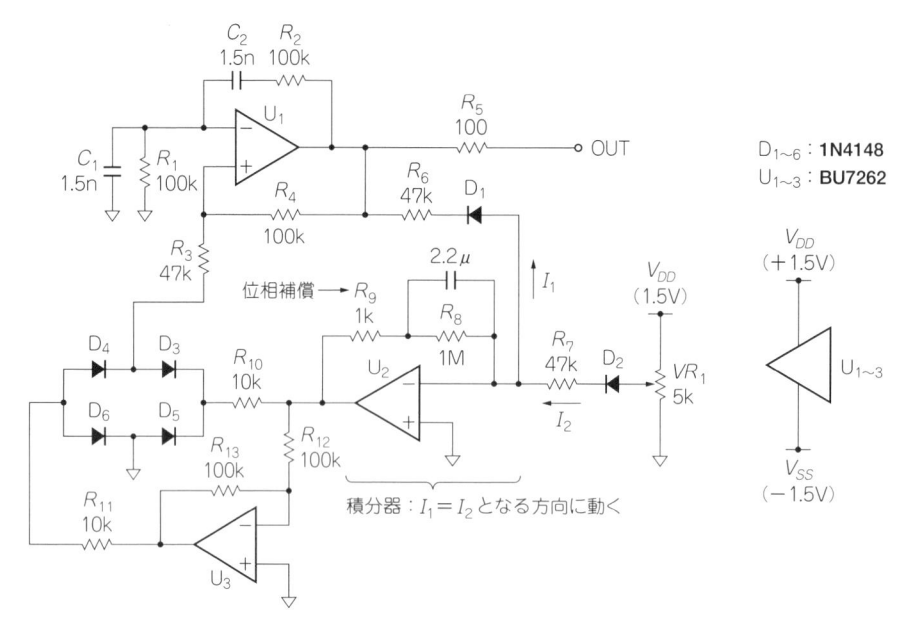

図 7.1.1 J-FET の代わりにダイオードを使って振幅制限する正弦波発振器

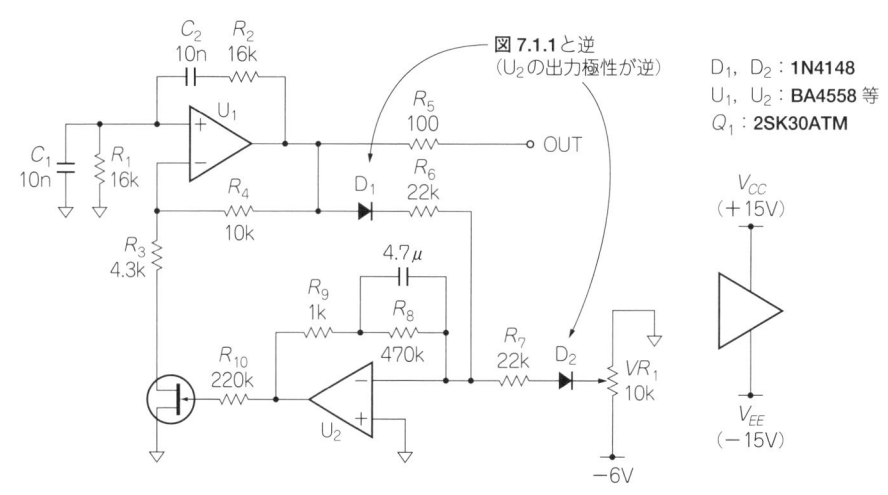

図 7.1.2 J-FET 使用の回路(参考)

えますが，J-FET は現在では少々特殊な部品となってしまいました．

図 7.1.1 の回路は，J-FET による可変抵抗素子を一般的なスイッチング・ダイオードの内部抵抗を利用した回路に変更した例です．ダイオード 2 本分の順方向電圧が直列になるため，動作電圧に関してはあまりメリットはありませんが，フルスイング型の OP アンプを使えば，3V（±1.5V）程度まで動作可能です．

可変抵抗回路は，ダイオードの順方向電流が増加するにつれて内部抵抗が低下する性質を使っています．順方向電圧を打ち消すために，4 本ブリッジとしています．V_C を与えないときに抵抗は最大となるので，$V_{GS} = 0V$ 時に抵抗が最小となる J-FET とは，制御の方向が逆になります．このため，J-FET を使った場合に比べて電源投入から発振が安定するまでの時間が長くかかります．図 7.1.1 は，J-FET の回路を置き換えただけなので，振幅制御回路の定数は検討の余地があります（**図 7.1.2**，**図 7.1.3**）．

7.2 ±1V（2V 単電源）以下で動作する正弦波発振器

可変抵抗素子でループ利得を制御するタイプの正弦波発振器は，振幅制御の回路が複雑になります．J-FET は V_{GS} < −1 〜 −数 V なので，電源電圧 +3.3V 以下の回路には動作電圧が高いため工夫を要します．

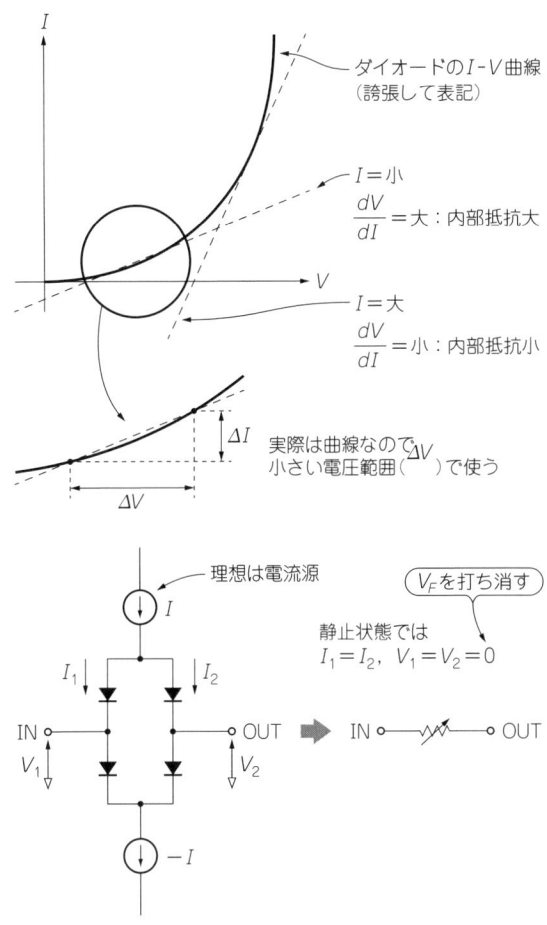

図7.1.3 可変抵抗回路

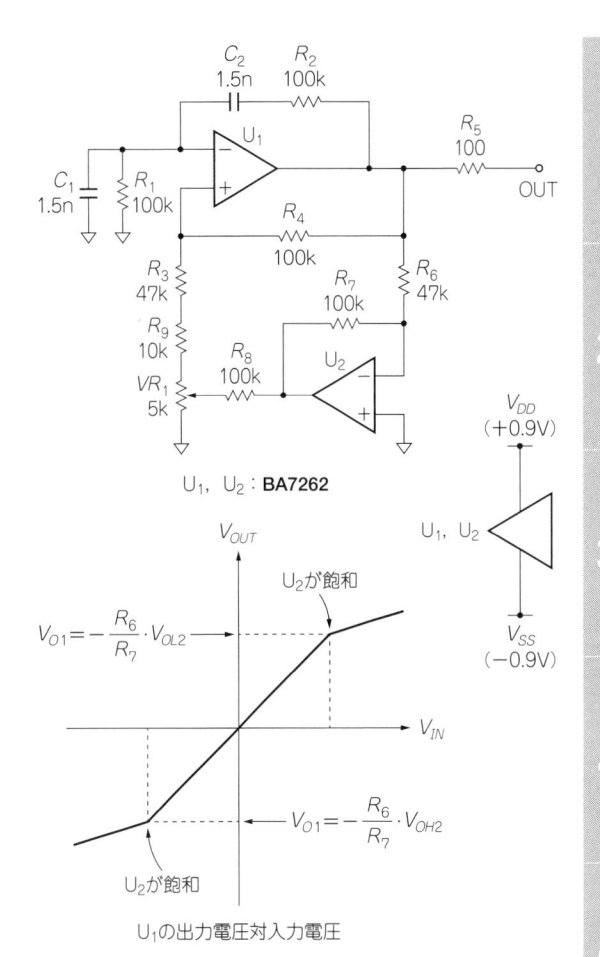

図7.2.1 OPアンプをリミッタとして使う正弦波発振器

負帰還回路にリミッタを入れて振幅を制限する方法は，回路が簡単ですが，出力を飽和させるためひずみ特性は良くありません．

電源電圧に関しては，一般にはリミッタにダイオードを使うため，順方向電圧 V_F の制限があります．しかし，元々OPアンプ1～2回路程度で構成できる正弦波発振器は簡易的なものであることと，本格的に高性能を狙うのであれば，DDSなどのディジタル方式が現実的であることから，簡易的な用途向けに限定すればリミッタ型の回路も有望です．

ここでは，リミッタ素子にフルスイング型のOPアンプを使い，低電圧動作を狙った回路を紹介します．アンプの飽和特性を使用すれば簡単にでき，Q の高い共振回路を使用した高周波の発振回路やトランジスタ一石の位相型発振回路などは，ほとんど無意識にその方法を採用しています．これはアンプの利得が低く，出力電圧が上がるつれて飽和（利得の低下）が連続して緩やかに起こるために使える方法です．

アンプにOPアンプを使った場合は，飽和時にアンプとしての動きが一切なく，"固まった"状態になります．そのため，飽和状態からリニアな状態に復帰するまでに時間遅れがあるので，顕著な波形ひずみになってしまいます．ダイオードや電球を使ったリミッタとOPアンプを組み合わせる場合は，負帰還回路にリミッタを入れ，振幅増大時に負帰還量を増やして利得を下げます．このようにすれば，リミッタが効いた状態でもOPアンプには負帰還がかかり，動作は時間的に連続となります．

図7.2.1 の回路は，発振が収束(停止)する程度に多めにかけた負帰還を，リミッタ・アンプで打ち消すことで発振します．リミッタ・アンプは，信号が小さいときは一般的な反転アンプとして動作しますが，出力が飽和した時点で出力の増加が止まり，等価的に利得が0になります．リミッタ・アンプが飽和すると，メインのアンプの負帰還量が増え，発振を抑える方向に動きます．このようにすればリミッタが働く前後の動作は連続になり，メインのアンプの飽和を利用したときのように，波形を見てわかるような極端なひずみは

7.2　±1V(2V単電源)以下で動作する正弦波発振器　69

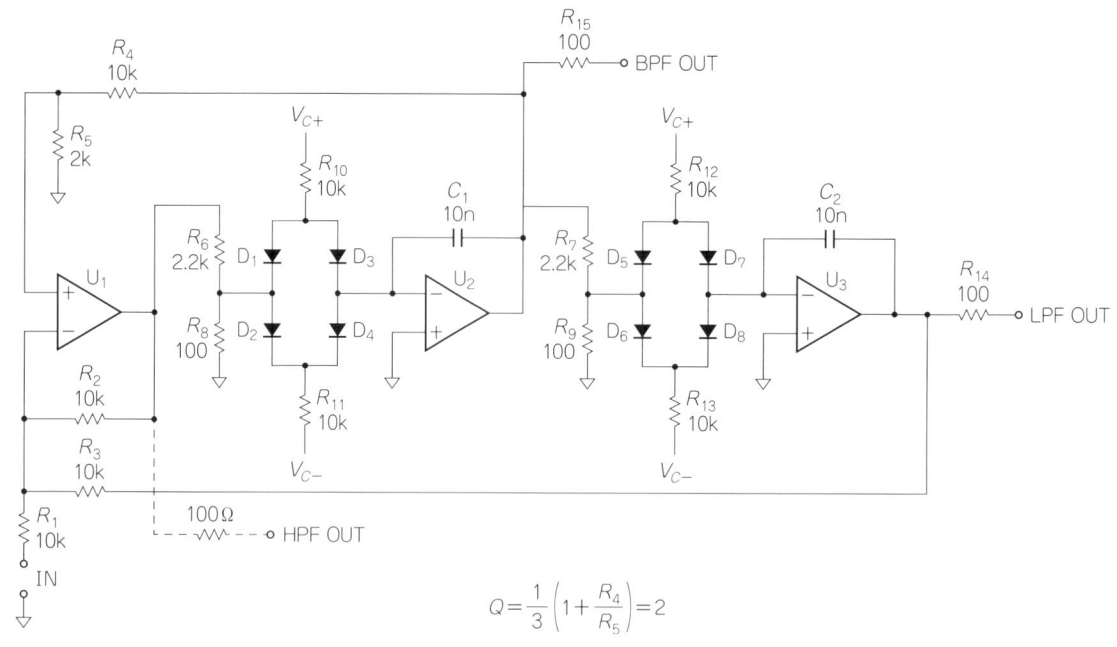

図7.3.1 ダイオードを可変抵抗として使う状態変数型フィルタ

$$Q = \frac{1}{3}\left(1 + \frac{R_4}{R_5}\right) = 2$$

$$V_{cont} = \frac{R_1}{R_1 + R_2} V_{ref} = \frac{R_{ref}}{R_{ref} + R_X} \cdot V_{ref}$$

の関係より

$$V_{cont}(R_{ref} + R_X) = R_{ref} \cdot V_{ref}$$
$$V_{cont} \cdot R_X = (V_{ref} - V_{cont}) R_{ref}$$

$$R_X = \frac{V_{ref} - V_{cont}}{V_{cont}} \cdot R_{ref} = \left(\frac{V_{ref}}{V_{cont}} - 1\right) R_{ref}$$

V_{cont}による制御も可能

$R_{ref} : R_X = R_1 : R_2$

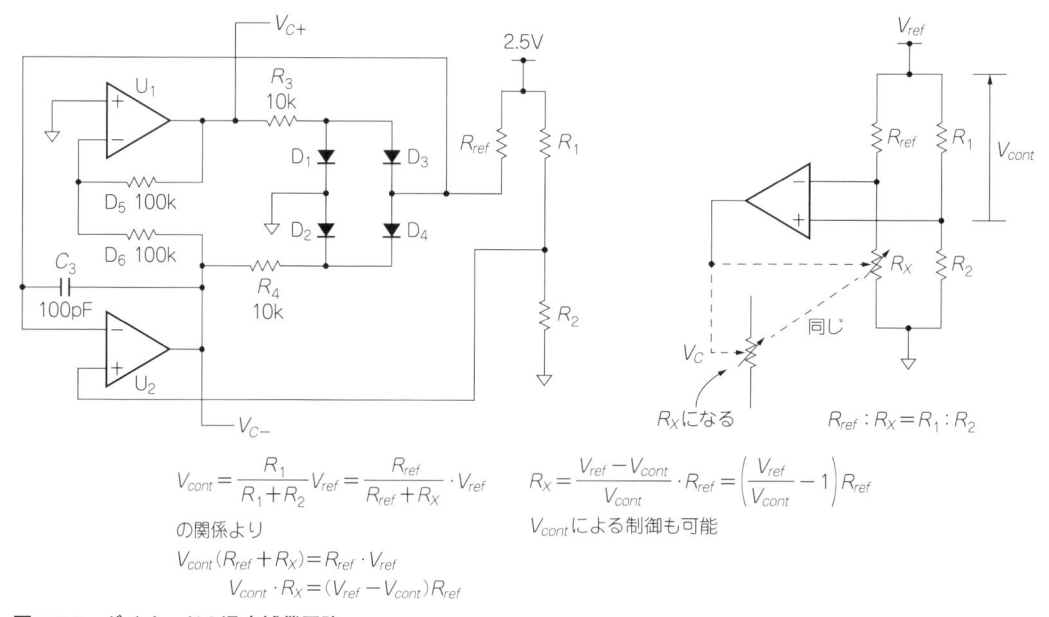

図7.3.2 ダイオードの温度補償回路

生じません．

　リミッタのOPアンプは，出力電圧が正負で対称に飽和し，リミッタが効き始める入力電圧を，電源電圧と抵抗の比で正確に決めることのできるフルスイング型が適当です．リミッタの動作電圧は，電源電圧とR_6，R_7の比で決まり，OPアンプの最低動作電圧まで制限なく動作可能です．R_6，R_7の比を変えること

で出力電圧を変えることができますが，ひずみと安定動作の兼ね合いで最良点が存在するので，出力電圧を可変する目的では使わないほうが無難です．

　VR_1は，正帰還を安定な量に調節します．R_9は，リミッタ動作時の負帰還量を決めます．R_6，R_7，R_9，VR_1には，安定に動作するバランスが存在します．R_6，R_7で大体の出力電圧を決めた後に，R_9とVR_1で

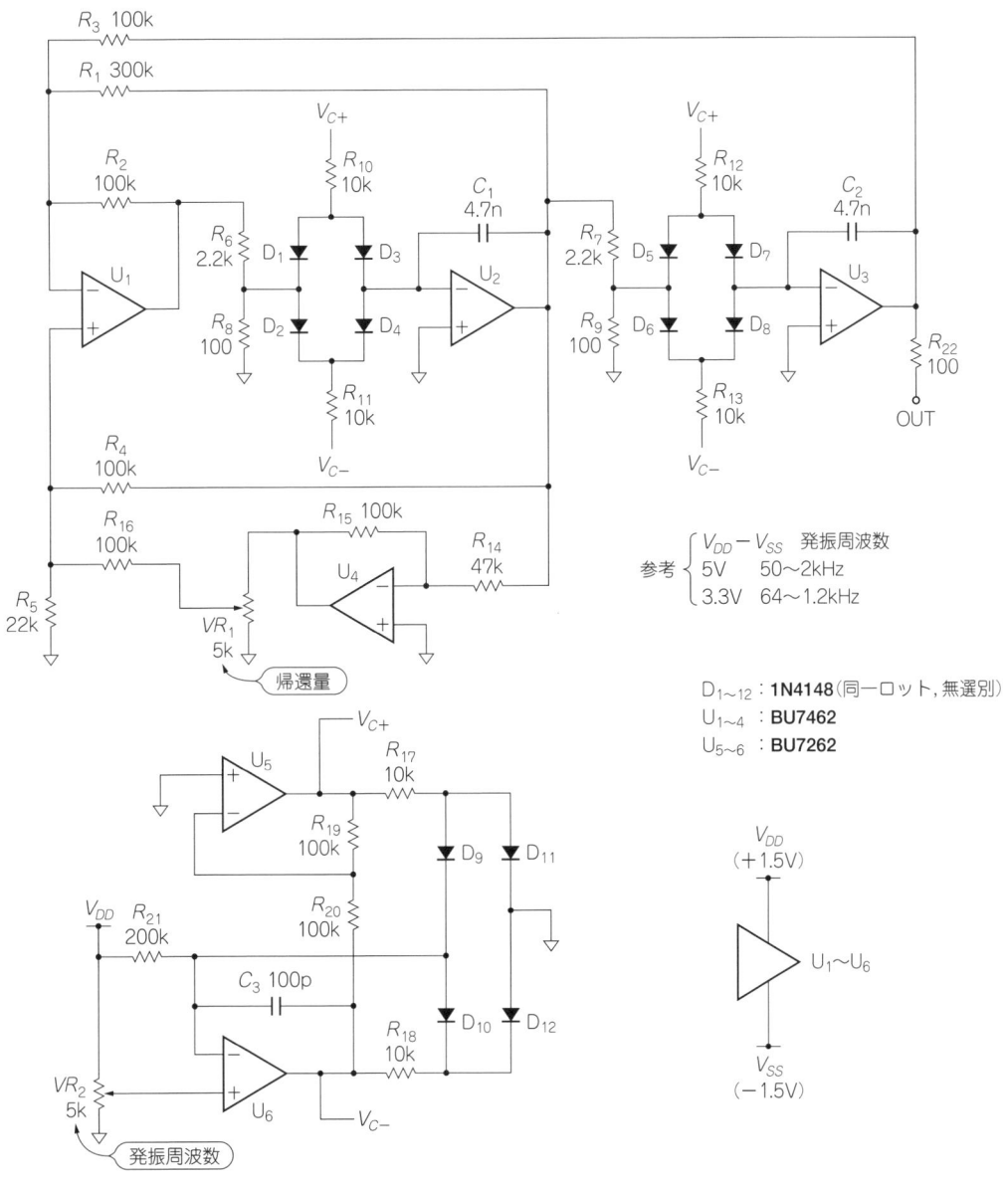

図 7.4.1 電圧制御可能な正弦波発振回路

バランスを取るようにするとうまく行くと思います．一度決めてしまえば，VR_1 だけで調節できます．

7.3 電圧制御状態変数型フィルタ

状態変数型フィルタは，2次の HPF, BPF, LPF の出力を同時に得ることができる回路です．BPF 出力を入力に帰還することで，正弦波発振器にもなります．カットオフ周波数が同じ値の二組の C と R で決まるため，周波数を可変にすることも比較的容易です．ただし，二つの R または二つの C のどちらかを同時に変える必要があるので，やや特殊な部品が必要です．

連続可変とするには，二連型の可変抵抗器を使うのが一般的ですが，最近では生産が縮小してきているようです．オーディオ用の電子ボリューム IC は，抵抗素子だけでなく可変利得のアンプやミュート回路などを複合しているので置き換えられません．

ここで紹介する回路は，可変抵抗に 7.1 項で振幅制御に用いたダイオード・ブリッジによる回路を使っています（**図 7.3.1**）．

ダイオードを使った可変抵抗回路は，直線性を確保できる信号電圧範囲が狭く，実用上は 100mV_{pp} 程度

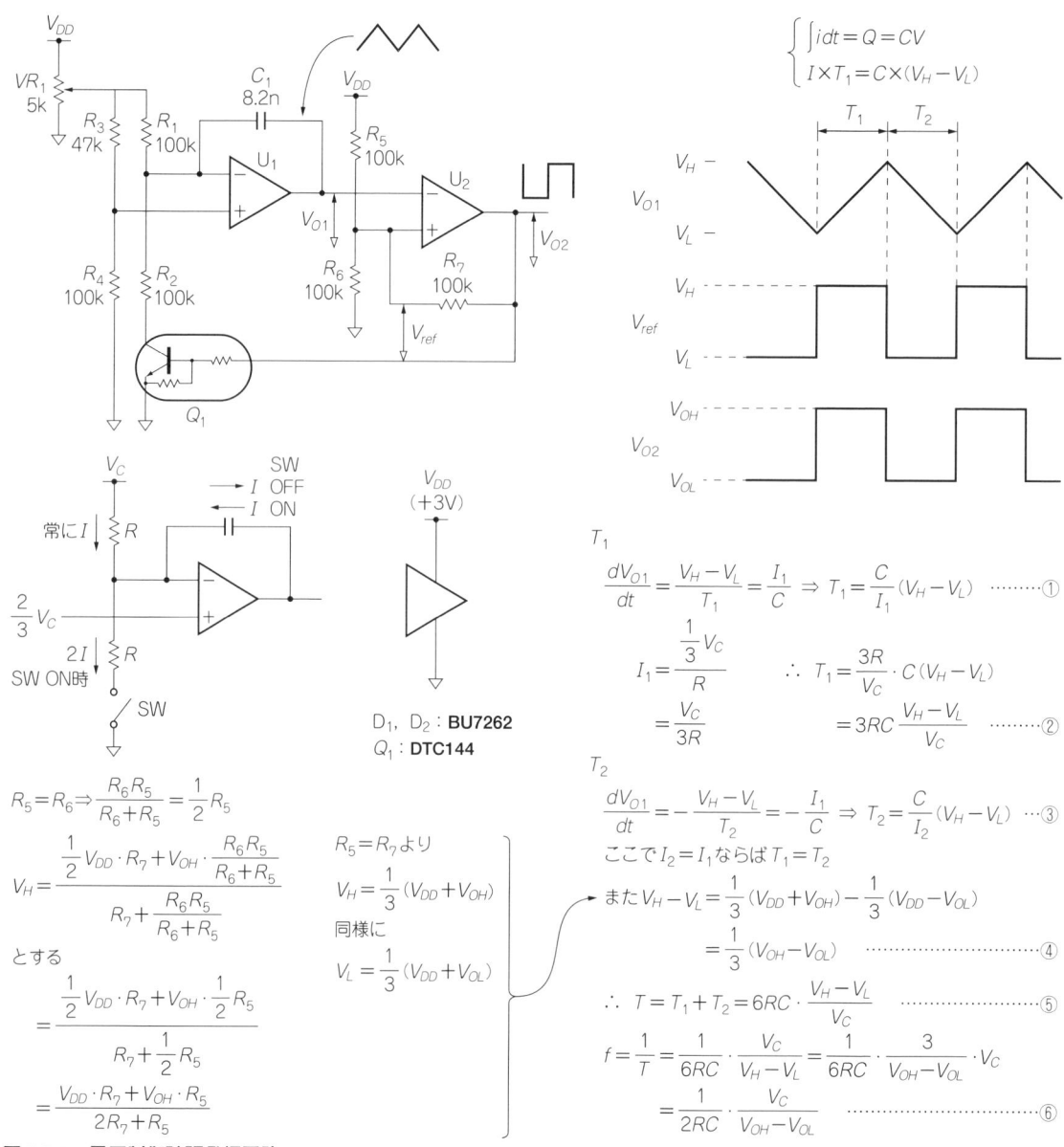

図 7.5.1　電圧制御弛張発振回路

$$R_5 = R_6 \Rightarrow \frac{R_6 R_5}{R_6 + R_5} = \frac{1}{2}R_5$$

$$V_H = \frac{\frac{1}{2}V_{DD} \cdot R_7 + V_{OH} \cdot \frac{R_6 R_5}{R_6 + R_5}}{R_7 + \frac{R_6 R_5}{R_6 + R_5}}$$

とする

$$= \frac{\frac{1}{2}V_{DD} \cdot R_7 + V_{OH} \cdot \frac{1}{2}R_5}{R_7 + \frac{1}{2}R_5}$$

$$= \frac{V_{DD} \cdot R_7 + V_{OH} \cdot R_5}{2R_7 + R_5}$$

$R_5 = R_7$ より

$$V_H = \frac{1}{3}(V_{DD} + V_{OH})$$

同様に

$$V_L = \frac{1}{3}(V_{DD} + V_{OL})$$

D_1, D_2 : BU7262
Q_1 : DTC144

$$\begin{cases} \int i\,dt = Q = CV \\ I \times T_1 = C \times (V_H - V_L) \end{cases}$$

T_1

$$\frac{dV_{O1}}{dt} = \frac{V_H - V_L}{T_1} = \frac{I_1}{C} \Rightarrow T_1 = \frac{C}{I_1}(V_H - V_L) \quad \cdots ①$$

$$I_1 = \frac{\frac{1}{3}V_C}{R} \qquad \therefore T_1 = \frac{3R}{V_C} \cdot C(V_H - V_L)$$

$$= \frac{V_C}{3R} \qquad \qquad = 3RC\frac{V_H - V_L}{V_C} \quad \cdots ②$$

T_2

$$\frac{dV_{O1}}{dt} = -\frac{V_H - V_L}{T_2} = -\frac{I_1}{C} \Rightarrow T_2 = \frac{C}{I_2}(V_H - V_L) \quad \cdots ③$$

ここで $I_2 = I_1$ ならば $T_1 = T_2$

また $V_H - V_L = \frac{1}{3}(V_{DD} + V_{OH}) - \frac{1}{3}(V_{DD} - V_{OL})$

$$= \frac{1}{3}(V_{OH} - V_{OL}) \quad \cdots ④$$

$$\therefore T = T_1 + T_2 = 6RC \cdot \frac{V_H - V_L}{V_C} \quad \cdots ⑤$$

$$f = \frac{1}{T} = \frac{1}{6RC} \cdot \frac{V_C}{V_H - V_L} = \frac{1}{6RC} \cdot \frac{3}{V_{OH} - V_{OL}} \cdot V_C$$

$$= \frac{1}{2RC} \cdot \frac{V_C}{V_{OH} - V_{OL}} \quad \cdots ⑥$$

が上限です．図 7.3.1 では，積分器の入力抵抗を可変していますが，前段にアッテネータを配して入力電圧を小さく抑えています．また，このように絶対的な抵抗値が回路の動作を決める場合は，ダイオードの温度特性が原因となる抵抗値の変動が問題になります．

可変抵抗回路の制御電圧 V_{C+} と V_{C-} は，図 7.3.2 のような温度補償回路から供給します．可変抵抗回路の等価抵抗 R_x は，$R_{ref} : R_x = R_1 : R_2$ の関係で決まります．特性の揃ったダイオードを使えば，保証回路のダイオードも可変抵抗回路のダイオードも同じ動作になり，R_{ref}, R_1, R_2 との関係は，温度に依存しないことになります．

このためには，すべてのダイオードの温度が同じである必要があり，実装時にはすべてのダイオードを近接配置します．R_1, R_2 で分圧された電圧に相当する電圧 V_{cont} によっても制御可能で，電圧制御フィルタ（VCF）として使うことも可能です．

7.4　電圧制御正弦波発振器

状態変数型フィルタは，BPF 出力を入力に正帰還し利得を制御することで，正弦波発振器となります．
図 7.4.1 は，7.3 項の電圧制御状態変数型フィルタ

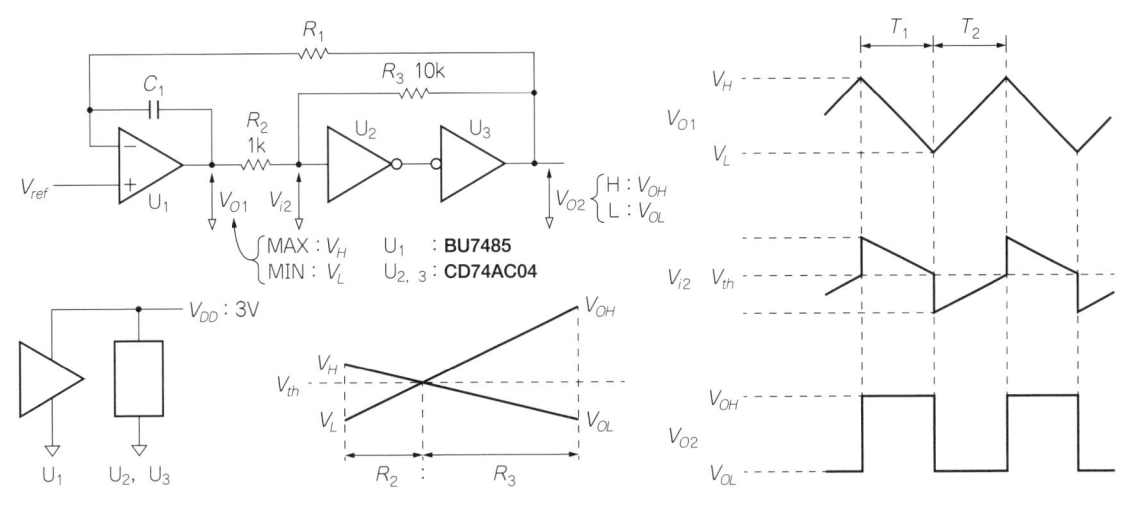

$T_1 : V_1 = V_{OH} - V_{ref}$

$I_1 = \dfrac{V_1}{R_1}$

$(V_H - V_L) \cdot C_1 = I_1 \cdot T_1 = \dfrac{V_1}{R_1} \cdot T_1$

$T_1 = R_1 C_1 \dfrac{V_H - V_L}{V_1}$

$T_2 : V_2 = -(V_{OL} - V_{ref})$

$I_2 = \dfrac{V_2}{R_2}$

$(V_H - V_L) \cdot C_1 = I_2 \cdot T_2 = \dfrac{V_2}{R_2} \cdot T_2$

$T_2 = R_1 C_1 \dfrac{V_H - V_L}{V_2}$

$V_{th} = \dfrac{V_H \cdot R_3 + V_{OL} \cdot R_2}{R_2 + R_3} = \dfrac{V_L \cdot R_3 + V_{OH} \cdot R_2}{R_2 + R_3}$

$(V_H - V_L) R_3 = (V_{OH} - V_{OL}) R_2$

$V_H - V_L = \dfrac{R_2}{R_3} (V_{OH} - V_{OL})$

$T = T_1 + T_2 = R_1 C_1 \dfrac{V_H - V_L}{V_1} + R_1 C_1 \dfrac{V_H - V_L}{V_2}$

$\quad = R_1 C_1 \left(\dfrac{1}{V_1} + \dfrac{1}{V_2} \right) (V_H - V_L)$

$V_H - V_L = \dfrac{R_2}{R_3} (V_{OH} - V_{OL})$

$V_1 = V_{OH} - V_{ref}$

$V_2 = -(V_{OL} - V_{ref})$

$T = R_1 C_1 \left(\dfrac{1}{V_{OH} - V_{ref}} + \dfrac{1}{-(V_{OL} - V_{ref})} \right) \dfrac{R_2}{R_3} (V_{OH} - V_{OL})$

図 7.6.1 100kHz 以上で発振する弛張発振回路

を改造して発振器としました．振幅の制御は，7.2項でも使ったフルスイング型OPアンプをリミッタとする方法を使っています．7.3項と同様に，制御電圧で発振周波数を変えることができます．

① $V_{ref} = 0$ のとき（正負2電源）

$T = R_1 C_1 \left(\dfrac{1}{V_{OH}} - \dfrac{1}{V_{OL}} \right) \dfrac{R_2}{R_3} (V_{OH} - V_{OL})$

$\quad = R_1 C_1 \dfrac{V_{OL} - V_{OH}}{V_{OH} V_{OL}} \cdot \dfrac{R_2}{R_3} (V_{OH} - V_{OL})$

$V_{OH} = -V_{OL}$ のとき

$T = R_1 C_1 \cdot \dfrac{2}{V_{OH}} \dfrac{R_2}{R_3} \cdot 2 V_{OH} = 4 \cdot \dfrac{R_2}{R_3} C_1 R_1$

$f = \dfrac{1}{T} = \dfrac{1}{4} \cdot \dfrac{R_3}{R_2} \cdot \dfrac{1}{C_1 R_1}$

② $V_{OL} = 0$ のとき（単電源）

$T = R_1 C_1 \left(\dfrac{1}{V_{OH} - V_{ref}} + \dfrac{1}{V_{ref}} \right) \cdot \dfrac{R_2}{R_3} \cdot V_{OH}$

$V_{ref} = \dfrac{1}{2} V_{OH}$ のとき

$T = R_1 C_1 \left(\dfrac{2}{V_{OH}} + \dfrac{2}{V_{OH}} \right) \dfrac{R_2}{R_3} \cdot V_{OH} = 4 \dfrac{R_2}{R_3} C_1 R_1$

$f = \dfrac{1}{T} = \dfrac{1}{4} \dfrac{R_3}{R_2} \dfrac{1}{C_1 R_1}$

一般 ($V_{ref} \neq \dfrac{1}{2} V_{OH}$) には V_{OH}，V_{ref} によって周波数が変る

$V_{OL} = 0$，$V_{ref} = \dfrac{1}{2} V_{OH}$ を保てれば発振周波数は V_{DD} に依存しない

7.5 電圧制御弛張発振回路

実用上は，正弦波発振器の出番は少ないと思います．周期信号が必要な場合は，ディジタル回路により

容易に発生できる矩形波を使うことがほとんどです．純粋なアナログ回路では，弛張発振器が使用されます．発振のタイミングは，一組の C と R で決められていることが多く，周波数の可変も正弦波発振器より格段に簡単です．

図 7.5.1 の回路は，VCO（電圧制御発振器）として古くから知られている回路で，電源電圧が低くても動作可能です．これは 4.11 項で既出の回路の派生型で，タイミング容量の充電電流をコンパレータの出力ではなく制御入力から流します．OP アンプは，最新型のフルスイング型を使いました．発振周波数の算出式には，コンパレータ段の V_{OH} と V_{OL} が含まれていますが，フルスイング型ではほとんど電源電圧（$V_{OH} = V_{DD}$, $V_{OL} = V_{SS}$）になるため，正確に算出できます．

従来型の OP アンプでは，V_{OH} と V_{OL} が OP アンプによって異なり，データシートにもこの回路で必要な実動時の値は掲載されていないので，不明な要素でした．電源電圧 3V 以下で使う場合は，放電用トランジスタ DTC144（抵抗内蔵型）の $V_{I(on)}$ の規格が 3V（min）なので，遵守するならばもう少し $V_{I(on)}$ の低いものを選択すべきでしょう（ただし，実験では電源電圧 2V 以下でも動作することを確認している）．2SC2412K など，単体の小信号用トランジスタと抵抗を組み合わせれば，設計の自由度が増しますが部品点数は増えます．

7.6 100kHz 以上で発振する弛張発振回路

4.11 項や 7.5 項の回路の見どころの一つは，三角波を発生できることで，PWM 変調の基準信号などに利用されます．汎用 OP アンプにしては高い 100kHz 程度の周波数が必要なことも多いと思います．積分回路＋コンパレータの組み合わせでは，コンパレータの応答速度が発振周波数の上限を決めます．

特に，二回路入りの OP アンプを使って，OP アンプをコンパレータとして代用する場合は，本物のコンパレータと比較すると応答速度が大幅に遅くなります．積分器の速度も要求されますが，出力振幅を抑えることでスルーレートが小さくても動作可能です．スルーレートとは別に，高周波で動作する必要がありますが，精度を要求しなければ発振周波数の 10 倍程度の f_T があれば使用可能です．

図 7.6.1 の回路は，発振周波数の限界を確認するための実験回路です．1MHz 以上の発振が可能でした．コンパレータには，高速ロジック IC を使用しています．コンパレータと違い，比較の閾値が明確ではありませんが，発振周波数の決定には V_{OH} と V_{OL} が関与するのみなので，実用を考える場合もあまり問題にならないと思います．

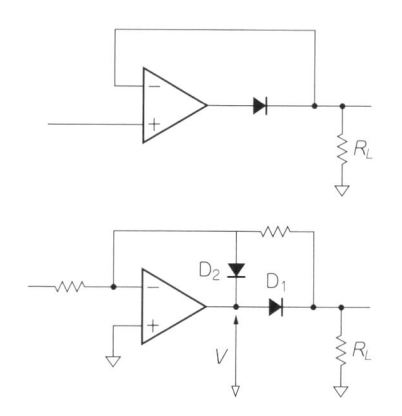

D_1, D_2 両方 OFF の時間がある
D_2 は $V > 0$V で OFF するが，D_1 は $V_F > 0$V（≒0.7）まで ON しない

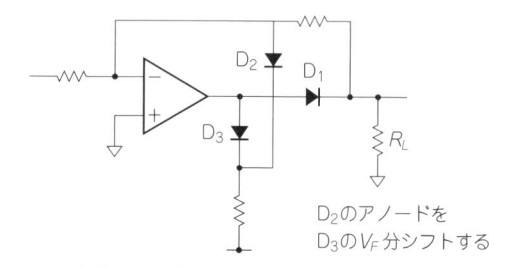

D_2 のアノードを D_3 の V_F 分シフトする

図 7.7.1 応答波形を改善した整流回路

BU7485 は，$SR = 10V/\mu s$, $f_T(GBW) = 10MHz$ のフルスイング型 OP アンプで，ロームのこのシリーズ中では高速ですが，OP アンプ全般では汎用型の性能です．しかし，電源電圧が 3V（±1.5V）と従来型の 1/10 であることを考えると，SR は相対的に 10 倍で，図 7.6.1 の動作を見ても使い方次第で充分な高速動作が期待できそうです．

7.7 応答波形を改善した整流回路

4.7 項で取り上げた整流回路に交流波形を入力した場合，OFF → ON の立ち上がりで波形が欠けます．OFF 時に飽和状態だった OP アンプが，リニアな動作に戻るのに時間がかかるためです．ダイオードを 2 本用いた改良型の回路では，出力 OFF 時にも OP アンプに負帰還がかかるため改善されますが，波形の欠落は完全にはなくなりません．各部の動作電圧の関係で，2 本のダイオードが同時に OFF になるからです．電源電圧が高い場合は，信号電圧を大きく取るようにして，相対的に波形の欠落を小さくする方法も考えられますが，電源電圧が低い場合は不可能です．

この対策は，負帰還側のダイオードにダイオード 1 本分のバイアスを与えることで改善できます（図 7.7.1）．

データシート

※ このデータシートは，ローム株式会社のデータシートから本書付属 IC の該当部分を抜粋したものです．
詳細は，こちらをご覧ください（http://www.rohm.co.jp/web/japan/opamp_samplebook）．

① **BA2904F** グランド・センス OP アンプ
② **BA10358F** グランド・センス OP アンプ
③ **BA3404F** グランド・センス OP アンプ
④ **BA4558RF** ロー・ノイズ OP アンプ
⑤ **BA4560RF** ロー・ノイズ OP アンプ
⑥ **BA4580RF** ロー・ノイズ OP アンプ
⑦ **BA8522RF** ロー・ノイズ OP アンプ
⑧ **BA2115F** ロー・ノイズ OP アンプ
⑨ **BA15218F** ロー・ノイズ OP アンプ
⑩ **BA15532F** ロー・ノイズ OP アンプ
⑪ **BA4510F** ロー・ノイズ OP アンプ
⑫ **BA3472F** 高電圧動作高速 OP アンプ
⑬ **BU7262F** 入力/出力フルスイング，低電圧動作 CMOS OP アンプ
⑭ **BU7242F** 入力/出力フルスイング，低消費電流 CMOS OP アンプ
⑮ **BU7442F** グランド・センス，低電圧動作 CMOS OP アンプ
⑯ **BU7462F** グランド・センス，低電圧動作 CMOS OP アンプ
⑰ **BU7266F** 超低消費電流 CMOS OP アンプ
⑱ **BU7486F** グランド・センス，高速低電圧 CMOS OP アンプ
⑲ **BD7562F** 入力/出力フルスイング，高電圧動作 CMOS OP アンプ
⑳ **BD7542F** 入力/出力フルスイング，高電圧動作，低消費電流 CMOS OP アンプ
㉑ **BU5281G** 低入力オフセット電圧，グランド・センス CMOS OP アンプ
㉒ **BU7291G** 入出力フルスイング，高スルー・レート，低電圧動作 CMOS OP アンプ
㉓ **BU7271G** 超低消費電流 CMOS OP アンプ
㉔ **BU7421G** 超低消費電流，低電圧動作 CMOS OP アンプ
㉕ **BU7411SG** 超低消費電流 CMOS OP アンプ
㉖ **BU7265G** 超低消費電流 CMOS OP アンプ

電気的特性用語説明
ご注意
使用上の注意

① BA2904F

特徴：グランド・センス　　SOP8

●概要

一般品 BA10358/BA10324A、高信頼性品 BA2904/BA2902 は、各々独立した高利得、グランドセンス入力のオペアンプ、2回路/4回路を1チップに集積したモノリシック IC です。BA290x は動作範囲が+3V～+36V(単一電源動作の場合)と広く、消費電流が少ないため様々な用途に使用可能です。また、BA2904W は低入力オフセット電圧品(Max.2mV)です。

●特長

- 単一電源動作可能
- 動作電源電圧範囲が広い
- 入力、出力ともに、ほぼ GND レベルより動作可能
- 消費電流が少ない
- 直流電圧利得が大きい
- 静電気保護回路内蔵
- 動作温度範囲が広い

●アプリケーション

- 電流検出アンプ
- バッファアンプ
- アクティブフィルタ
- 民生機器

●重要特性

- 動作電源電圧範囲（単電源）：
BA10358/10324A	+3.0V～+32.0V
BA2904/2902	+3.0V～+36.0V

- 温度範囲：
BA10358/ BA10324A	-40℃～+85℃
BA2904S/ BA2902S	-40℃～+105℃
BA2904/ BA2902	-40℃～+125℃
BA2904W	-40℃～+125℃

- 入力オフセット電圧：
BA10358/ BA10324A	7mV (Max.)
BA2904S/ BA2902S	7mV (Max.)
BA2904/ BA2902	7mV (Max.)
BA2904W	2mV (Max.)

- 入力バイアス電流：
BA10358	45nA (Typ.)
BA10324A	20nA (Typ.)
BA2904S/ BA2902S	20nA (Typ.)
BA2904/ BA2902	20nA (Typ.)
BA2904W	20nA (Typ.)

●パッケージ

	W(Typ.)xD(Typ.) xH(Max.)
SOP8	5.00mm x 6.20mm x 1.71mm
SOP-J8	4.90mm x 6.00mm x 1.65mm
SSOP-B8	3.00mm x 6.40mm x 1.35mm
MSOP8	2.90mm x 4.00mm x 0.90mm
SOP14	8.70mm x 6.20mm x 1.71mm
SOP-J14	8.65mm x 6.00mm x 1.65mm
SSOP-B14	5.00mm x 6.40mm x 1.35mm

●セレクションガイド

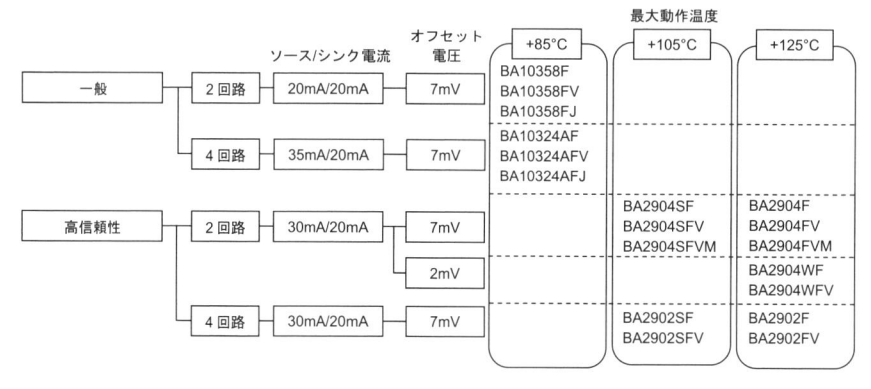

種別	回路数	ソース/シンク電流	オフセット電圧	+85℃	+105℃	+125℃
一般	2回路	20mA/20mA	7mV	BA10358F / BA10358FV / BA10358FJ		
	4回路	35mA/20mA	7mV	BA10324AF / BA10324AFV / BA10324AFJ		
高信頼性	2回路	30mA/20mA	7mV		BA2904SF / BA2904SFV / BA2904SFVM	BA2904F / BA2904FV / BA2904FVM
			2mV			BA2904WF / BA2904WFV
	4回路	30mA/20mA	7mV		BA2902SF / BA2902SFV	BA2902F / BA2902FV

●内部等価回路図

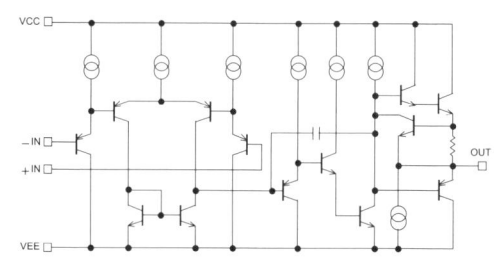

Figure 1. 内部等価回路図 （1回路のみ）

●端子配置図(TOP VIEW)

BA10358F,BA2904SF,BA2904F,BA2904WF :SOP8
BA10358FV,BA2904SFV,BA2904FV,BA2904WFV :SSOP-B8
BA2904SFVM,BA2904FVM :MSOP8
BA10358FJ :SOP-J8

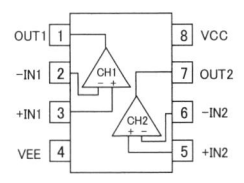

```
OUT1  1        8  VCC
-IN1  2  CH1   7  OUT2
+IN1  3  CH2   6  -IN2
VEE   4        5  +IN2
```

パッケージ						
SOP8	SSOP-B8	MSOP8	SOP-J8	SOP14	SSOP-B14	SOP-J14
BA10358F BA2904SF BA2904F BA2904WF	BA10358FV BA2904SFV BA2904FV BA2904WFV	BA2904SFVM BA2904FVM	BA10358FJ	BA10324AF BA2902SF BA2902F	BA10324AFV BA2902SFV BA2902FV	BA10324AFJ

●発注形名情報

```
B A x x x x x x x x x - x x
```

品番
BA10358xx
BA10324Axx
BA2904xxx
BA2904Sxxx
BA2904Wxx
BA2902xx
BA2902Sxx

パッケージ
F : SOP8
     SOP14
FV : SSOP-B8
     SSOP-B14
FVM: MSOP8
FJ : SOP-J8
     SOP-J14

包装、フォーミング仕様
E2: リール状エンボステーピング
    (SOP8/SOP14/SSOP-B8/
     SSOP-B14/SOP-J8/SOP-J14)
TR: リール状エンボステーピング
    (MSOP8)

●ラインアップ

動作温度範囲	オフセット電圧 (Max.)	回路電流 (Typ.)	パッケージ		発注可能形名
-40℃~+85℃		0.5mA	SOP8	Reel of 2500	BA10358F-E2
			SOP-J8	Reel of 2500	BA10358FJ-E2
			SSOP-B8	Reel of 2500	BA10358FV-E2
		0.6mA	SOP14	Reel of 2500	BA10324AF-E2
			SOP-J14	Reel of 2500	BA10324AFJ-E2
			SSOP-B14	Reel of 2500	BA10324AFV-E2
-40℃~+105℃	7mV	0.5mA	SOP8	Reel of 2500	BA2904SF-E2
			SSOP-B8	Reel of 2500	BA2904SFV-E2
			MSOP8	Reel of 3000	BA2904SFVM-TR
		0.7mA	SOP14	Reel of 2500	BA2902SF-E2
			SSOP-B14	Reel of 2500	BA2902SFV-E2
-40℃~+125℃		0.5mA	SOP8	Reel of 2500	BA2904F-E2
			SSOP-B8	Reel of 2500	BA2904FV-E2
			MSOP8	Reel of 3000	BA2904FVM-TR
		0.7mA	SOP14	Reel of 2500	BA2902F-E2
			SSOP-B14	Reel of 2500	BA2902FV-E2
	2mV	0.5mA	SOP8	Reel of 2500	BA2904WF-E2
			SSOP-B8	Reel of 2500	BA2904WFV-E2

●絶対最大定格(Ta=25℃)

○BA2904, BA2902

項目	記号		定格		単位
			BA2904S BA2902S	BA2904, BA2904W BA2902	
電源電圧	VCC-VEE		+36		V
許容損失	Pd	SOP8	775[9][14]		mW
		SSOP-B8	625[10][14]		
		MSOP8	600[11][14]		
		SOP14	560[12][14]		
		SSOP-B14	870[13][14]		
差動入力電圧[15]	Vid		+36		V
同相入力電圧	Vicm		(VEE-0.3)~(VEE+36)		V
動作電源電圧範囲	Vopr		+3.0~+36.0		V
動作温度範囲	Topr		-40~+105	-40~+125	℃
保存温度範囲	Tstg		-55~+150		℃
最大接合温度	Tjmax		+150		℃

注)絶対最大定格とは、端子にこの範囲の電圧を印加しても破壊しない限界を示す値であり、動作を保証するものではありません。
　電源の逆接続は破壊の恐れがあるのでご注意ください。

[9] Ta=25℃以上で使用する場合には 1℃につき 6.2mW を減じます。
[10] Ta=25℃以上で使用する場合には 1℃につき 5.0mW を減じます。
[11] Ta=25℃以上で使用する場合には 1℃につき 4.8mW を減じます。
[12] Ta=25℃以上で使用する場合には 1℃につき 4.5mW を減じます。
[13] Ta=25℃以上で使用する場合には 1℃につき 7.0mW を減じます。
[14] 許容損失は 70mm×70mm×1.6mm FR4 ガラスエポキシ基板(銅箔面積 3%以下)実装時の値です。
[15] 差動入力電圧は反転入力端子と非反転入力端子間の電位差を示します。その時各入力端子の電位は VEE 以上の電位としてください

●電気的特性

○BA2904, BA2904S (特に指定のない限り VCC=+5V, VEE=0V)

項目	記号	温度範囲	規格値			単位	条件
			最小	標準	最大		
入力オフセット電圧[20][21]	Vio	25℃	-	2	7	mV	OUT=1.4V
		全温度範囲	-	-	10		VCC=5~30V, OUT=1.4V
入力オフセット電圧ドリフト	△Vio/△T	-	-	±7	-	μV/℃	OUT=1.4V
入力オフセット電流[20][21]	Iio	25℃	-	2	50	nA	OUT=1.4V
		全温度範囲	-	-	200		
入力オフセット電流ドリフト	△Iio/△T	-	-	±10	-	pA/℃	OUT=1.4V
入力バイアス電流[20][21]	Ib	25℃	-	20	250	nA	OUT=1.4V
		全温度範囲	-	-	250		
回路電流[21]	ICC	25℃	-	0.5	1.2	mA	RL=∞, All Op-Amps
		全温度範囲	-	-	2		
最大出力電圧(High)[21]	VOH	25℃	3.5	-	-	V	RL=2kΩ
		全温度範囲	27	28	-		VCC=30V, RL=10kΩ
最大出力電圧(Low)[21]	VOL	全温度範囲	-	5	20	mV	RL=∞, All Op-Amps
大振幅電圧利得	Av	25℃	25	100	-	V/mV	RL≧2kΩ, VCC=15V OUT=1.4~11.4V
同相入力電圧範囲	Vicm	25℃	0	-	VCC-1.5	V	(VCC-VEE)=5V OUT=VEE+1.4V
同相信号除去比	CMRR	25℃	50	80	-	dB	OUT=1.4V
電源電圧除去比	PSRR	25℃	65	100	-	dB	VCC=5~30V
出力ソース電流[21][22]	Isource	25℃	20	30	-	mA	VIN+=1V, VIN-=0V OUT=0V, 1CHのみ短絡
		全温度範囲	10	-	-		
出力シンク電流[21][22]	Isink	25℃	10	20	-	mA	VIN+=0V, VIN-=1V OUT=5V, 1CHのみ短絡
		全温度範囲	2	-	-		
		25℃	12	40	-	μA	VIN+=0V, VIN-=1V OUT=200mV
チャンネルセパレーション	CS	25℃	-	120	-	dB	f=1kHz, 入力換算
スルーレート	SR	25℃	-	0.2	-	V/μs	VCC=15V, Av=0dB RL=2kΩ, CL=100pF
利得帯域幅積	GBW	25℃	-	0.5	-	MHz	VCC=30V, RL=2kΩ CL=100pF
入力換算雑音電圧	Vn	25℃	-	40	-	nV/√Hz	VCC=15V, VEE=-15V RS=100Ω, Vi=0V, f=1kHz

[20] 絶対値表記
[21] BA2904S: 全温度範囲-40~+105℃　BA2904: 全温度範囲-40~+125℃
[22] 高温環境下ではICの許容損失を考慮し、出力電流値を決定してください。
　　出力端子を連続的に短絡すると、発熱によるIC内部の温度上昇のため出力電流値が減少する場合があります。

② BA10358F

特徴：グランド・センス　**SOP8**

●概要

一般品 BA10358/BA10324A、高信頼性品 BA2904/BA2902 は、各々独立した高利得、グランドセンス入力のオペアンプ、2 回路/4 回路を 1 チップに集積したモノリシック IC です。BA290x は動作範囲が+3V～+36V(単一電源動作の場合)と広く、消費電流が少ないため様々な用途に使用可能です。また、BA2904W は低入力オフセット電圧品(Max.2mV)です。

●特長

- 単一電源動作可能
- 動作電源電圧範囲が広い
- 入力、出力ともに、ほぼ GND レベルより動作可能
- 消費電流が少ない
- 直流電圧利得が大きい
- 静電気保護回路内蔵
- 動作温度範囲が広い

●アプリケーション

- 電流検出アンプ
- バッファアンプ
- アクティブフィルタ
- 民生機器

●重要特性

- 動作電源電圧範囲（単電源）：
  - BA10358/10324A　　+3.0V～+32.0V
  - BA2904/2902　　　　+3.0V～+36.0V
- 温度範囲：
  - BA10358/ BA10324A　　-40°C～+85°C
  - BA2904S/ BA2902S　　　-40°C～+105°C
  - BA2904/ BA2902　　　　-40°C～+125°C
  - BA2904W　　　　　　　-40°C～+125°C
- 入力オフセット電圧：
  - BA10358/ BA10324A　　7mV (Max.)
  - BA2904S/ BA2902S　　　7mV (Max.)
  - BA2904/ BA2902　　　　7mV (Max.)
  - BA2904W　　　　　　　2mV (Max.)
- 入力バイアス電流：
  - BA10358　　　　　　45nA (Typ.)
  - BA10324A　　　　　20nA (Typ.)
  - BA2904S/ BA2902S　20nA (Typ.)
  - BA2904/ BA2902　　20nA (Typ.)
  - BA2904W　　　　　20nA (Typ.)

●パッケージ

W(Typ.)xD(Typ.) xH(Max.)

SOP8	5.00mm x 6.20mm x 1.71mm
SOP-J8	4.90mm x 6.00mm x 1.65mm
SSOP-B8	3.00mm x 6.40mm x 1.35mm
MSOP8	2.90mm x 4.00mm x 0.90mm
SOP14	8.70mm x 6.20mm x 1.71mm
SOP-J14	8.65mm x 6.00mm x 1.65mm
SSOP-B14	5.00mm x 6.40mm x 1.35mm

●セレクションガイド

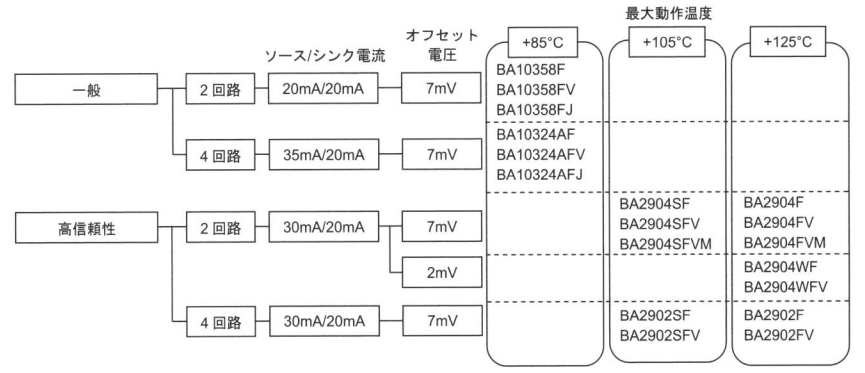

最大動作温度

種類	回路数	ソース/シンク電流	オフセット電圧	+85°C	+105°C	+125°C
一般	2 回路	20mA/20mA	7mV	BA10358F / BA10358FV / BA10358FJ		
	4 回路	35mA/20mA	7mV	BA10324AF / BA10324AFV / BA10324AFJ		
高信頼性	2 回路	30mA/20mA	7mV		BA2904SF / BA2904SFV / BA2904SFVM	BA2904F / BA2904FV / BA2904FVM
			2mV			BA2904WF / BA2904WFV
	4 回路	30mA/20mA	7mV		BA2902SF / BA2902SFV	BA2902F / BA2902FV

●内部等価回路図

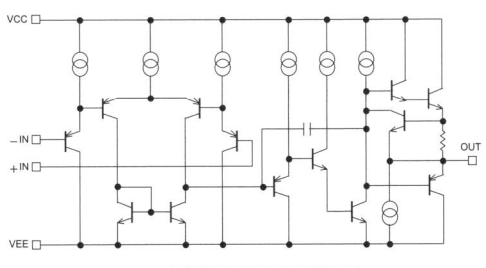

Figure 1. 内部等価回路図（1 回路のみ）

●端子配置図(TOP VIEW)

BA10358F,BA2904SF,BA2904F,BA2904WF :SOP8
BA10358FV,BA2904SFV,BA2904FV,BA2904WFV :SSOP-B8
BA2904SFVM,BA2904FVM :MSOP8
BA10358FJ :SOP-J8

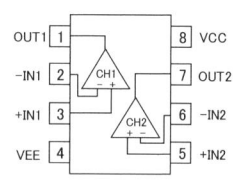

```
OUT1  1        8  VCC
-IN1  2  CH1   7  OUT2
+IN1  3  CH2   6  -IN2
VEE   4        5  +IN2
```

パッケージ						
SOP8	SSOP-B8	MSOP8	SOP-J8	SOP14	SSOP-B14	SOP-J14
BA10358F BA2904SF BA2904F BA2904WF	BA10358FV BA2904SFV BA2904FV BA2904WFV	BA2904SFVM BA2904FVM	BA10358FJ	BA10324AF BA2902SF BA2902F	BA10324AFV BA2902SFV BA2902FV	BA10324AFJ

●発注形名情報

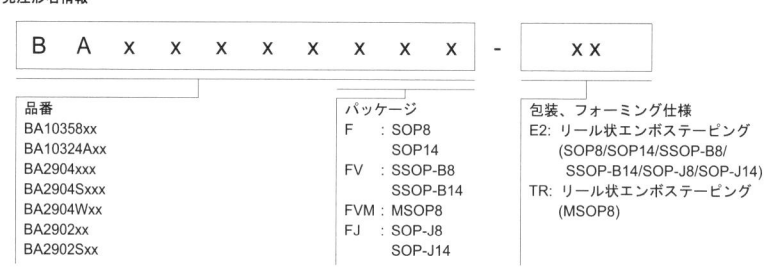

```
B A x x x x x x x x - x x
```

品番
BA10358xx
BA10324Axx
BA2904xxx
BA2904Sxxx
BA2904Wxx
BA2902xx
BA2902Sxx

パッケージ
F : SOP8
     SOP14
FV : SSOP-B8
     SSOP-B14
FVM : MSOP8
FJ : SOP-J8
      SOP-J14

包装、フォーミング仕様
E2: リール状エンボステーピング
    (SOP8/SOP14/SSOP-B8/
     SSOP-B14/SOP-J8/SOP-J14)
TR: リール状エンボステーピング
    (MSOP8)

●ラインアップ

動作温度範囲	オフセット電圧 (Max.)	回路電流 (Typ.)	パッケージ		発注可能形名
-40°C~+85°C	7mV	0.5mA	SOP8	Reel of 2500	BA10358F-E2
			SOP-J8	Reel of 2500	BA10358FJ-E2
			SSOP-B8	Reel of 2500	BA10358FV-E2
		0.6mA	SOP14	Reel of 2500	BA10324AF-E2
			SOP-J14	Reel of 2500	BA10324AFJ-E2
			SSOP-B14	Reel of 2500	BA10324AFV-E2
-40°C~+105°C	7mV	0.5mA	SOP8	Reel of 2500	BA2904SF-E2
			SSOP-B8	Reel of 2500	BA2904SFV-E2
			MSOP8	Reel of 3000	BA2904SFVM-TR
		0.7mA	SOP14	Reel of 2500	BA2902SF-E2
			SSOP-B14	Reel of 2500	BA2902SFV-E2
-40°C~+125°C		0.5mA	SOP8	Reel of 2500	BA2904F-E2
			SSOP-B8	Reel of 2500	BA2904FV-E2
			MSOP8	Reel of 3000	BA2904FVM-TR
		0.7mA	SOP14	Reel of 2500	BA2902F-E2
			SSOP-B14	Reel of 2500	BA2902FV-E2
	2mV	0.5mA	SOP8	Reel of 2500	BA2904WF-E2
			SSOP-B8	Reel of 2500	BA2904WFV-E2

●絶対最大定格(Ta=25℃)

○BA10358, BA10324A

項目	記号	定格	単位
電源電圧	VCC-VEE	+32	V
許容損失	Pd	SOP8　620[*1*7] SOP-J8　540[*2*7] SSOP-B8　500[*3*7] SOP14　450[*4*7] SOP-J14　820[*5*7] SSOP-B14　700[*6*7]	mW
差動入力電圧[*8]	Vid	VCC – VEE	V
同相入力電圧	Vicm	VEE – VCC	V
動作電源電圧範囲	Vopr	+3.0~+32.0	V
動作温度範囲	Topr	-40~+85	℃
保存温度範囲	Tstg	-55~+125	℃
最大接合温度	Tjmax	+125	℃

(注) 絶対最大定格とは、端子にこの範囲の電圧を印加しても破壊しない限界を示す値であり、動作を保証するものではありません。
　　電源の逆接続は破壊の恐れがあるのでご注意ください。
*1 Ta=25℃以上で使用する場合には 1℃につき 6.2mW を減じます。
*2 Ta=25℃以上で使用する場合には 1℃につき 5.4mW を減じます。
*3 Ta=25℃以上で使用する場合には 1℃につき 5.0mW を減じます。
*4 Ta=25℃以上で使用する場合には 1℃につき 4.5mW を減じます。
*5 Ta=25℃以上で使用する場合には 1℃につき 8.2mW を減じます。
*6 Ta=25℃以上で使用する場合には 1℃につき 7.0mW を減じます。
*7 許容損失は 70mm×70mm×1.6mmFR4 ガラスエポキシ基板(銅箔面積 3%以下)実装時の値です。
*8 差動入力電圧は反転入力端子と非反転入力端子間の電位差を示します。その時各入力端子の電位は VEE 以上の電位としてください

●電気的特性

○BA10358 (特に指定のない限り　VCC=+5V, VEE=0V, Ta=25℃)

項目	記号	最小	標準	最大	単位	条件
入力オフセット電圧[*16]	Vio	-	2	7	mV	OUT=1.4V
入力オフセット電流[*16]	Iio	-	5	50	nA	OUT=1.4V
入力バイアス電流[*17]	Ib	-	45	250	nA	OUT=1.4V
回路電流	ICC	-	0.5	1.2	mA	RL=∞, All Op-Amps
最大出力電圧(High)	VOH	3.5	-	-	V	RL=2kΩ
最大出力電圧(Low)	VOL	-	-	250	mV	RL=∞, All Op-Amps
大振幅電圧利得	Av	25 88	100 100	- -	V/mV dB	RL≧2kΩ, VCC=15V OUT=1.4~11.4V
同相入力電圧範囲	Vicm	0	-	VCC-1.5	V	(VCC-VEE)=5V OUT=VEE+1.4V
同相信号除去比	CMRR	65	80	-	dB	OUT=1.4V
電源電圧除去比	PSRR	65	100	-	dB	VCC=5~30V
出力ソース電流	Isource	10	20	-	mA	VIN+=1V, VIN-=0V OUT=0V 1CH のみ短絡
出力シンク電流	Isink	10	20	-	mA	VIN+=0V, VIN-=1V OUT=5V 1CH のみ短絡
チャンネルセパレーション	CS	-	120	-	dB	f=1kHz, 入力換算
スルーレート	SR	-	0.2	-	V/μs	VCC=15V, Av=0dB RL=2kΩ, CL=100pF
利得帯域幅積	GBW	-	0.5	-	MHz	VCC=30V, RL=2kΩ CL=100pF

*16 絶対値表記
*17 入力バイアス電流の方向は、初段が PNP トランジスタで構成されておりますので、IC から流れ出す方向です。

③ BA3404F

特徴：グランド・センス　SOP8

● 概要

BA3404 は 2 回路入りのグランドセンスオペアンプです。特に動作電圧範囲が+4V~+36V(単一電源)と広く、消費電流が少ないため様々な用途に使用可能です。また、BA2904 と比較し、スルーレートの高速化とクロスオーバー歪みを低減しています。

● 特長
- 単一電源動作可能
- 動作電源電圧範囲が広い
- 入力、出力ともに、ほぼ GND レベルより動作可能
- 消費電流が少ない
- 直流電圧利得が大きい
- 静電気保護回路内蔵

● アプリケーション
- 電流検出アンプ
- バッファアンプ
- アクティブフィルタ
- 民生機器

● パッケージ

	W(Typ.)xD(Typ.) xH(Max.)
SOP8	5.00mm x 6.20mm x 1.71mm
SOP-J8	4.90mm x 6.00mm x 1.65mm
MSOP8	2.90mm x 4.00mm x 0.90mm

● 重要特性
- 動作電源電圧範囲(単電源)：　+4.0V ~ +36.0V
- 　　　　　　　　　　(両電源)：　±2.0V ~ ±18.0V
- スルーレート：　1.2V/μs (Typ.)
- 温度範囲：　-40°C ~ +85°C
- 入力オフセット電流：　5nA (Typ.)
- 入力オフセット電圧：　5mV (Max.)

● ブロック図

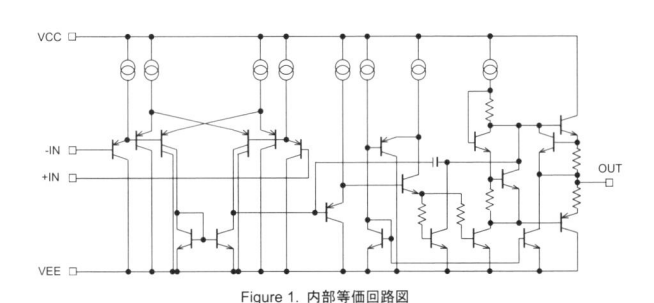

Figure 1. 内部等価回路図

● 端子配置図(TOP VIEW)

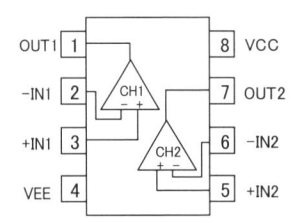

OUT1	1		8	VCC
-IN1	2	CH1	7	OUT2
+IN1	3	CH2	6	-IN2
VEE	4		5	+IN2

パッケージ		
SOP8	SOP-J8	MSOP8
BA3404F	BA3404FJ	BA3404FVM

● 発注形名情報

BA3404xxx-xx

品番：BA3404xxx

パッケージ：
- F ： SOP8
- FJ ： SOP-J8
- FVM ： MSOP8

包装、フォーミング仕様：
- E2: リール状エンボステーピング (SOP8/SOP-J8)
- TR: リール状エンボステーピング (MSOP8)

●ラインアップ

動作温度範囲	回路電流 (Typ.)	スルーレート (Typ.)	パッケージ		発注可能形名
-40℃~+85℃	2.0mA	1.2V/μs	SOP8	Reel of 2500	BA3404F-E2
			SOP-J8	Reel of 2500	BA3404FJ-E2
			MSOP8	Reel of 3000	BA3404FVM-TR

●絶対最大定格(Ta=25℃)

項目	記号		定格	単位
電源電圧	VCC-VEE		+36	V
許容損失	Pd	SOP8	780 [*1][*4]	mW
		SOP-J8	675 [*2][*4]	
		MSOP8	590 [*3][*4]	
差動入力電圧 [*5]	Vid		+36	V
同相入力電圧	Vicm		(VEE-0.3)~(VEE+36)	V
動作温度範囲	Topr		-40~+85	℃
保存温度範囲	Tstg		-55~+150	℃
最大接合温度	Tjmax		+150	℃

注) 絶対最大定格とは、端子にこの範囲の電圧を印加しても破壊しない限界を示す値であり、動作を保証するものではありません。
　　電源の逆接続は破壊の恐れがあるのでご注意ください。
[*1] Ta=25℃以上で使用する場合には1℃につき6.2mWを減じます。
[*2] Ta=25℃以上で使用する場合には1℃につき5.4mWを減じます。
[*3] Ta=25℃以上で使用する場合には1℃につき4.8mWを減じます。
[*4] 許容損失は70mm×70mm×1.6mmFR4 ガラスエポキシ基板(銅箔面積3%以下)実装時の値です。
[*5] 差動入力電圧は反転入力端子と非反転入力端子間の電位差を示します。その時各入力端子の電位はVEE以上の電位としてください

●電気的特性

○BA3404 (特に指定のない限り VCC=+15V, VEE=-15V, Ta=25℃)

項目	記号	規格値 最小	標準	最大	単位	条件
入力オフセット電圧 [*6]	Vio	-	2	5	mV	VOUT=0V, Vicm=0V
入力オフセット電流 [*6]	Iio	-	5	50	nA	VOUT=0V, Vicm=0V
入力バイアス電流 [*6]	Ib	-	70	200	nA	VOUT=0V, Vicm=0V
大振幅電圧利得	Av	88	100	-	dB	RL≧2kΩ, VOUT=±10V, Vicm=0V
最大出力電圧	VOM	±13	±14	-	V	RL≧2kΩ
同相入力電圧範囲	Vicm	-15	-	13	V	VOUT=0V
同相信号除去比	CMRR	70	90	-	dB	VOUT=0V, Vicm=-15V~+13V
電源電圧除去比	PSRR	80	94	-	dB	Ri≦10kΩ, VCC=+4V~+30V
回路電流	ICC	-	2.0	3.5	mA	RL=∞, All Op-Amps VIN+=0V
出力ソース電流	Isource	20	30	-	mA	VIN+=1V, VIN-=0V VOUT=+12V, 1CHのみ出力
出力シンク電流	Isink	10	20	-	mA	VIN+=0V, VIN-=1V VOUT=-12V, 1CHのみ出力
スルーレート	SR	-	1.2	-	V/μs	Av=0dB, RL=2kΩ, CL=100pF
単一利得周波数	fT	-	1.2	-	MHz	RL=2kΩ
利得帯域幅積	GBW	-	1.2	-	MHz	f=100kHz
全高調波歪率	THD+N	-	0.1	-	%	VOUT=10Vp-p, f=20kHz Av=0dB, RL=2kΩ
チャンネルセパレーション	CS	-	100	-	dB	f=1kHz, 入力換算

[*6] 絶対値表記

④ BA4558RF

特徴：ロー・ノイズ　SOP8

●概要

一般 BA4558、高信頼性 BA4558R は、各々独立した高利得のオペアンプ、2 回路を 1 チップに集積したモノリシック IC です。特に低雑音、低歪率特性から各種オーディオ用途に適しており、動作電源電圧範囲が広いためその他様々な用途にも使用可能です。BA4558R は温度範囲の拡張、静電気保護回路を内蔵した高信頼性製品です。

●特長
- 高利得、低雑音、低歪率
- 動作電源電圧範囲が広い
- 静電気保護回路内蔵
- 動作温度範囲が広い

●重要特性
- 動作電源電圧範囲が広い(両電源)：　±4.0V～±15V
- 温度範囲：　BA4558: -40℃～+85℃
- 　　　　　　BA4558R: -40℃～+105℃
- 高スルーレート：　　　　　　　1V/μs(Typ.)
- 全高調波歪率：　　　　　　　0.005%(Typ.)
- 入力換算雑音電圧：　　　12nV/√Hz (Typ.)

●パッケージ　　W(Typ.) x D(Typ.) x H(Max.)

MSOP8	2.90mm x 4.00mm x 0.90mm
SSOP-B8	3.00mm x 6.40mm x 1.35mm
SOP8	5.00mm x 6.20mm x 1.71mm
TSSOP-B8	3.00mm x 6.40mm x 1.20mm
SOP-J8	4.90mm x 6.00mm x 1.65mm

●セレクションガイド

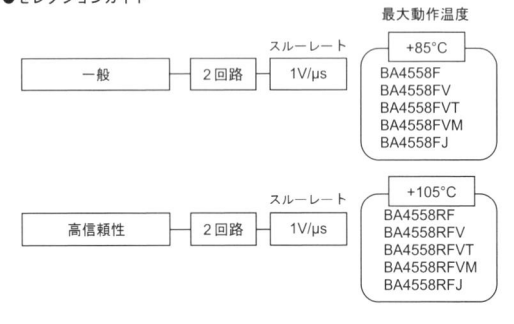

一般 → 2回路 → スルーレート 1V/μs → 最大動作温度 +85℃: BA4558F, BA4558FV, BA4558FVT, BA4558FVM, BA4558FJ

高信頼性 → 2回路 → スルーレート 1V/μs → +105℃: BA4558RF, BA4558RFV, BA4558RFVT, BA4558RFVM, BA4558RFJ

●ブロック図

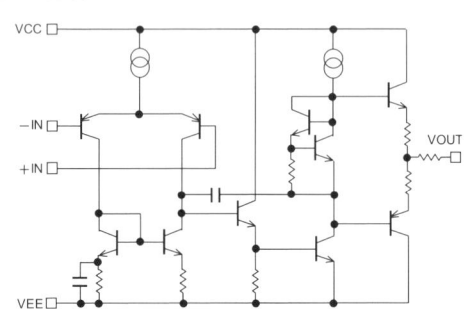

Fig. 1 内部等価回路図

●端子配置図(TOP VIEW)

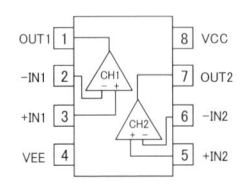

1	OUT1
2	-IN1
3	+IN1
4	VEE
5	+IN2
6	-IN2
7	OUT2
8	VCC

SOP8	SSOP-B8	TSSOP-B8	MSOP8	SOP-J8
BA4558F	BA4558FV	BA4558FVT	BA4558FVM	BA4558FJ
BA4558RF	BA4558RFV	BA4558RFVT	BA4558RFVM	BA4558RFJ

パッケージ				
SOP8	SSOP-B8	TSSOP-B8	MSOP8	SOP-J8
BA4558F	BA4558FV	BA4558FVT	BA4558FVM	BA4558FJ
BA4558RF	BA4558RFV	BA4558RFVT	BA4558RFVM	BA4558RFJ

●発注形名情報

BA4558xxxx-xx

品番
- BA4558xxx
- BA4558Rxxx

パッケージ
- F:　SOP8
- FV:　SSOP-B8
- FJ:　SOP-J8
- FVT: TSSOP-B8
- FVM: MSOP8

包装、フォーミング仕様
- E2: リール状エンボステーピング (SOP8/SSOP-B8/TSSOP-B8/SOP-J8)
- TR: リール状エンボステーピング (MSOP8)

●ラインアップ

動作温度範囲	動作電源電圧範囲(両電源)	回路電流(Typ.)	スルーレート(Typ.)	パッケージ		発注可能形名
-40℃～+85℃	±4.0V～±15.0V	3mA	1V/μs	SOP8	Reel of 2500	BA4558F-E2
				SSOP-B8	Reel of 2500	BA4558FV-E2
				TSSOP-B8	Reel of 3000	BA4558FVT-E2
				MSOP8	Reel of 3000	BA4558FVM-TR
				SOP-J8J	Reel of 2500	BA4558FJ-E2
-40℃～+105℃				SOP8	Reel of 2500	BA4558RF-E2
				SSOP-B8	Reel of 2500	BA4558RFV-E2
				TSSOP-B8	Reel of 3000	BA4558RFVT-E2
				MSOP8	Reel of 3000	BA4558RFVM-TR
				SOP-J8	Reel of 2500	BA4558RFJ-E2

●絶対最大定格(Ta=25℃)

○BA4558, BA4558R

項目	記号	定格 BA4558	定格 BA4558R	単位
電源電圧	VCC-VEE	+36	+36	V
許容損失 Pd SOP8		552 [*1][*5]	690 [*1][*5]	mW
SSOP-B8		500 [*2][*5]	625 [*2][*5]	mW
TSSOP-B8		500 [*2][*5]	625 [*2][*5]	mW
MSOP8		470 [*3][*5]	587 [*3][*5]	mW
SOP-J8		540 [*4][*5]	675 [*4][*5]	mW
差動入力電圧 [*6]	Vid	VCC - VEE	+36	V
同相入力電圧	Vicm	VEE~VCC	(VEE-0.3)~VEE+36	V
動作電源電圧範囲	Vopr	+8~+30 (±4~±15)		V
動作温度範囲	Topr	-40~+85	-40~+105	℃
保存温度範囲	Tstg	-55~+125	-55~+150	℃
最大接合温度	Tjmax	+125	+150	℃

注　絶対最大定格とは、端子にこの範囲の電圧を印加しても破壊しない限界を示す値であり、動作を保証するものではありません。
注　電源の逆接続は破壊の恐れがあるのでご注意ください。
*1　Ta=25℃以上で使用する場合には1℃につき5.52mWを減じます。
*2　Ta=25℃以上で使用する場合には1℃につき5mWを減じます。
*3　Ta=25℃以上で使用する場合には1℃につき4.7mWを減じます。
*4　Ta=25℃以上で使用する場合には1℃につき5.4mWを減じます。
*5　許容損失は70mm×70mm×1.6mm FR4 ガラスエポキシ基板(銅箔面積3%以下)実装時の値です。
*6　差動入力電圧は反転入力端子と非反転入力端子間の電位差を示します。その時各入力端子の電位はVEE以上の電位としてください。

●電気的特性

○BA4558R (特に指定のない限り VCC=+15V, VEE=-15V, 全温度範囲-40℃~+105℃)

項目	記号	温度範囲	最小	標準	最大	単位	条件
入力オフセット電圧 [*9]	Vio	25℃	-	0.5	6	mV	VOUT=0V
		全温度範囲	-	-	7		
入力オフセット電流 [*9]	Iio	25℃	-	5	200	nA	VOUT=0V
		全温度範囲	-	-	200		
入力バイアス電流 [*10]	Ib	25℃	-	60	500	nA	VOUT=0V
		全温度範囲	-	-	800		
回路電流	ICC	25℃	-	3	6	mA	RL=∞, All Op-Amps, VIN+=0V
		全温度範囲	-	-	6.5		
最大出力電圧	VOM	25℃	±10	±13	-	V	RL≧2kΩ
		全温度範囲	±10	-	-		
		25℃	±12	±14	-		RL≧10kΩ
大振幅電圧利得	AV	25℃	86	100	-	dB	RL≧2kΩ, VOUT=±10V, Vicm=0V
		全温度範囲	83	-	-		
同相入力電圧範囲	Vicm	25℃	±12	±14	-	V	-
		全温度範囲	±12	-	-		
同相信号除去比	CMRR	25℃	70	90	-	dB	Ri≦10kΩ
電源電圧除去比	PSRR	25℃	76.5	90	-	dB	Ri≦10kΩ
スルーレート	SR	25℃	-	1	-	V/μs	AV=0dB, RL=2kΩ, CL=100pF
最大周波数	ft	25℃	-	2	-	MHz	RL=2kΩ
全高調波歪率	THD+N	25℃	-	0.005	-	%	AV=20dB, RL=10kΩ, VIN=0.05Vrms, f=1kHz
入力換算雑音電圧	Vn	25℃	-	12	-	nV/√Hz	RS=100Ω, Vi=0V, f=1kHz
			-	1.8	-	μVrms	RS=100Ω, Vi=0V, DIN-AUDIO
チャンネルセパレーション	CS	25℃	-	105	-	dB	R1=100Ω, f=1kHz

*9　絶対値表記
*10　入力バイアス電流の方向は、初段がPNPトランジスタで構成されておりますので、ICから流れ出す方向です。

⑤ BA4560RF

特徴：ロー・ノイズ　SOP8

●概要
一般品 BA4560、高信頼性品 BA4560R/BA4564R/BA4564W は、各々独立した高利得、位相補償容量内蔵のオペアンプ、2 回路あるいは 4 回路を 1 チップに集積したモノリシック IC です。特に低雑音、低歪率特性から各種オーディオ用途に適しており、動作電源電圧範囲が広いため、様々な用途に使用可能です。BA4560R/BA4564R/BA4564W は温度範囲の拡張、静電気保護回路を内蔵した高信頼性製品です。

●特長
- 高利得、低雑音、低歪率
- 動作電源電圧範囲が広い
- 静電気保護回路内蔵
- 動作温度範囲が広い

●重要特性
- 動作電源電圧範囲が広い(両電源): ±4V~±15V
- 温度範囲:
  BA4560　　　　　　　　　　　-40°C~+85°C
  BA4560R/BA4564R/BA4564W　　-40°C~+105°C
- 高スルーレート:　　　　4V/μs(Typ.)
- 全高調波歪率:　　　　　0.003%(Typ.)
- 入力換算雑音電圧:　　　8nV/√Hz (Typ.)
- 低オフセット電圧:
  BA4564W　　　　　　　　2.5mV(max.)

●パッケージ
	W(Typ.) x D(Typ.) x H(Max.)
SOP8	5.00mm x 6.20mm x 1.71mm
MSOP8	2.90mm x 4.00mm x 0.90mm
SSOP-B8	3.00mm x 6.40mm x 1.35mm
TSSOP-B8	3.00mm x 6.40mm x 1.00mm
SOP-J8	4.90mm x 6.00mm x 1.65mm
SSOP-B14	5.00mm x 6.40mm x 1.35mm

●セレクションガイド

一般 → 2回路 → スルーレート 4V/μs

最大動作温度 +85°C:
BA4560F
BA4560FJ
BA4560FV
BA4560FVT
BA4560FVM

高信頼性 → 2回路 → スルーレート 4V/μs
　　　　→ 4回路 → 4V/μs

最大動作温度 +105°C:
BA4560RF
BA4560RFJ
BA4560RFV
BA4560RFVT
BA4560RFVM
BA4564RFV
BA4564WFV

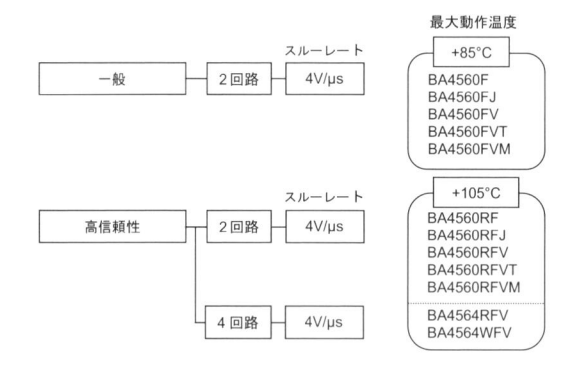

●ブロック図

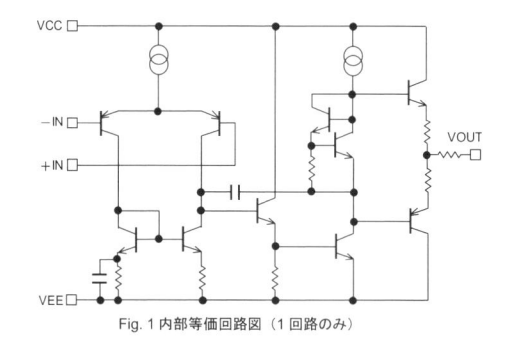

Fig. 1 内部等価回路図（1 回路のみ）

●端子配置図(TOP VIEW)

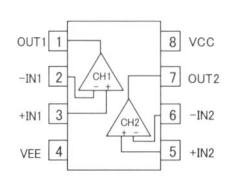

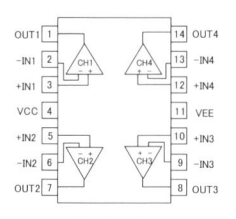

SOP8 / SOP-J8 / SSOP-B8 / TSSOP-B8 / MSOP8:
1: OUT1, 2: -IN1, 3: +IN1, 4: VEE, 5: +IN2, 6: -IN2, 7: OUT2, 8: VCC

SSOP-B14:
1: OUT1, 2: -IN1, 3: +IN1, 4: VCC, 5: +IN2, 6: -IN2, 7: OUT2, 8: OUT3, 9: -IN3, 10: +IN3, 11: VEE, 12: +IN4, 13: -IN4, 14: OUT4

パッケージ					
SOP8	SSOP-J8	SSOP-B8	TSSOP-B8	MSOP8	SSOP-B14
BA4560F BA4560RF	BA4560FJ BA4560RFJ	BA4560FV BA4560RFV	BA4560FVT BA4560RFVT	BA4560FVM BA4560RFVM	BA4564RFV BA4564WFV

● 発注形名情報

```
BA456xxxxxxx-xx
```

品番	パッケージ	包装、フォーミング仕様
BA4560xxx BA4560Rxxx BA4564RFV BA4560WFV	F : SOP8 FJ : SOP-J8 FV : SSOP-B8 : SSOP-B14 FVM : MSOP8 FVT : TSSOP-B8	E2: リール状エンボステーピング (SOP8 /SSOPB-8/TSSOP-B8/SOP-J8 SSOP-B14) TR: リール状エンボステーピング (MSOP8)

● ラインアップ

動作温度範囲	動作電源電圧範囲 (両電源)	回路電流 (Typ.)	オフセット電圧 (max.)	パッケージ		発注可能形名
-40°C ~ +85°C	±4.0V ~ ±15.0V	4mA	6mV	SOP8	Reel of 2500	BA4560F-E2
				SOP-J8	Reel of 2500	BA4560FJ-E2
				SSOP-B8	Reel of 2500	BA4560FV-E2
				TSSOP-B8	Reel of 2500	BA4560FVT-E2
				MSOP8	Reel of 3000	BA4560FVM-TR
-40°C ~ +105°C		3mA		SOP8	Reel of 2500	BA4560RF-E2
				SOP-J8	Reel of 2500	BA4560RFJ-E2
				SSOP-B8	Reel of 2500	BA4560RFV-E2
				TSSOP-B8	Reel of 3000	BA4560RFVT-E2
				MSOP8	Reel of 2500	BA4560RFVM-TR
		6mA		SSOP-B14	Reel of 2500	BA4564RFV-E2
			2.5mV	SSOP-B14	Reel of 2500	BA4564WFV-E2

●絶対最大定格(Ta=25°C)

○BA4560, BA4560R, BA4564R, BA4564W

項目	記号		定格				単位
			BA4560	BA4560R	BA4564R	BA4564W	
電源電圧	VCC-VEE		+36				V
許容損失	Pd	SOP8	552[*1*6]	690[*1*6]	-	-	mW
		SOP-J8	540[*2*6]	675[*2*6]	-	-	
		SSOP-B8	500[*3*6]	625[*3*6]	-	-	
		TSSOP-B8	500[*3*6]	625[*3*6]	-	-	
		MSOP8	470[*4*6]	587[*4*6]	-	-	
		SSOP-B14	-	-	875[*5*6]	875[*5*6]	
差動入力電圧[*7]	Vid		VCC - VEE		+36		V
同相入力電圧	Vicm		VEE~VCC		(VEE-0.3)~VEE+36		V
動作電源電圧範囲	Vopr		+8~+30 (±4~±15)				V
動作温度範囲	Topr		-40~+85		-40~+105		°C
保存温度範囲	Tstg		-55~+125		-55~+150		°C
最大接合温度	Tjmax		+125		+150		°C

注　絶対最大定格とは、端子にこの範囲の電圧を印加しても破壊しない限界を示す値であり、動作を保証するものではありません。
注　電源の逆接続は破壊の恐れがあるのでご注意ください。
*1　Ta=25°C以上で使用する場合には1°Cにつき5.52mWを減じます。
*2　Ta=25°C以上で使用する場合には1°Cにつき5.4mWを減じます。
*3　Ta=25°C以上で使用する場合には1°Cにつき5mWを減じます。
*4　Ta=25°C以上で使用する場合には1°Cにつき4.7mWを減じます。
*5　Ta=25°C以上で使用する場合には1°Cにつき7mWを減じます。
*6　許容損失は70mm×70mm×1.6mm FR4ガラスエポキシ基板(銅箔面積3%以下)実装時の値です。
*7　差動入力電圧は反転入力端子と非反転入力端子間の電位差を示します。その際各入力端子の電位はVEE以上の電位としてください。

● 電気的特性

○BA4560R (特に指定のない限り VCC=+15V, VEE=-15V, 全温度範囲-40℃~+105℃)

項目	記号	温度範囲	規格値 最小	規格値 標準	規格値 最大	単位	条件
入力オフセット電圧[*10]	Vio	25℃	-	0.5	6	mV	VOUT=0V
		全温度範囲	-	-	7		
入力オフセット電流[*10]	Iio	25℃	-	5	200	nA	VOUT=0V
		全温度範囲	-	-	200		
入力バイアス電流[*11]	Ib	25℃	-	50	500	nA	VOUT=0V
		全温度範囲	-	-	800		
回路電流	ICC	25℃	-	3	7	mA	RL=∞, All Op-Amps VIN+=0V
		全温度範囲	-	-	7.5		
最大出力電圧	VOM	25℃	±12	±14	-	V	RL≧2kΩ Io=25mA
		全温度範囲	±10	±11.5	-		
大振幅電圧利得	AV	25℃	86	100	-	dB	RL≧2kΩ, VO=±10V Vicm=0V
		全温度範囲	83	-	-		
同相入力電圧範囲	Vicm	25℃	±12	±14	-	V	VOUT=±12V
		全温度範囲	±12	-	-		
同相信号除去比	CMRR	25℃	70	90	-	dB	VOUT=±12V
電源電圧除去比	PSRR	25℃	76.5	90	-	dB	Ri≦10kΩ
チャンネルセパレーション	CS	25℃	-	105	-	dB	R1=100Ω,f=1kHz
スルーレート	SR	25℃	-	4	-	V/μs	AV=0dB, RL=10kΩ CL=100pF
最大周波数	ft	25℃	-	4	-	MHz	RL=2kΩ
全高調波歪率	THD+N	25℃	-	0.003	-	%	AV=20dB, RL=10kΩ VIN=0.05Vrms, f=1kHz
入力換算雑音電圧	Vn	25℃	-	8	-	nV/√Hz	RS=100Ω, Vi=0V f=1kHz
			-	1.0	-	μVrms	DIN-AUDIO

[*10] 絶対値表記
[*11] 入力バイアス電流の方向は、初段がPNPトランジスタで構成されておりますので、ICから流れ出す方向です。

⑥ BA4580RF

特徴：ロー・ノイズ　SOP8

●概要

BA4580R/ BA4584/BA4584Rは、各々独立した高利得のオペアンプであり、2回路あるいは4回路を1チップに集積したモノリシックICです。特に低雑音、低歪率特性に優れることから、各種オーディオ用途に適しています。動作電源電圧範囲が広いため、その他様々な用途に使用可能です。また静電気保護回路を内蔵した高信頼性製品となっています。

●重要特性

- 動作電源電圧範囲(両電源)：
  - BA4580R, BA4584　　　　　±2V~±16V
  - BA4584R　　　　　　　　　±2V~±9.5V
- 高スルーレート：　　　　　5V/μs(Typ.)
- 全高調波歪率：　　　　　　0.0005%(Typ.)
- 入力換算雑音電圧：　　　　5nV/√Hz (Typ.)
- 動作温度範囲：
  - BA4584　　　　　　　　　-40℃~+85℃
  - BA4580R/BA4584R　　　　-40℃~+105℃

●特長

- 高電圧利得
- 低入力換算雑音電圧
- 低歪率
- 動作電源電圧範囲が広い
- 静電気保護回路内蔵
- 動作温度範囲が広い

●パッケージ

W(Typ.)xD(Typ.) xH(Max.)

SOP8	5.00mm x 6.20mm x 1.71mm
SOP-J8	4.90mm x 6.00mm x 1.65mm
TSSOP-B8	3.00mm x 6.40mm x 1.20mm
MSOP8	2.90mm x 4.00mm x 0.90mm
SOP14	8.70mm x 6.20mm x 1.71mm
SSOP-B14	5.00mm x 6.40mm x 1.35mm

●アプリケーション

- オーディオ機器
- 民生機器

●ブロック図

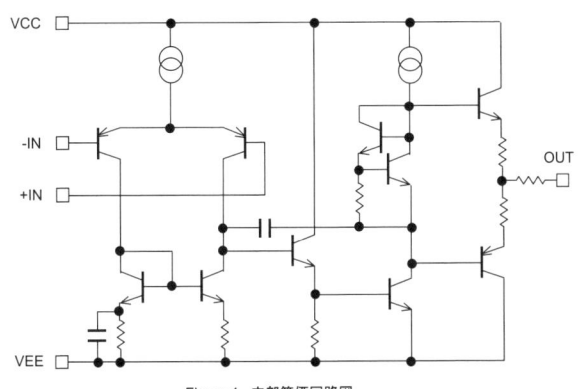

Figure 1. 内部等価回路図

●端子配置図(TOP VIEW)

SOP8, SOP-J8, TSSOP-B8, MSOP8

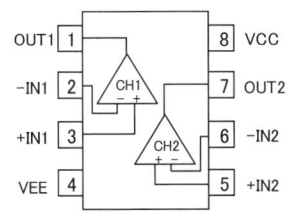

OUT1	1	8	VCC
-IN1	2	7	OUT2
+IN1	3	6	-IN2
VEE	4	5	+IN2

SOP14, SSOP-B14

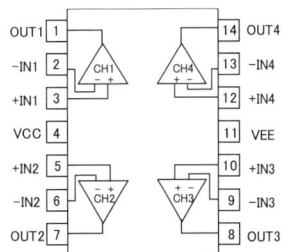

OUT1	1	14	OUT4
-IN1	2	13	-IN4
+IN1	3	12	+IN4
VCC	4	11	VEE
+IN2	5	10	+IN3
-IN2	6	9	-IN3
OUT2	7	8	OUT3

パッケージ					
SOP8	SOP-J8	TSSOP-B8	MSOP8	SOP14	SSOP-B14
BA4580RF	BA4580RFJ	BA4580RFVT	BA4580RFVM	BA4584RF	BA4584FV BA4584RFV

●発注形名情報

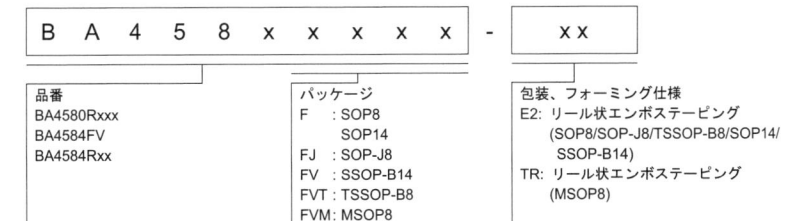

BA458xxxxx-xx

品番
- BA4580Rxxx
- BA4584FV
- BA4584Rxx

パッケージ
- F ： SOP8
  - SOP14
- FJ ： SOP-J8
- FV ： SSOP-B14
- FVT： TSSOP-B8
- FVM： MSOP8

包装、フォーミング仕様
- E2： リール状エンボステーピング (SOP8/SOP-J8/TSSOP-B8/SOP14/SSOP-B14)
- TR： リール状エンボステーピング (MSOP8)

●ラインアップ

動作温度範囲	動作電源電圧範囲 (両電源)	回路電流 (Typ.)	スルーレート (Typ.)	パッケージ		発注可能形名
-40℃~+85℃	±2.0V~±16.0V	12mA	5V/μs	SSOP-B14	Reel of 2500	BA4584FV-E2
-40℃~+105℃		6mA		SOP8	Reel of 2500	BA4580RF-E2
				SOP-J8	Reel of 2500	BA4580RFJ-E2
				TSSOP-B8	Reel of 3000	BA4580RFVT-E2
				MSOP8	Reel of 3000	BA4580RFVM-TR
	±2.0V~±9.5V	11mA		SOP14	Reel of 2500	BA4584RF-E2
				SSOP-B14	Reel of 2500	BA4584RFV-E2

●絶対最大定格(Ta=25℃)

項目	記号		定格			単位
			BA4580R	BA4584	BA4584R	
電源電圧	VCC-VEE		+36			V
許容損失	Pd	SOP8	780[*1,*7]	-	-	mW
		SOP-J8	675[*2,*7]	-	-	
		TSSOP-B8	625[*3,*7]	-	-	
		MSOP8	590[*4,*7]	-	-	
		SOP14	-	610[*5,*7]		
		SSOP-B14	-		870[*6,*7]	
差動入力電圧[*8]	Vid		+36			V
同相入力電圧	Vicm		VEE~VEE+36			V
動作電源電圧範囲	Vopr		+4~+32 (±2~±16)		+4~+19 (±2~±9.5)	V
出力電流	Iout		±50			mA
動作温度範囲	Topr		-40~+105	-40~+85	-40~+105	℃
保存温度範囲	Tstg		-55~+150			℃
最大接合温度	Tjmax		+150			℃

(注) 絶対最大定格とは、端子にこの範囲の電圧を印加しても破壊しない限界を示す値であり、動作を保証するものではありません。
(注) 電源の逆接続は破壊の恐れがあるのでご注意ください。
*1 Ta=25℃以上で使用する場合には 1℃につき 6.2mW を減じます。
*2 Ta=25℃以上で使用する場合には 1℃につき 5.4mW を減じます。
*3 Ta=25℃以上で使用する場合には 1℃につき 5.0 mW を減じます。
*4 Ta=25℃以上で使用する場合には 1℃につき 4.8mW を減じます。
*5 Ta=25℃以上で使用する場合には 1℃につき 4.9mW を減じます。
*6 Ta=25℃以上で使用する場合には 1℃につき 7.0mW を減じます。
*7 許容損失は 70mm×70mm×1.6mmFR4 ガラスエポキシ基板(銅箔面積 3%以下)実装時の値です。
*8 差動入力電圧は反転入力端子と非反転入力端子間の電位差を示します。その時各入力端子の電位は VEE 以上の電位としてください。

●電気的特性

○BA4580R (特に指定のない限り VCC=+15V, VEE=-15V, Ta=25℃)

項目	記号	規格値			単位	条件
		最小	標準	最大		
入力オフセット電圧[*9]	Vio	-	0.3	3	mV	RS≦10kΩ
入力オフセット電流[*9]	Iio	-	5	200	nA	-
入力バイアス電流[*10]	Ib	-	100	500	nA	-
大振幅電圧利得	Av	90	110	-	dB	RL≧10kΩ, OUT=±10 V
最大出力電圧	VOM	±12	±13.5	-	V	RL≧2kΩ
同相入力電圧範囲	Vicm	±12	±13.5	-	V	
同相信号除去比	CMRR	80	110	-	dB	RS≦10kΩ
電源電圧除去比	PSRR	80	110	-	dB	RS≦10kΩ
回路電流	ICC	-	6	9	mA	RL=∞, All Op-Amps, VIN+=0V
スルーレート	SR	-	5	-	V/μs	RL≧2kΩ
利得帯域幅積	GBW		10		MHz	f=10kHz
単一利得周波数	f_T	-	5	-	MHz	RL=2kΩ
全高調波歪率+雑音	THD+N		0.0005		%	Av=20dB, OUT=5Vrms RL=2kΩ f=1kHz, 20Hz~20kHz BPF
入力換算雑音電圧	Vn	-	5	-	nV/√Hz	RS=100Ω, Vi=0V, f=1kHz
			0.8		μVrms	RIAA, RS=2.2 kΩ, 30kHz LPF
チャンネルセパレーション	CS	-	110	-	dB	R1=100Ω, f=1kHz

*9 絶対値表記
*10 入力バイアス電流の方向は、初段が PNP トランジスタで構成されておりますので、IC から流れ出す方向です。

⑦ BA8522RF

特徴：ロー・ノイズ，低オフセット　　SOP8

●概要

BA8522Rxxx は高電圧利得、広帯域のローノイズオペアンプです。特に、入力換算雑音電圧（9nV/√Hz）や全高調波歪率（0.002%）に優れていることから、オーディオ機器、アクティブフィルタなどの用途に最適なオペアンプです。

●特長

- 高電圧利得
- 低入力換算雑音電圧
- 全高調波歪率
- 低入力オフセット電圧
- 動作電源電圧範囲が広い
- 動作温度範囲が広い

●アプリケーション

- オーディオ機器
- 民生機器
- アクティブフィルタ

●重要特性

- 動作電源電圧範囲(両電源)： ±2V ～ ±16V
- 動作温度範囲： -40℃ ～ +105℃
- 入力オフセット電圧： ±1.5mV(Max)
- スルーレート： 3V/μs(Typ)
- 全高調波歪率： 0.002% (Typ)
- 入力換算雑音電圧： 9nV/√Hz (Typ)

●パッケージ

	W(Typ) x D(Typ) x H(Max)
SOP8	5.00mm x 6.20mm x 1.71mm
SSOP-B8	3.00mm x 6.40mm x 1.35mm
MSOP8	2.90mm x 4.00mm x 0.90mm

●内部等価回路図

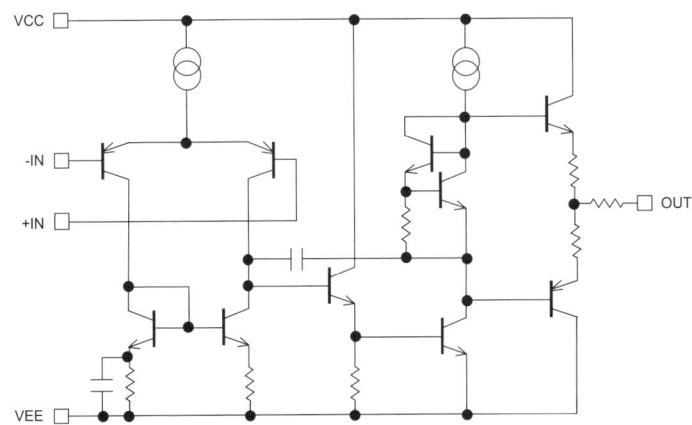

Figure 1. 内部等価回路図 （1チャンネルのみ）

●端子配置図

BA8522RF ： SOP8
BA8522RFV ： SSOP-B8
BA8522RFVM ： MSOP8

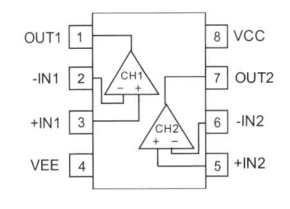

パッケージ		
SOP8	SSOP-B8	MSOP8
BA8522RF	BA8522RFV	BA8522RFVM

●発注形名情報

BA8522Rxxx-xx

- 品番：BA8522Rxxx
- パッケージ：
  - F： SOP8
  - FV： SSOP-B8
  - FVM： MSOP8
- 包装、フォーミング仕様：
  - E2： リール状エンボステーピング (SOP8/SSOP-B8)
  - TR： リール状エンボステーピング (MSOP8)

●ラインアップ

動作温度範囲	動作電源電圧範囲(両電源)	回路電流(Typ)	スルーレート(Typ)	パッケージ		発注可能形名
-40℃ ～ +105℃	±2.0V ～ ±16.0V	5.5mA	3V/μs	SOP8	Reel of 2500	BA8522RF-E2
				SSOP-B8	Reel of 2500	BA8522RFV-E2
				MSOP8	Reel of 3000	BA8522RFVM-TR

●絶対最大定格(T_A=25℃)

項目	記号		定格	単位
電源電圧	VCC-VEE		+36	V
許容損失	P_D	SOP8	0.69 [Note 1,4]	W
		SSOP-B8	0.62 [Note 2,4]	
		MSOP8	0.59 [Note 3,4]	
差動入力電圧 [Note 5]	V_{ID}		+36	V
同相入力電圧	V_{ICM}		(VEE-0.3) ~ VEE+36	V
入力電流 [Note 6]	I_I		-10	mA
動作電源電圧範囲	V_{opr}		±2 ~ ±16 (+4 ~ +32)	V
出力電流	I_{OUT}		±50	mA
動作温度範囲	T_{opr}		-40 ~ +105	℃
保存温度範囲	T_{stg}		-55 ~ +150	℃
最大接合部温度	T_{Jmax}		+150	℃

(Note 1) T_A=25℃以上で使用する場合には1℃につき5.5mWを減じます。
(Note 2) T_A=25℃以上で使用する場合には1℃につき5.0mWを減じます。
(Note 3) T_A=25℃以上で使用する場合には1℃につき4.7mWを減じます。
(Note 4) 許容損失は70mm×70mm×1.6mm FR4 ガラスエポキシ基板(銅箔面積3%以下)実装時の値です。
(Note 5) 差動入力電圧は反転入力端子と非反転入力端子間の電位差を示します。その時各入力端子の電位はVEE以上の電位としてください。
(Note 6) 入力端子に約VEE-0.6Vの電圧が印加された場合過剰な電流が流れる可能性があります。その場合は制限抵抗により入力電流が定格以下となるようにしてください。

注意: 印加電圧及び動作温度範囲などの絶対最大定格を超えた場合は、劣化または破壊に至る可能性があります。また、ショートモードもしくはオープンモードなど、破壊状態を想定できません。絶対最大定格を超えるような特殊モードが想定される場合、ヒューズなど物理的な安全対策を施して頂けるようご検討お願いします。

●電気的特性

○ BA8522Rxxx (特に指定のない限り VCC=+15V, VEE=-15V, T_A=25℃)

項目	記号	規格値 最小	規格値 標準	規格値 最大	単位	条件
入力オフセット電圧 [Note 7]	V_{IO}	-	0.1	1.5	mV	-
入力オフセット電圧ドリフト [Note 7]	$V_{IO}/\Delta T$		2	-	μV/℃	-
入力オフセット電流 [Note 7]	I_{IO}		5	200	nA	-
入力バイアス電流 [Note 8]	I_B	-	50	500	nA	-
回路電流	I_{CC}	-	5.5	9	mA	R_L=∞, All Op-Amps, +IN=0V
最大出力電圧	V_{OM}	±12	±13.5	-	V	R_L≧10kΩ
		±10.5	±11	-	V	R_L≧2kΩ
大振幅電圧利得	A_V	86	110	-	dB	R_L≧10kΩ, OUT=±10V
同相入力電圧範囲	V_{ICM}	±12	±14		V	-
同相信号除去比	CMRR	70	90		dB	-
電源電圧除去比	PSRR	76.5	90		dB	-
チャンネルセパレーション	CS	-	105	-	dB	A_V=40dB, f=1kHz OUT=1Vrms
スルーレート	SR	-	3	-	V/μs	R_L=2kΩ, C_L=100pF
利得帯域幅積	GBW		6		MHz	f=500kHz
入力換算雑音電圧	V_N	-	1.2	-	μVrms	A_V=40dB, R_S=100Ω DIN-AUDIO
		-	9	-	nV/√Hz	A_V=40dB, R_S=100Ω, f=1kHz
全高調波歪率+雑音	THD+N	-	0.002	-	%	A_V=20dB, OUT=5Vrms f=1kHz, 80kHz-LPF
チャンネルセパレーション	CS	-	100	-	dB	OUT=0.5Vrms, f=1kHz A_V=40dB, 入力換算

(Note 7) 絶対値表記
(Note 8) 入力バイアス電流の方向は、初段がPNPトランジスタで構成されておりますので、ICから流れ出す方向です。

⑧ BA2115F

特徴：ロー・ノイズ低飽和出力　SOP8

●概要

BA2107/BA2115 は、1 回路/2 回路の高利得、高スルーレートオペアンプです。特に入力換算雑音電圧（7 nV/√Hz）、低歪率特性(0.008%)に優れており、オーディオ用に適しています。

●パッケージ

	W(Typ.) x D(Typ.) x H(Max.)
SSOP5	2.90mm x 2.80mm x 1.25mm
SOP8	5.00mm x 6.20mm x 1.71mm
SOP-J8	4.90mm x 6.00mm x 1.65mm
MSOP8	2.90mm x 4.00mm x 0.90mm

●特長

- 高電圧利得
- 低入力換算雑音電圧
- 低歪率
- 動作電源電圧範囲が広い
- 静電気保護回路内蔵

●重要特性

- 動作電源電圧範囲(両電源): ±1.0V～±7.0V
- 動作温度範囲: -40°C～+85°C
- 高スルーレート: 4 V/μs(Typ.)
- 全高調波歪率: 0.008%(Typ.)
- 入力換算雑音電圧: 7 nV/√Hz (Typ.)

●アプリケーション

- オーディオ機器
- ポータブルアプリケーション
- 民生機器

●ブロック図

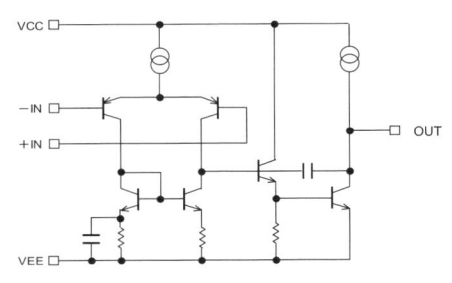

Figure 1. 内部等価回路図

●端子配置図(TOP VIEW)

SSOP5

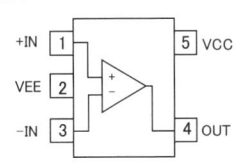

- 1: +IN
- 2: VEE
- 3: -IN
- 4: OUT
- 5: VCC

SOP8, SOP-J8, MSOP8

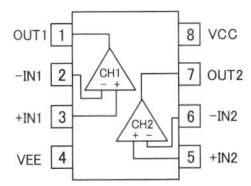

- 1: OUT1
- 2: -IN1
- 3: +IN1
- 4: VEE
- 5: +IN2
- 6: -IN2
- 7: OUT2
- 8: VCC

パッケージ			
SSOP5	SOP8	SOP-J8	MSOP8
BA2107G	BA2115F	BA2115FJ	BA2115FVM

●発注形名情報

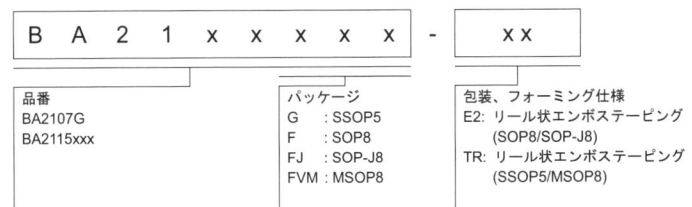

BA21xxxxx-xx

品番
- BA2107G
- BA2115xxx

パッケージ
- G : SSOP5
- F : SOP8
- FJ : SOP-J8
- FVM : MSOP8

包装、フォーミング仕様
- E2: リール状エンボステーピング (SOP8/SOP-J8)
- TR: リール状エンボステーピング (SSOP5/MSOP8)

● ラインアップ

動作温度範囲	動作電源電圧範囲(両電源)	回路電流(Typ.)	スルーレート(Typ.)	パッケージ		発注可能形名
-40℃~+85℃	±1.0V~±7.0V	3.5mA	4V/μs	SSOP5	Reel of 3000	BA2107G-TR
				SOP8	Reel of 2500	BA2115F-E2
				SOP-J8	Reel of 2500	BA2115FJ-E2
				MSOP8	Reel of 3000	BA2115FVM-TR

● 絶対最大定格(Ta=25℃)

○ BA2107, BA2115

項目	記号		定格	単位
電源電圧	VCC-VEE		+14	V
許容損失	Pd	SSOP5	675[*1*4]	mW
		SOP8	780[*2*4]	
		SOP-J8	675[*1*4]	
		MSOP8	590[*3*4]	
差動入力電圧[*5]	Vid		+14	V
同相入力電圧	Vicm		(VEE-0.3)~VEE+14	V
動作電源電圧範囲	Vopr		+2~+14(±1~±7)	V
動作温度範囲	Topr		-40~+85	℃
保存温度範囲	Tstg		-55~+150	℃
最大接合温度	Tjmax		+150	℃

(注) 絶対最大定格とは、端子にこの範囲の電圧を印加しても破壊しない限界を示す値であり、動作を保証するものではありません。
電源の逆接続は破壊の恐れがあるのでご注意ください。

*1 Ta=25℃以上で使用する場合には 1℃につき 5.4mW を減じます。
*2 Ta=25℃以上で使用する場合には 1℃につき 6.2mW を減じます。
*3 Ta=25℃以上で使用する場合には 1℃につき 4.8mW を減じます。
*4 許容損失は 70mm×70mm×1.6mmFR4 ガラスエポキシ基板(銅箔面積 3%以下)実装時の値です。
*5 差動入力電圧は反転入力端子と非反転入力端子間の電位差を示します。その時各入力端子の電位は VEE 以上の電位としてください。

● 電気的特性

○ BA2115 (特に指定のない限り VCC=+2.5V, VEE=-2.5V, Ta=25℃)

項目	記号	規格値 最小	規格値 標準	規格値 最大	単位	条件
入力オフセット電圧[*8]	Vio	-	1	6	mV	VOUT=0V, Vicm=0V
入力オフセット電流[*8]	Iio	-	2	200	nA	VOUT=0V, Vicm=0V
入力バイアス電流[*9]	Ib	-	150	400	nA	VOUT=0V, Vicm=0V
回路電流	ICC	-	3.5	5	mA	Av=0dB, RL=∞, All Op-Amps VIN+=0V
最大出力電圧(High)	VOH	4.5	4.8	-	V	RL≧2.5kΩ, VOH_min=VCC-0.5V
		-	11.6	-		RL≧10kΩ, VCC=12V, VEE=0V VRL=6V, VOH=VCC-0.4V
		-	15.5	-		RL≧10kΩ, VCC=16V, VEE=0V VRL=8V, VOH=VCC-0.5V
最大出力電圧(Low)	VOL	0.5	0.2	-	V	RL≧2.5kΩ, VOL_min=VEE+0.5V
		-	0.4	-		RL≧10kΩ, VCC=12V, VEE=0V VRL=6V, VOL=VEE+0.4V
		-	0.5	-		RL≧10kΩ, VCC=16V, VEE=0V VRL=8V, VOL=VEE+0.5V
出力ソース電流	Isource	-	1.4	-	mA	-
出力シンク電流	Isink	-	90	-	mA	-
大振幅電圧利得	Av	60	80	-	dB	RL≧10kΩ, VOUT=±2V Vicm=0V
同相入力電圧範囲	Vicm	±1.5	-	-	V	
同相信号除去比	CMRR	60	74	-	dB	Vicm=-1.5V~+1.5V
電源電圧除去比	PSRR	60	80	-	dB	VCC=2V~14V
スルーレート	SR	-	4	-	V/μs	Av=0dB, VIN=±1V
利得帯域幅積	GBW	-	12	-	MHz	f=10kHz
単一利得周波数	fT	-	3.4	-	MHz	0dB cross frequency
入力換算雑音電圧	Vn	-	7	-	nV/√Hz	Rg=600Ω, DIN-AUDIO
		-	0.9	-	μVrms	Rg=600Ω, DIN-AUDIO
全高調波歪率	THD+N	-	0.008	-	%	Av=20dB, f=1kHz, DIN-AUDIO
チャンネルセパレーション	CS	-	100	-	dB	Av=40dB

*8 絶対値表記
*9 入力バイアス電流の方向は、初段が PNP トランジスタで構成されておりますので、IC から流れ出す方向です。

⑨ BA15218F

特徴：ロー・ノイズ　SOP8

●概要

BA15218F は、高電圧利得のローノイズオペアンプです。特に入力換算雑音電圧(1.0μVrms)、全高調波歪率(0.0015%)、動作電源電圧範囲(±2.0V ～ ±16.0V)に優れており、オーディオ機器などに最適なオペアンプです。

●重要特性

- 動作電源電圧範囲(両電源): ±2.0V ～ ±16.0V
- スルーレート: 3V/μs(Typ)
- 入力換算雑音電圧: 1.0μVrms(Typ)
- 全高調波歪率: 0.0015%(Typ)
- 動作温度範囲: -40℃ ～ +85℃

●特長

- 高電圧利得
- 低入力換算雑音電圧
- 低全高調波歪率
- 動作電源電圧範囲が広い

●パッケージ

W(Typ) x D(Typ) x H(Max)
SOP8　5.00mm x 6.20mm x 1.71mm

●アプリケーション

- オーディオ機器
- 民生機器
- アクティブフィルタ

●内部等価回路図

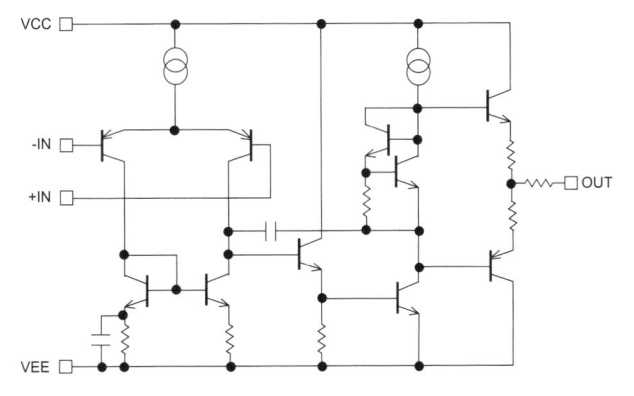

Figure 1. 内部等価回路図(1 チャンネルのみ)

●端子配置図

BA15218F : SOP8

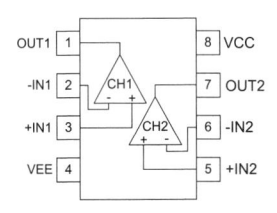

OUT1	1		8	VCC
-IN1	2	CH1	7	OUT2
+IN1	3	CH2	6	-IN2
VEE	4		5	+IN2

パッケージ
SOP8
BA15218F

●発注形名情報

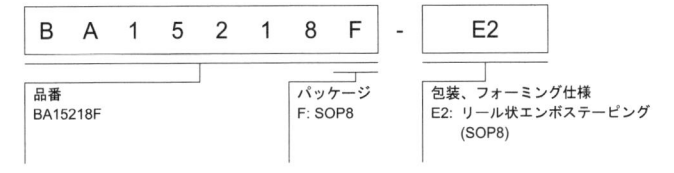

BA15218F - E2

品番
BA15218F

パッケージ
F: SOP8

包装、フォーミング仕様
E2: リール状エンボステーピング
　　(SOP8)

●ラインアップ

動作温度範囲	動作電源電圧範囲 (両電源)	回路電流 (Typ)	スルーレート (Typ)	パッケージ	発注可能形名
-40℃ ~ +85℃	±2.0V ~ ±16.0V	5mA	3V/μs	SOP8 Reel of 2500	BA15218F-E2

●絶対最大定格 (T_A=25℃)

項目	記号	定格	単位
電源電圧	VCC-VEE	+36	V
許容損失	P_D	0.55 [Note 1,2]	W
差動入力電圧 [Note 3]	V_{ID}	VCC - VEE	V
同相入力電圧	V_{ICM}	VEE - VCC	V
入力電流	I_I	-10 [Note 4]	mA
動作電源電圧	V_{opr}	±2 ~ ±16 (+4 ~ +32)	V
動作温度範囲	T_{opr}	-40 ~ +85	℃
保存温度範囲	T_{stg}	-55 ~ +125	℃
負荷電流 [Note 5]	I_{OMAX}	±50	mA
最大接合温度	T_{Jmax}	+125	℃

(Note 1) T_A=25℃以上で使用する場合には 1℃につき 5.5mW を減じます。
(Note 2) 許容損失は 70mm×70mm×1.6mm FR4 ガラスエポキシ基板(銅箔面積 3%以下)実装時の値です。
(Note 3) 差動入力電圧は反転入力端子と非反転入力端子間の電位差を示します。その時各入力端子の電位は VEE 以上の電位としてください。
(Note 4) 入力端子に約 VEE-0.6V の電圧が印加された場合過剰な電流が流れる可能性があります。その場合は制限抵抗により入力電流が定格以下となるようにしてください。
(Note 5) 出力を VCC あるいは VEE へ短絡した場合の電流値です。ただし、許容損失を超えない範囲で使用してください。
(注) 絶対最大定格とは、端子にこの範囲の電圧を印加しても破壊しない限界を示す値であり、動作を保証するものではありません。
電源の逆接続は破壊の恐れがあるのでご注意ください。

●電気的特性

○BA15218F (特に指定のない限り VCC=+15V、VEE=-15V、T_A=25℃)

項目	記号	最小	標準	最大	単位	条件
入力オフセット電圧 [Note 6]	V_{IO}	-	0.5	5.0	mV	R_S≦10kΩ
入力オフセット電流 [Note 6]	I_{IO}	-	5	200	nA	-
入力バイアス電流 [Note 6,7]	I_B	-	50	500	nA	-
大振幅電圧利得	A_V	86	110	-	dB	R_L≧2kΩ, OUT=±10 V
同相入力電圧範囲	V_{ICM}	±12	±14	-	V	-
同相信号除去比	CMRR	70	90	-	dB	R_S≦10kΩ
電源電圧除去比	PSRR	76	90	-	dB	R_S≦10kΩ
回路電流	I_{CC}	-	5.0	8.0	mA	+IN=0, R_L=∞
最大出力電圧	V_{OM}	±12	±14	-	V	R_L≧10kΩ
		±10	±13	-	V	R_L≧2kΩ
スルーレート	SR	-	3.0	-	V/μs	A_V=0dB, R_L=2kΩ
利得帯域幅積	GBW	-	10	-	MHz	f=10kHz
入力換算雑音電圧	V_N	-	1.0	-	μVrms	A_V=40dB, R_S=1kΩ f=20Hz ~ 30kHz
		-	9.5	-	nV/√Hz	A_V=40dB, R_S=100Ω f=1kHz, V_{ICM}=0V
全高調波歪率+雑音	THD+N	-	0.0015	-	%	A_V=20dB R_L=2kΩ, 80kHz-LPF
チャンネルセパレーション	CS	-	120	-	dB	f=1kHz, OUT=0.5Vrms

(Note 6) 絶対値表記
(Note 7) 入力バイアス電流の方向は、初段が PNP トランジスタで構成されておりますので、IC から流れ出す方向です。

⑩ BA15532F

特徴：ロー・ノイズ　　SOP8

●概要

BA15532Fは、高電圧利得のローノイズオペアンプです。特に入力換算雑音電圧(0.7μVrms)、全高調波歪率(0.0015%)、動作電源電圧範囲(±3.0V ~ ±20.0V)に優れており、オーディオ機器に最適なオペアンプです。

●特長

- 高電圧利得
- 低入力換算雑音電圧
- 低全高調波歪率
- 動作電源電圧範囲が広い

●アプリケーション

- オーディオ機器
- 民生機器
- アクティブフィルタ

●重要特性

- 動作電源電圧範囲(両電源): ±3.0V~±20.0V
- スルーレート: 8V/μs(Typ)
- 入力換算雑音電圧: 0.7μVrms(Typ)
- 全高調波歪率: 0.0015%(Typ)
- 動作温度範囲: -20℃~+75℃

●パッケージ

	W(Typ) xD(Typ) xH(Max)
SOP8	5.00mm x 6.20mm x 1.71mm

●内部等価回路図

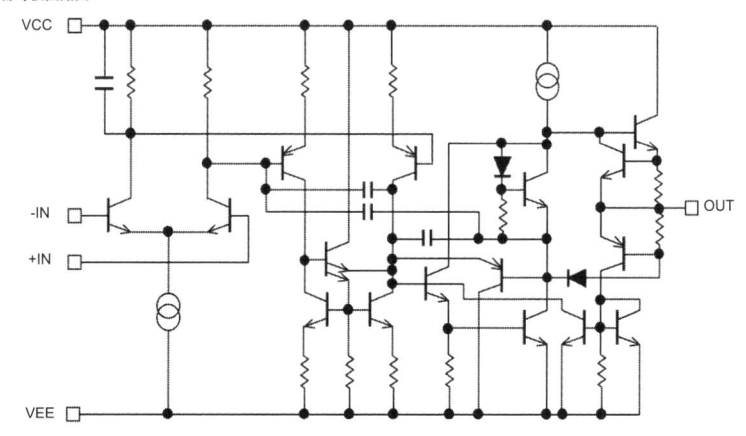

Figure 1. 内部等価回路図 (1回路のみ)

●端子配置図

BA15532F : SOP8

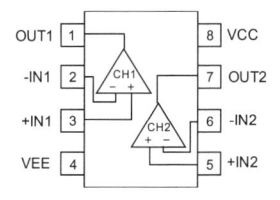

ピン		ピン	
OUT1	1	8	VCC
-IN1	2	7	OUT2
+IN1	3	6	-IN2
VEE	4	5	+IN2

パッケージ
SOP8
BA15532F

●発注形名情報

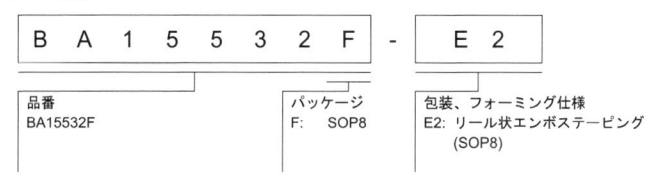

BA15532F - E2

- 品番: BA15532F
- パッケージ: F: SOP8
- 包装、フォーミング仕様: E2: リール状エンボステーピング (SOP8)

⑩ BA15532F　97

●ラインアップ

動作温度範囲	動作電源電圧範囲 (両電源)	回路電流 (Typ)	スルーレート (Typ)	パッケージ	発注可能形名	
-20℃~+75℃	±3.0V~±20.0V	8mA	8V/μs	SOP8	Reel of 2500	BA15532F-E2

●絶対最大定格(T_A=25℃)

項目	記号	定格	単位
電源電圧	VCC-VEE	+42	V
許容損失	P_D SOP8	0.62(Note 1,2)	W
差動入力電圧(Note 3)	V_{ID}	±0.5(Note 4)	V
同相入力電圧	V_{ICM}	VEE ~ VCC	V
入力電流(Note 5)	I_I	±10	mA
動作電源電圧	V_{opr}	±3 ~ ±20 (+6 ~ +40)	V
動作温度範囲	T_{opr}	-20 ~ +75	℃
保存温度範囲	T_{stg}	-55 ~ +125	℃
出力短絡時間(Note 6)	T_s	無制限	sec
最大接合部温度	T_{Jmax}	+125	℃

(Note 1) T_A=25℃以上で使用する場合には 1℃につき 6.2mW を減じます。
(Note 2) 許容損失は 70mm×70mm×1.6mm FR4 ガラスエポキシ基板(銅箔面積 3%以下)実装時の値です。
(Note 3) 差動入力電圧は反転入力端子と非反転入力端子間の電位差を示します。その時各入力端子の電位は VEE 以上の電位としてください。
(Note 4) 差動入力電圧が約 0.5V 以上となる場合には過大電流が流れるため、入力電流制限抵抗を挿入し入力電流を±10mA 以下にしてください。
(Note 5) 入力端子に約 VEE+0.6V 以下、または、VCC-0.6V の電圧が印加された場合過大電流が流れる可能性があります。その場合は制限抵抗により入力電流が定格以下となるようにしてください。
(Note 6) 出力を VCC あるいは VEE へ短絡した場合、許容損失を超えない範囲で問題なく使用してください。
注意：印加電圧及び動作温度範囲などの絶対最大定格を超えた場合は、劣化または破壊に至る可能性があります。また、ショートモードもしくはオープンモードなど、破壊状態を想定できません。絶対最大定格を超えるような特殊モードが想定される場合、ヒューズなど物理的な安全対策を施して頂けるようご検討お願いします。

●電気的特性

○BA15532F (特に指定のない限り VCC=+15V, VEE=-15V, T_A=25℃)

項目	記号	規格値 最小	規格値 標準	規格値 最大	単位	条件
入力オフセット電圧(Note 7)	V_{IO}	-	0.5	4.0	mV	R_S=50Ω, R_L≧10kΩ
入力オフセット電流(Note 7)	I_{IO}	-	10	150	nA	R_L≧10kΩ
入力バイアス電流(Note 7,8)	I_B	-	200	800	nA	R_L≧10kΩ
大振幅電圧利得	A_V	80	94	-	dB	R_L≧600Ω, Vo=±10V
同相入力電圧範囲	V_{ICM}	±12	±13	-	V	R_L≧10kΩ
同相信号除去比	CMRR	70	100	-	dB	R_L≧10kΩ
電源電圧除去比	PSRR	80	100	-	dB	R_S=50Ω, R_L≧10kΩ
回路電流	I_{CC}	-	8.0	16.0	mA	R_L=∞, All Op-Amps
最大出力電圧	V_{OH}	±12	±13	-	V	R_L≧600Ω
最大出力電圧	V_{OL}	±15	±16	-	V	R_L≧600Ω VCC=+18V, VEE=-18V
出力短絡電流(Note 9)	I_{OS}	-	38	-	mA	-
スルーレート	SR	-	8.0	-	V/μs	A_V=0, R_L=600Ω, C_L=100pF
利得帯域幅積	GBW	-	20	-	MHz	f=10kHz, R_L=600Ω C_L=100pF
入力換算雑音電圧	V_N	-	0.7	1.5	μVrms	A_V=40dB, RIAA, R_S=100Ω 20Hz~30kHz
入力換算雑音電圧	V_N	-	5	-	nV/√Hz	A_V=40dB, R_S=100Ω, f=1kHz
全高調波歪率+雑音	THD+N	-	0.0015	-	%	A_V=20dB, OUT=5Vrms f=1kHz, 80kHz-LPF
チャンネルセパレーション	CS	-	110	-	dB	OUT=0.5Vrms, f=1kHz A_V=40dB, 入力換算

(Note 7) 絶対値表記
(Note 8) 入力バイアス電流の方向は、初段が NPN トランジスタで構成されておりますので、IC から流れ込む方向です。
(Note 9) IC の許容損失を考慮し、出力電流値を決定してください。

⑪ BA4510F

特徴：ロー・ノイズ低飽和出力　　SOP8

●概要
BA4510は2回路の高利得オペアンプです。特に低入力換算雑音電圧（6nV/√Hz）、低歪率特性（0.007%）に優れており、オーディオ用に適しています。

●パッケージ
W(Typ.) x D(Typ.) x H(Max.)
- SOP8　　5.00mm x 6.20mm x 1.71mm
- SSOP-B8　3.00mm x 6.40mm x 1.35mm
- TSSOP-B8　3.00mm x 6.40mm x 1.20mm
- MSOP8　　2.90mm x 4.00mm x 0.90mm

●特長
- 高電圧利得
- 低入力換算雑音電圧
- 低歪率
- 動作電源電圧範囲が広い

●重要特性
- 動作電源電圧範囲が広い(両電源)：　±1.0V~±3.5V
- 動作温度範囲：　　　　　　　　　　-20°C~+75°C
- 高スルーレート：　　　　　　　　　5V/μs(Typ.)
- 全高調波歪率：　　　　　　　　　　0.007%(Typ.)
- 入力換算雑音電圧：　　　　　　　　6nV/√Hz (Typ.)

●アプリケーション
- オーディオ機器
- 民生機器

●ブロック図

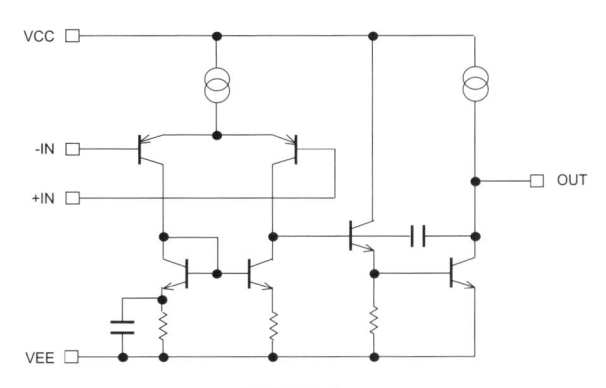

Figure 1. 内部等価回路図

●端子配置図(TOP VIEW)

SOP8, SSOP-B8, TSSOP-B8, MSOP8

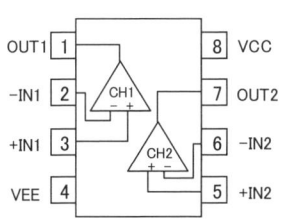

- OUT1　1
- -IN1　2
- +IN1　3
- VEE　4
- VCC　8
- OUT2　7
- -IN2　6
- +IN2　5

パッケージ			
SOP8	SSOP-B8	TSSOP-B8	MSOP8
BA4510F	BA4510FV	BA4510FVT	BA4510FVM

●発注形名情報

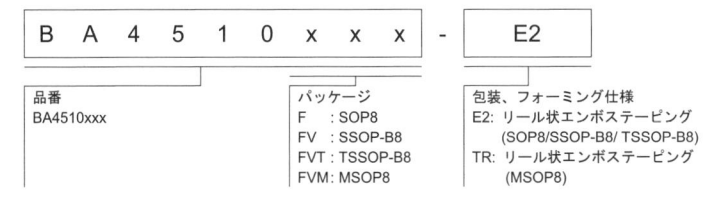

BA4510xxx-E2

品番
BA4510xxx

パッケージ
- F　：SOP8
- FV　：SSOP-B8
- FVT：TSSOP-B8
- FVM：MSOP8

包装、フォーミング仕様
- E2: リール状エンボステーピング (SOP8/SSOP-B8/ TSSOP-B8)
- TR: リール状エンボステーピング (MSOP8)

●ラインアップ

動作温度範囲	動作電源電圧範囲 (両電源)	回路電流 (Typ.)	スルーレート (Typ.)	パッケージ		発注可能形名
-20℃~+75℃	±1.0V~±3.5V	5mA	5V/μs	SOP8	Reel of 2500	BA4510F-E2
				SSOP-B8	Reel of 2500	BA4510FV-E2
				TSSOP-B8	Reel of 2500	BA4510FVT-E2
				MSOP8	Reel of 3000	BA4510FVM-TR

●絶対最大定格(Ta=25℃)

○BA4510

項目	記号		定格	単位
電源電圧	VCC-VEE		+10	V
許容損失	Pd	SOP8	620[*1][*5]	mW
		SSOP-B8	550[*2][*5]	
		TSSOP-B8	500[*3][*5]	
		MSOP8	470[*4][*5]	
差動入力電圧[*6]	Vid		VCC - VEE	V
同相入力電圧	Vicm		VEE~VCC	V
動作電源電圧	Vopr		+2~+7(±1~±3.5)	V
動作温度範囲	Topr		-20~+75	℃
保存温度範囲	Tstg		-40~+125	℃
最大接合温度	Tjmax		+125	℃

(注) 絶対最大定格とは、端子にこの範囲の電圧を印加しても破壊しない限界を示す値であり、動作を保証するものではありません。
電源の逆接続は破壊の恐れがあるのでご注意ください。

*1 Ta=25℃以上で使用する場合には1℃につき6.2mWを減じます。
*2 Ta=25℃以上で使用する場合には1℃につき5.5mWを減じます。
*3 Ta=25℃以上で使用する場合には1℃につき5.0mWを減じます。
*4 Ta=25℃以上で使用する場合には1℃につき4.8mWを減じます。
*5 許容損失は70mm×70mm×1.6mm FR4 ガラスエポキシ基板(銅箔面積3%以下)実装時の値です。
*6 差動入力電圧は反転入力端子と非反転入力端子間の電位差を示します。その時各入力端子の電位はVEE以上の電位としてください。

●電気的特性

○BA4510 (特に指定のない限り VCC=+2.5V, VEE=-2.5V, Ta=25℃)

項目	記号	規格値			単位	条件
		最小	標準	最大		
入力オフセット電圧[*7]	Vio	-	1	6	mV	RS=50Ω
入力オフセット電流[*7]	Iio	-	2	200	nA	-
入力バイアス電流[*8]	Ib	-	80	500	nA	-
回路電流	ICC	2.5	5.0	7.5	mA	RL=∞, All Op-Amps
最大出力電圧(High)	VOH	+2.0	+2.4	-	V	RL=10kΩ
最大出力電圧(Low)	VOL	-	-2.4	-2.0	V	RL=10kΩ
大振幅電圧利得	Av	60	90	-	dB	RL≧10kΩ
同相入力電圧範囲	Vicm	-1.3	-	+1.5	V	-
同相信号除去比	CMRR	60	80	-	dB	-
電源電圧除去比	PSRR	60	80	-	dB	RS=50Ω
スルーレート	SR	-	5.0	-	V/μs	Av=1
全高調波歪率+雑音	THD+N	-	0.007	-	%	Av=20dB, RL=10kΩ, VIN=0.05Vrms, f=1kHz DIN-AUDIO
入力換算雑音電圧	Vn	-	6	-	nV/√Hz	RS=100Ω, Vi=0V, f=1kHz
		-	0.7	-	μVrms	DIN-AUDIO
チャンネルセパレーション	CS	-	100	-	dB	R1=100Ω, f=1kHz

*7 絶対値表記
*8 入力バイアス電流の方向は、初段がPNPトランジスタで構成されておりますので、ICから流れ出す方向です。

⑫ BA3472F

特徴：高速 10V/μs　**SOP8**

●概要

BA3472,BA3472R,BA3474,BA3474R は、2 回路/4 回路の高速オペアンプです。動作範囲が+3V～+36V(単一電源)と広く、利得帯域幅積 4MHz と広帯域で、かつ 10V/μs の高スルーレートが特長です。

●パッケージ

	W(Typ.) x D(Typ.) x H(Max.)
SOP8	5.00mm x 6.20mm x 1.71mm
SOP-J8	4.90mm x 6.00mm x 1.65mm
SSOP-B8	3.00mm x 6.40mm x 1.35mm
TSSOP-B8	3.00mm x 6.40mm x 1.20mm
MSOP8	2.90mm x 4.00mm x 0.90mm
SOP14	8.70mm x 6.20mm x 1.71mm
SSOP-B14	5.00mm x 6.40mm x 1.35mm
TSSOP-B14J	5.00mm x 6.40mm x 1.20mm

●特長

- 単一電源動作可能
- 動作電源電圧範囲が広い
- 直流電圧利得が大きい
- 静電気保護回路内蔵
- ほぼ GND レベルより入力可能
- 出力電圧範囲が広い

●重要特性

- 動作電源電圧範囲:
  - 単一電源　　　　　　　　　+3.0V ～ +36.0V
  - 両電源　　　　　　　　　　±1.5V ～ ±18.0V
- 動作温度範囲:
  - BA3474F　　　　　　　　　　-40°C ～ +75°C
  - BA3472xxx BA3474xxx　　　-40°C ～ +85°C
  - BA3472RFVM BA3474RFV　　-40°C ～ +105°C
- 高スルーレート:　　　　　　　　10V/μs(Typ.)
- 単一利得周波数:　　　　　　　　4MHz(Typ.)

●アプリケーション

- 電流検出アンプ
- バッファアンプ
- アクティブフィルタ
- 民生機器

●ブロック図

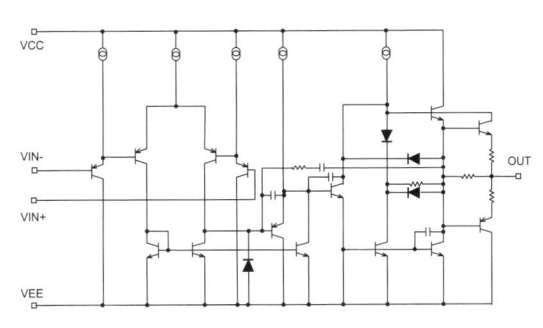

Figure 1. 内部等価回路図 (1 チャンネルのみ)

●端子配置図(TOP VIEW)

SOP8, SOP-J8, SSOP-B8, TSSOP-B8, MSOP8

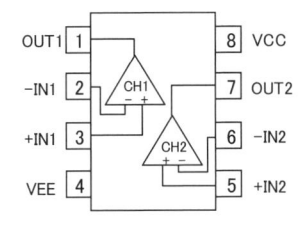

OUT1	1	8	VCC
-IN1	2	7	OUT2
+IN1	3	6	-IN2
VEE	4	5	+IN2

SOP14, SSOP-B14, TSSOP-B14J

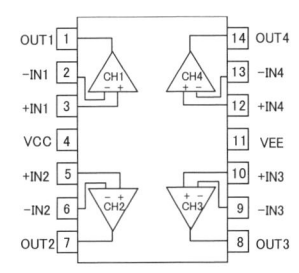

OUT1	1	14	OUT4
-IN1	2	13	-IN4
+IN1	3	12	+IN4
VCC	4	11	VEE
+IN2	5	10	+IN3
-IN2	6	9	-IN3
OUT2	7	8	OUT3

パッケージ

SOP8	SSOP-B8	SOP-J8	TSSOP-B8	MSOP8	SOP14	SSOP-B14	TSSOP-B14J
BA3472F	BA3472FV	BA3472FJ	BA3472FVT	BA3472FVM BA3472RFVM	BA3474F	BA3474FV BA3474RFV	BA3474FVJ

●発注形名情報

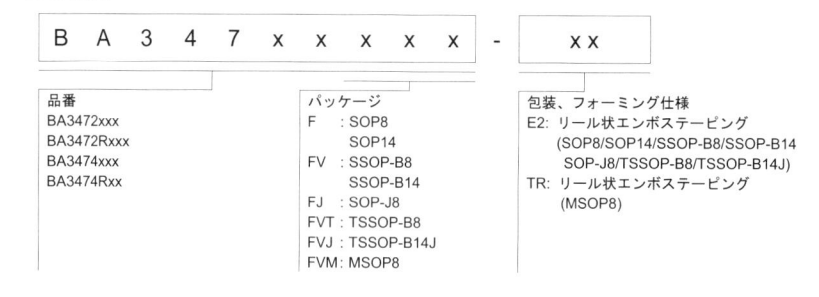

BA347xxxxxx-xx

品番	パッケージ	包装、フォーミング仕様
BA3472xxx BA3472Rxxx BA3474xxx BA3474Rxxx	F　：SOP8 　　　SOP14 FV　：SSOP-B8 　　　SSOP-B14 FJ　：SOP-J8 FVT：TSSOP-B8 FVJ：TSSOP-B14J FVM：MSOP8	E2：リール状エンボステーピング 　　　(SOP8/SOP14/SSOP-B8/SSOP-B14 　　　SOP-J8/TSSOP-B8/TSSOP-B14J) TR：リール状エンボステーピング 　　　(MSOP8)

●ラインアップ

動作温度範囲	回路電流(Typ.)	スルーレート(Typ.)	パッケージ		発注可能形名
-40℃ ~ +75℃	8.0mA	10V/µs	SOP14	Reel of 2500	BA3474F-E2
-40℃ ~ +85℃	4.0mA		SOP8	Reel of 2500	BA3472F-E2
			SSOP-B8	Reel of 2500	BA3472FV-E2
			SOP-J8	Reel of 2500	BA3472FJ-E2
			TSSOP-B8	Reel of 2500	BA3472FVT-E2
			MSOP8	Reel of 3000	BA3472FVM-TR
	8.0mA		SSOP-B14	Reel of 2500	BA3474FV-E2
			TSSOP-B14J	Reel of 2500	BA3474FVJ-E2
-40℃ ~ +105℃	4.0mA		MSOP8	Reel of 3000	BA3472RFVM-TR
	8.0mA		SSOP-B14	Reel of 2500	BA3474RFV-E2

●絶対最大定格 (Ta=25℃)

項目	記号		定格				単位
			BA3472	BA3474	BA3472R	BA3474R	
電源電圧	VCC - VEE		+36				V
許容損失	Pd	SOP8	780[*1*13]	-	-	-	mW
		SSOP-B8	690[*2*13]	-	-	-	
		MSOP8	590[*3*13]	-	590[*3*13]	-	
			-	-	625[*4*14]	-	
			-	-	713[*5*15]	-	
			-	-	937[*6*16]	-	
		SOP-J8	675[*7*13]	-	-	-	
		TSSOP-B8	625[*4*13]	-	-	-	
		SOP14	-	610[*8*13]	-	-	
		SSOP-B14	-	870[*9*13]	-	870[*9*13]	
			-	-	-	1187[*10*15]	
			-	-	-	1689[*11*16]	
		TSSOP-B14	-	850[*12*13]	-	-	
差動入力電圧[*17]	Vid		+36				V
同相入力電圧	Vicm		(VEE - 0.3)~VEE+36				V
動作電源電圧範囲	Vopr		+3.0V ~ +36.0V (±1.5V ~ ±18.0V)				V
動作温度範囲	Topr		-40~+85(SOP14:~+75)		-40~+105		℃
保存温度範囲	Tstg		-55~+150				℃
最大接合温度	Tjmax		+150				℃

(注)・絶対最大定格とは、端子にこの範囲の電圧を印加しても破壊しない限界を示す値であり、動作を保証するものではありません。
・電源の逆接続は破壊の恐れがあるのでご注意ください。
*1　Ta=25℃以上で使用する場合には1℃につき6.2mWを減じます。
*2　Ta=25℃以上で使用する場合には1℃につき5.5mWを減じます。
*3　Ta=25℃以上で使用する場合には1℃につき4.8mWを減じます。
*4　Ta=25℃以上で使用する場合には1℃につき5.0mWを減じます。
*5　Ta=25℃以上で使用する場合には1℃につき5.7mWを減じます。
*6　Ta=25℃以上で使用する場合には1℃につき7.5mWを減じます。
*7　Ta=25℃以上で使用する場合には1℃につき5.4mWを減じます。
*8　Ta=25℃以上で使用する場合には1℃につき4.9mWを減じます。
*9　Ta=25℃以上で使用する場合には1℃につき7.0mWを減じます。
*10　Ta=25℃以上で使用する場合には1℃につき9.5mWを減じます。
*11　Ta=25℃以上で使用する場合には1℃につき13.5mWを減じます。
*12　Ta=25℃以上で使用する場合には1℃につき6.8mWを減じます。
*13　許容損失は70mm×70mm×1.6mm FR4ガラスエポキシ1層基板(銅箔面積3%以下)実装時の値です。
*14　許容損失は70mm×70mm×1.6mm FR4ガラスエポキシ2層基板(銅箔面積15mm×15mm)実装時の値です。
*15　許容損失は70mm×70mm×1.6mm FR4ガラスエポキシ2層基板(銅箔面積70mm×70mm)実装時の値です。
*16　許容損失は70mm×70mm×1.6mm FR4ガラスエポキシ4層基板(銅箔面積70mm×70mm)実装時の値です。
*17　差動入力電圧は反転入力端子と非反転入力端子間の電位差を示します。その時各入力端子の電位はVEE以上の電位としてください。

●電気的特性

○BA3472 (特に指定のない限り VCC=+15V, VEE=-15V, Ta=25℃)

項目	記号	規格値 最小	規格値 標準	規格値 最大	単位	条件
入力オフセット電圧[*18]	Vio	-	1	10	mV	Vicm=0V, VOUT=0V
		-	1	10		VCC=5V, VEE=0V, Vicm=0V, VOUT=VCC/2
入力オフセット電流[*18]	Iio	-	6	75	nA	Vicm=0V, VOUT=0V
入力バイアス電流[*18]	Ib	-	100	500	nA	Vicm=0V, VOUT=0V
回路電流	ICC	-	4	5.5	mA	無負荷時
最大出力電圧(High)	VOH	3.7	4	-	V	VCC=5V, RL=2kΩ
		13.7	14	-		RL=10kΩ
		13.5	-	-		RL=2kΩ
最大出力電圧(Low)	VOL	-	0.1	0.3	V	VCC=5V, RL=2kΩ
		-	-14.7	-14.3		RL=10kΩ
		-	-	-13.5		RL=2kΩ
大振幅電圧利得	Av	80	100	-	dB	RL≧2kΩ, VOUT=±10V
同相入力電圧範囲	Vicm	0	-	VCC-2.0	V	VCC=5V, VEE=0V VOUT=VCC/2
同相信号除去比	CMRR	60	97	-	dB	Vicm=0V, VOUT=0V
電源電圧除去比	PSRR	60	97	-	dB	Vicm=0V, VOUT=0V
出力ソース電流[*19]	Isource	10	30	-	mA	VCC=5V, VIN+=1V VIN-=0V, VOUT=0V 1CHのみ短絡
出力シンク電流[*19]	Isink	20	30	-	mA	VCC=5V, VIN+=0V VIN-=1V, VOUT=5V 1CHのみ短絡
単一利得周波数	fT	-	4	-	MHz	-
利得帯域幅積	GBW	-	4	-	MHz	f=100kHz open loop
スルーレート	SR	-	10	-	V/μs	Av=1, Vin=-10〜+10V, RL=2kΩ
チャンネルセパレーション	CS	-	120	-	dB	f=1kHz, 入力換算

[*18] 絶対値表記
[*19] 高温環境下ではICの許容損失を考慮し、出力電流値を決定してください。
出力端子を連続的に短絡すると、発熱によるIC内部の温度上昇の為出力電流値が減少する場合があります。

⑬ BU7262F

特徴：入出力フルスイング高速 1V/μs　　SOP8

●概要

BU7261G / BU7262xxx / BU7264xx 入出力フルスイング低電圧動作の CMOS オペアンプです。また、動作温度範囲を拡張した BU7261SG / BU7262Sxxx / BU7264Sxx もラインアップしています。高スルーレート、低入力バイアス電流の特徴を有するため、センサアンプやバッテリー駆動機器に最適です。

●特長

- 低電圧動作可能
- 入出力フルスイング
- 高スルーレート
- 動作温度範囲が広い
- 低入力バイアス電流

●アプリケーション

- センサアンプ
- 民生機器
- バッテリー駆動機器
- ポータブル機器

●重要特性

- 動作電源電圧範囲(単電源):　　+1.8V ~ +5.5V
- 動作温度範囲:
  BU7261G, BU7262xxx, BU7264xx
  　　　　　　　　　　　　-40°C ~ +85°C
  BU7261SG, BU7262Sxxx, BU7264Sxx
  　　　　　　　　　　　　-40°C ~ +105°C
- スルーレート:　　　　　1.1V/μs(Typ)
- 入力オフセット電流:　　　1pA (Typ)
- 入力バイアス電流:　　　　1pA (Typ)

●パッケージ

	W(Typ) x D(Typ) x H(Max)
SSOP5	2.90mm x 2.80mm x 1.25mm
SOP8	5.00mm x 6.20mm x 1.71mm
MSOP8	2.90mm x 4.00mm x 0.90mm
VSON008X2030	2.00mm x 3.00mm x 0.60mm
SOP14	8.70mm x 6.20mm x 1.71mm
SSOP-B14	5.00mm x 6.40mm x 1.35mm

●内部等価回路図

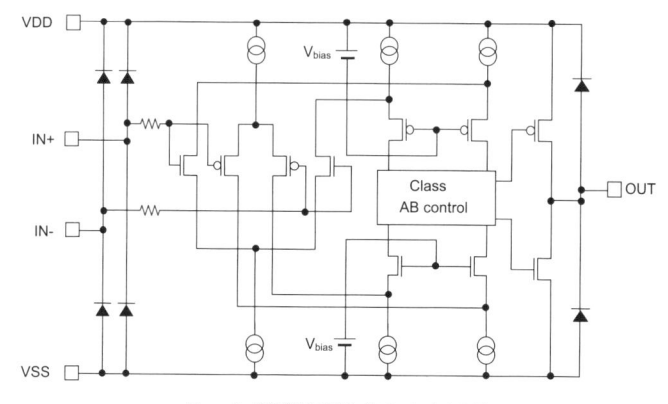

Figure 1. 内部等価回路図（1チャンネルのみ）

●端子配置図

BU7262F, BU7262SF　　　: SOP8
BU7262FVM, BU7262SFVM　: MSOP8
BU7262NUX, BU7262SNUX　: VSON008X2030

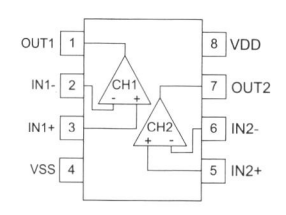

```
OUT1  1          8  VDD
IN1-  2  CH1     7  OUT2
IN1+  3  CH2     6  IN2-
VSS   4          5  IN2+
```

パッケージ					
SSOP5	SOP8	VSON008X2030	MSOP8	SOP14	SSOP-B14
BU7261G	BU7262F	BU7262NUX	BU7262FVM	BU7264F	BU7264FV
BU7261SG	BU7262SF	BU7262SNUX	BU7262SFVM	BU7264SF	BU7264SFV

●発注形名情報

```
BU726xxxxxxx-xx
```

品番	パッケージ	包装、フォーミング仕様
BU7261G	G ： SSOP5	E2: リール状エンボステーピング
BU7261SG	F ： SOP8, SOP14	(SOP8/SSOP/SSOP-B14)
BU7262xxx	FV ： SSOP-B14	TR: リール状エンボステーピング
BU7262Sxxx	FVM ： MSOP8	(SSOP5/MSOP8/VSON008X2030)
BU7264xx	NUX ： VSON008X2030	
BU7264Sxx		

●ラインアップ

動作温度範囲	回路数	パッケージ		発注可能形名
-40℃ ~ +85℃	1 回路	SSOP5	Reel of 3000	BU7261G-TR
	2 回路	SOP8	Reel of 2500	BU7262F-E2
		MSOP8	Reel of 3000	BU7262FVM-TR
		VSON008X2030	Reel of 4000	BU7262NUX-TR
	4 回路	SOP14	Reel of 2500	BU7264F-E2
		SSOP-B14	Reel of 2500	BU7264FV-E2
-40℃ ~ +105℃	1 回路	SSOP5	Reel of 3000	BU7261SG-TR
	2 回路	SOP8	Reel of 2500	BU7262SF-E2
		MSOP8	Reel of 3000	BU7262SFVM-TR
		VSON008X2030	Reel of 4000	BU7262SNUX-TR
	4 回路	SOP14	Reel of 2500	BU7264SF-E2
		SSOP-B14	Reel of 2500	BU7264SFV-E2

●絶対最大定格 (T_A=25℃)

項目	記号		定格			単位
			BU7261SG	BU7262Sxxx	BU7264Sxx	
電源電圧	VDD-VSS		+7			V
許容損失	P_D	SSOP5	0.54[Note 1,7]	-	-	W
		SOP8	-	0.55[Note 2,7]	-	
		MSOP8	-	0.47[Note 3,7]	-	
		VSON008X2030	-	0.41[Note 4,7]	-	
		SOP14	-	-	0.45[Note 5,7]	
		SSOP-B14	-	-	0.70[Note 6,7]	
差動入力電圧[Note 8]	V_{ID}		VDD - VSS			V
同相入力電圧	V_{ICM}		(VSS - 0.3) ~ (VDD + 0.3)			V
入力電流[Note 9]	I_I		±10			mA
動作電源電圧範囲	V_{opr}		+1.8 ~ +5.5			V
動作温度範囲	T_{opr}		-40 ~ +85			℃
保存温度範囲	T_{stg}		-55 ~ +125			℃
最大接合温度	T_{Jmax}		+125			℃

(Note 1) T_A=25℃以上で使用する場合には1℃につき 5.4mW を減じます。
(Note 2) T_A=25℃以上で使用する場合には1℃につき 5.5mW を減じます。
(Note 3) T_A=25℃以上で使用する場合には1℃につき 4.7mW を減じます。
(Note 4) T_A=25℃以上で使用する場合には1℃につき 4.1mW を減じます。
(Note 5) T_A=25℃以上で使用する場合には1℃につき 4.5mW を減じます。
(Note 6) T_A=25℃以上で使用する場合には1℃につき 7.0mW を減じます。
(Note 7) 許容損失は 70mm×70mm×1.6mm FR4 ガラスエポキシ基板(銅箔面積 3%以下)実装時の値です。
(Note 8) 入力端子に約 VDD+0.6V、または、VSS-0.6V の電圧が印加された場合過剰な電流が流れる可能性があります。その場合は制限抵抗により入力電流が定格以下となるようにしてください。
(Note 9) 差動入力電圧は反転入力端子と非反転入力端子間の電圧の差を示します。その時各入力端子の電位は VSS 以上の電位としてください。

注意： 印加電圧及び動作温度範囲などの絶対最大定格を超えた場合は、劣化または破壊に至る可能性があります。また、ショートモードもしくはオープンモードなど、破壊状態を想定できません。絶対最大定格を超えるような特殊モードが想定される場合、ヒューズなど物理的な安全対策を施して頂けるようご検討お願いします。

● 絶対最大定格（T_A=25℃）（続き）

項目	記号		定格			単位
			BU7261SG	BU7262Sxxx	BU7264Sxx	
電源電圧	VDD-VSS			+7		V
許容損失	P_D	SSOP5	0.54 (Note 10,16)	-	-	W
		SOP8	-	0.55 (Note 11,16)	-	
		MSOP8	-	0.47 (Note 12,16)	-	
		VSON008X2030	-	0.41 (Note 13,16)	-	
		SOP14	-	-	0.45 (Note 14,16)	
		SSOP-B14	-	-	0.70 (Note 15,16)	
差動入力電圧 (Note 17)	V_{ID}			VDD - VSS		V
同相入力電圧	V_{ICM}			(VSS - 0.3) ~ (VDD + 0.3)		V
入力電流 (Note 18)	I_I			±10		mA
動作電源電圧範囲	V_{opr}			+1.8 ~ +5.5		V
動作温度範囲	T_{opr}			-40 ~ +105		℃
保存温度範囲	T_{stg}			-55 ~ +125		℃
最大接合温度	T_{Jmax}			+125		℃

(Note 10) T_A=25℃以上で使用する場合には1℃につき5.4mWを減じる。
(Note 11) T_A=25℃以上で使用する場合には1℃につき5.5mWを減じる。
(Note 12) T_A=25℃以上で使用する場合には1℃につき4.7mWを減じる。
(Note 13) T_A=25℃以上で使用する場合には1℃につき4.1mWを減じる。
(Note 14) T_A=25℃以上で使用する場合には1℃につき4.5mWを減じる。
(Note 15) T_A=25℃以上で使用する場合には1℃につき7.0mWを減じる。
(Note 16) 許容損失は70mm×70mm×1.6mm FR4ガラスエポキシ基板（銅箔面積3%以下）実装時の値です。
(Note 17) 入力端子に約VDD+0.6V、または、VSS-0.6Vの電圧が印加された場合過剰な電流が流れる可能性があります。その場合は制限抵抗により入力電流が定格以下となるようにしてください。
(Note18) 差動入力電圧は反転入力端子と非反転入力端子間の電位差を示します。その時各入力端子の電位はVSS以上の電位としてください。
注意： 印加電圧及び動作温度範囲などの絶対最大定格を超えた場合は、劣化または破壊に至る可能性があります。また、ショートモードもしくはオープンモードなど、破壊状態を想定できません。絶対最大定格を超えるような特殊モードが想定される場合、ヒューズなど物理的な安全対策を施して頂けるようご検討お願いします。

● 電気的特性（続き）

○BU7262xxx, BU7262Sxx （特に指定のない限り VDD=+3V, VSS=0V, T_A=25℃）

項目	記号	温度範囲	規格値			単位	条件
			最小	標準	最大		
入力オフセット電圧 (Note 22, 23)	V_{IO}	25℃	-	1	9	mV	VDD=1.8 ~ 5.5V
		全温度範囲	-	-	10		
入力オフセット電流 (Note 22)	I_{IO}	25℃	-	1	-	pA	
入力バイアス電流 (Note 22)	I_B	25℃	-	1	-	pA	
回路電流 (Note 23)	I_{DD}	25℃	-	550	1100	µA	R_L=∞, All Op-Amps A_V=0dB, IN+=1.5V
		全温度範囲	-	-	1200		
最大出力電圧(High)	V_{OH}	25℃	VDD-0.1	-	-	V	R_L=10kΩ
最大出力電圧(Low)	V_{OL}	25℃	-	-	VSS+0.1	V	R_L=10kΩ
大振幅電圧利得	A_V	25℃	70	95	-	dB	R_L=10kΩ
同相入力電圧範囲	V_{ICM}	25℃	0	-	3	V	VSS~VDD
同相信号除去比	CMRR	25℃	45	60	-	dB	-
電源電圧除去比	PSRR	25℃	60	80	-	dB	
出力ソース電流 (Note 24)	I_{SOURCE}	25℃	4	10	-	mA	OUT=VDD-0.4V
出力シンク電流 (Note 24)	I_{SINK}	25℃	5	12	-	mA	OUT=VSS+0.4V
スルーレート	SR	25℃	-	1.1	-	V/µs	C_L=25pF
利得帯域幅積	GBW	25℃	-	2	-	MHz	C_L=25pF, A_V=40dB
位相余裕	θ	25℃	-	50	-	deg	C_L=25pF, A_V=40dB
全高調波歪率＋雑音	THD+N	25℃	-	0.05	-	%	OUT=0.8V_{P-P}, f=1kHz
チャンネルセパレーション	CS	25℃	-	100	-	dB	A_V=40dB, OUT=1Vrms

(Note 22) 絶対値表記
(Note 23) 全温度範囲 BU7262：T_A=-40℃ ~ +85℃ BU7262S：T_A=-40℃ ~ +105℃
(Note 24) 高温環境下ではICの許容損失を考慮し、出力電流値を決定してください。
出力端子を連続的に短絡すると、発熱によるIC内部の温度上昇のため出力電流値が減少する場合があります。

⑭ BU7242F

特徴：入出力フルスイング低消費 180μA(90μA/ch)　SOP8

●概要

BU7241G / BU7242xxx / BU7244xx 入力/出力フルスイング低電圧動作の CMOS オペアンプです。また、動作温度範囲を拡張した BU7241SG / BU7242Sxxx / BU7244Sxx もラインアップしています。低消費電流、低入力バイアス電流の特徴を有するため、バッテリー駆動機器やセンサアンプに最適です。

●特長

- 低電圧動作可能
- 入出力フルスイング
- 動作温度範囲が広い
- 消費電流が少ない
- 入力バイアス電流が小さい

●アプリケーション

- センサアンプ
- 民生機器
- バッテリー駆動機器
- ポータブル機器

●重要特性

- 低電圧動作可能(単電源):　　　　　+1.8V ~ +5.5V
- 温度範囲:
  BU7241G, BU7242xxx, BU7244xx
  　　　　　　　　　　　　　　　　-40°C ~ +85°C
  BU7241SG, BU7242Sxxx, BU7244Sxx
  　　　　　　　　　　　　　　　　-40°C ~ +105°C
- 消費電流が少ない:
  BU7241G, BU7241SG　　　　　　　70μA (Typ)
  BU7242xxx, BU7242Sxxx　　　　　180μA (Typ)
  BU7244xx, BU7244Sxx　　　　　　360μA (Typ)
- 入力オフセット電流:　　　　　　　1pA (Typ)
- 入力バイアス電流:　　　　　　　　1pA (Typ)

●パッケージ

	W(Typ) x D(Typ) x H(Max)
SSOP5	2.90mm x 2.80mm x 1.25mm
SOP8	5.00mm x 6.20mm x 1.71mm
MSOP8	2.90mm x 4.00mm x 0.90mm
VSON008X2030	2.00mm x 3.00mm x 0.60mm
SOP14	8.70mm x 6.20mm x 1.71mm
SSOP-B14	5.00mm x 6.40mm x 1.35mm

●内部等価回路図

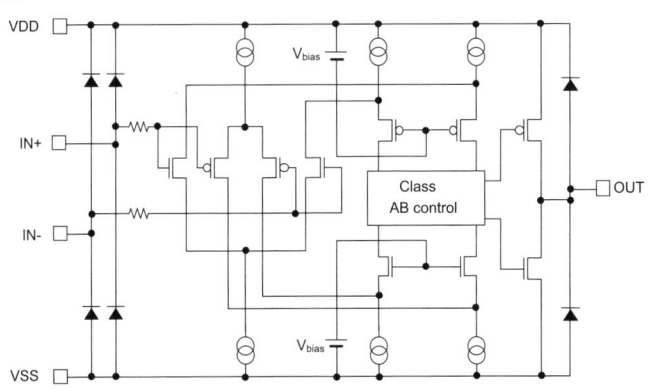

Figure 1. 内部等価回路図(1 チャンネルのみ)

●端子配置図

BU7242F, BU7242SF　　　: SOP8
BU7242FVM, BU7242SFVM　: MSOP8
BU7242NUX, BU7242SNUX　: VSON008X2030

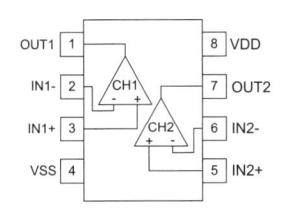

```
OUT1  1       8  VDD
IN1-  2  CH1  7  OUT2
IN1+  3  CH2  6  IN2-
VSS   4       5  IN2+
```

パッケージ					
SSOP5	SOP8	VSON008X2030	MSOP8	SOP14	SSOP-B14
BU7241G	BU7242F	BU7242NUX	BU7242FVM	BU7244F	BU7244FV
BU7241SG	BU7242SF	BU7242SNUX	BU7242SFVM	BU7244SF	BU7244SFV

●発注形名情報

```
BU724x xxxxx - xx
```

品番
- BU7241G
- BU7241SG
- BU7242xxx
- BU7242Sxxx
- BU7244xx
- BU7244Sxx

パッケージ
- G : SSOP5
- F : SOP8, SOP14
- FV : SSOP-B14
- FVM : MSOP8
- NUX : VSON008X2030

包装、フォーミング仕様
- E2: リール状エンボステーピング (SOP8/SOP14/SSOP-B14)
- TR: リール状エンボステーピング (SSOP5/MSOP8/VSON008X2030)

●ラインアップ

動作温度範囲	回路数	パッケージ		発注可能形名
-40°C ~ +85°C	1回路	SSOP5	Reel of 3000	BU7241G-TR
	2回路	SOP8	Reel of 2500	BU7242F-E2
		MSOP8	Reel of 3000	BU7242FVM-TR
		VSON008X2030	Reel of 4000	BU7242NUX-TR
	4回路	SOP14	Reel of 2500	BU7244F-E2
		SSOP-B14	Reel of 2500	BU7244FV-E2
-40°C ~ +105°C	1回路	SSOP5	Reel of 3000	BU7241SG-TR
	2回路	SOP8	Reel of 2500	BU7242SF-E2
		MSOP8	Reel of 3000	BU7242SFVM-TR
		VSON008X2030	Reel of 4000	BU7242SNUX-TR
	4回路	SOP14	Reel of 2500	BU7244SF-E2
		SSOP-B14	Reel of 2500	BU7244SFV-E2

●絶対最大定格 (T_A=25°C)

項目	記号		定格			単位
			BU7241G	BU7242xxx	BU7244xx	
電源電圧	VDD-VSS			+7		V
許容損失	P_D	SSOP5	0.54[Note 1,7]	-	-	W
		SOP8	-	0.55[Note 2,7]	-	
		MSOP8	-	0.47[Note 3,7]	-	
		VSON008X2030	-	0.41[Note 4,7]	-	
		SOP14	-	-	0.45[Note 5,7]	
		SSOP-B14	-	-	0.70[Note 6,7]	
差動入力電圧[Note 8]	V_{ID}		VDD - VSS			V
同相入力電圧	V_{ICM}		(VSS - 0.3) ~ (VDD + 0.3)			V
入力電流[Note 9]	I_I		±10			mA
動作電源電圧範囲	V_{opr}		+1.8 ~ +5.5			V
動作温度範囲	T_{opr}		-40 ~ +85			°C
保存温度範囲	T_{stg}		-55 ~ +125			°C
最大接合温度	T_{Jmax}		+125			°C

(Note 1) T_A=25°C以上で使用する場合には1°Cにつき5.4mWを減じます。
(Note 2) T_A=25°C以上で使用する場合には1°Cにつき5.5mWを減じます。
(Note 3) T_A=25°C以上で使用する場合には1°Cにつき4.7mWを減じます。
(Note 4) T_A=25°C以上で使用する場合には1°Cにつき4.1mWを減じます。
(Note 5) T_A=25°C以上で使用する場合には1°Cにつき4.5mWを減じます。
(Note 6) T_A=25°C以上で使用する場合には1°Cにつき7.0mWを減じます。
(Note 7) 許容損失は70mm×70mm×1.6mm FR4 ガラスエポキシ基板(銅箔面積3%以下)実装時の値です。
(Note 8) 入力端子に約VDD+0.6V、または、VSS-0.6Vの電圧が印加された場合過剰な電流が流れる可能性があります。その場合は制限抵抗により入力電流が定格以下となるようにしてください。
(Note 9) 差動入力電圧は反転入力端子と非反転入力端子間の電位差を示します。その時各入力端子の電位はVSS以上の電位としてください。

注意: 印加電圧及び動作温度範囲などの絶対最大定格を超えた場合は、劣化または破壊に至る可能性があります。また、ショートモードもしくはオープンモードなど、破壊状態を想定できません。絶対最大定格を超えるような特殊モードが想定される場合、ヒューズなど物理的な安全対策を施して頂けるようご検討お願いします。

● 絶対最大定格 (T$_A$=25℃)（続き）

項目	記号		定格		単位
		BU7241SG	BU7242Sxxx	BU7244Sxx	
電源電圧	VDD-VSS		+7		V
許容損失 P$_D$	SSOP5	0.54[Note 10,16]	-	-	W
	SOP8	-	0.55[Note 11,16]	-	
	MSOP8	-	0.47[Note 12,16]	-	
	VSON008X2030	-	0.41[Note 13,16]	-	
	SOP14	-	-	0.45[Note 14,16]	
	SSOP-B14	-	-	0.70[Note 15,16]	
差動入力電圧[Note 17]	V$_{ID}$		VDD - VSS		V
同相入力電圧	V$_{ICM}$		(VSS - 0.3) ~ (VDD + 0.3)		V
入力電流[Note 18]	I$_I$		±10		mA
動作電源電圧範囲	V$_{opr}$		+1.8 ~ +5.5		V
動作温度範囲	T$_{opr}$		-40 ~ +105		℃
保存温度範囲	T$_{stg}$		-55 ~ +125		℃
最大接合温度	T$_{Jmax}$		+125		℃

(Note 10) T$_A$=25℃以上で使用する場合には1℃につき5.4mWを減じます。
(Note 11) T$_A$=25℃以上で使用する場合には1℃につき5.5mWを減じます。
(Note 12) T$_A$=25℃以上で使用する場合には1℃につき4.7mWを減じます。
(Note 13) T$_A$=25℃以上で使用する場合には1℃につき4.1mWを減じます。
(Note 14) T$_A$=25℃以上で使用する場合には1℃につき4.5mWを減じます。
(Note 15) T$_A$=25℃以上で使用する場合には1℃につき7.0mWを減じます。
(Note 16) 許容損失は70mm×70mm×1.6mm FR4 ガラスエポキシ基板(銅箔面積3%以下)実装時の値です。
(Note 17) 入力端子に約VDD+0.6V、または、VSS-0.6Vの電圧が印加された場合過剰な電流が流れる可能性があります。その場合は制限抵抗により入力電流が定格以下となるようにしてください。
(Note18) 差動入力電圧は反転入力端子と非反転入力端子間の電位差を示します。その時各入力端子の電位はVSS以上の電位としてください。
注意: 印加電圧及び動作温度範囲などの絶対最大定格を超えた場合は、劣化または破壊に至る可能性があります。また、ショートモードもしくはオープンモードなど、破壊状態を想定できません。絶対最大定格を超えるような特殊モードが想定される場合、ヒューズなど物理的な安全対策を施して頂けるようご検討お願いします。

● 電気的特性（続き）

○BU7242xxx, BU7242Sxxx (特に指定のない限り VDD=+3V, VSS=0V, T$_A$=25℃)

項目	記号	温度範囲	規格値 最小	規格値 標準	規格値 最大	単位	条件
入力オフセット電圧[Note 22, 23]	V$_{IO}$	25℃	-	1	9	mV	VDD=1.8 ~ 5.5V
		全温度範囲	-	-	10		
入力オフセット電流[Note 22]	I$_{IO}$	25℃	-	1	-	pA	-
入力バイアス電流[Note 22]	I$_B$	25℃	-	1	-	pA	-
回路電流[Note 23]	I$_{DD}$	25℃	-	180	360	μA	R$_L$=∞, All Op-Amps A$_V$=0dB, IN+=1.5V
		全温度範囲	-	-	600		
最大出力電圧(High)	V$_{OH}$	25℃	VDD-0.1	-	-	V	R$_L$=10kΩ
最大出力電圧(Low)	V$_{OL}$	25℃	-	-	VSS+0.1	V	R$_L$=10kΩ
大振幅電圧利得	A$_V$	25℃	70	95	-	dB	R$_L$=10kΩ
同相入力電圧範囲	V$_{ICM}$	25℃	0	-	3	V	VSS~VDD
同相信号除去比	CMRR	25℃	45	60	-	dB	-
電源電圧除去比	PSRR	25℃	60	80	-	dB	-
出力ソース電流[Note 24]	I$_{SOURCE}$	25℃	4	10	-	mA	OUT=VDD-0.4V
出力シンク電流[Note 24]	I$_{SINK}$	25℃	5	12	-	mA	OUT=VSS+0.4V
スルーレート	SR	25℃	-	0.4	-	V/μs	C$_L$=25pF
利得帯域幅積	GBW	25℃	-	0.9	-	MHz	C$_L$=25pF, A$_V$=40dB
位相余裕	θ	25℃	-	50	-	deg	C$_L$=25pF, A$_V$=40dB
全高調波歪率 + 雑音	THD+N	25℃	-	0.05	-	%	OUT=0.8V$_{P-P}$, f=1kHz
チャンネルセパレーション	CS	25℃	-	100	-	dB	A$_V$=40dB, OUT=1Vrms

(Note 22) 絶対値表記
(Note 23) 全温度範囲 BU7242：T$_A$=-40℃ ~ +85℃ BU7242S：T$_A$=-40℃ ~ +105℃
(Note 24) 高温環境下ではICの許容損失を考慮し、出力電流値を決定してください。
出力端子を連続的に短絡すると、発熱によるIC内部の温度上昇のため出力電流値が減少する場合があります。

⑮ BU7442F

特徴：出力フルスイング低消費電力100μA（50μA/ch）　**SOP8**

● 概要

BU7441G/BU7442xxx/BU7444F は入力グランドセンス、出力フルスイングの CMOS オペアンプです。また、動作温度範囲を拡張した BU7441SG/BU7442Sxxx/BU7444SF もラインアップしています。低電圧動作、低消費電流を特長としており、特にセンサアンプ、ポータブル機器に最適なオペアンプです。

● 特長
- 低消費電流
- 低電圧動作
- 動作温度範囲が広い
- 低入力バイアス電流

● アプリケーション
- センサアンプ
- ポータブル機器
- 民生機器

● 重要特性

- 動作電源電圧動作: +1.7V ～ +5.5V
- 回路電流: 50μA/ch(Typ)
- 温度範囲:
  BU7441G/BU7442xxx/BU7444F   −40°C ～ +85°C
  BU7441SG/BU7442Sxxx/BU7444SF   −40°C ～ +105°C
- 入力オフセット電流: 1pA (Typ)
- 入力バイアス電流: 1pA (Typ)

● パッケージ

	W(Typ) x D(Typ) x H(Max)
SSOP5	2.90mm x 2.80mm x 1.15mm
SOP8	5.00mm x 6.20mm x 1.61mm
MSOP8	2.90mm x 4.00mm x 0.83mm
VSON008X2030	2.00mm x 1.50mm x 0.60mm
SOP14	8.70mm x 6.20mm x 1.61mm

● 内部等価回路図

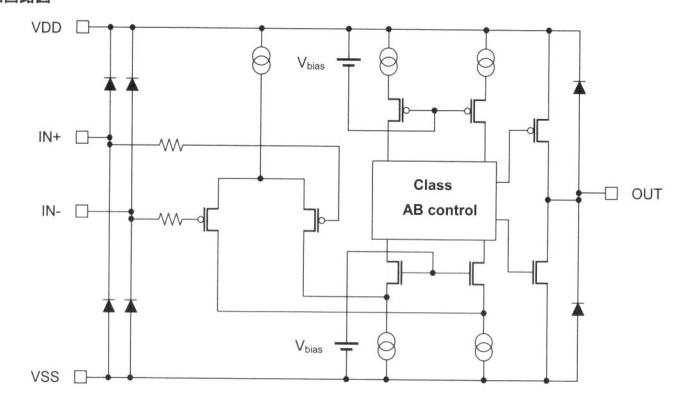

Figure 1. 内部等価回路図(1 チャンネルのみ)

● 端子配置図

BU7442F, BU7442SF : SOP8
BU7442FVM, BU7442SFVM : MSOP8
BU7442NUX, BU7442SNUX : VSON008X2030

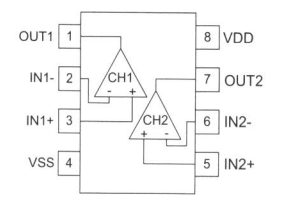

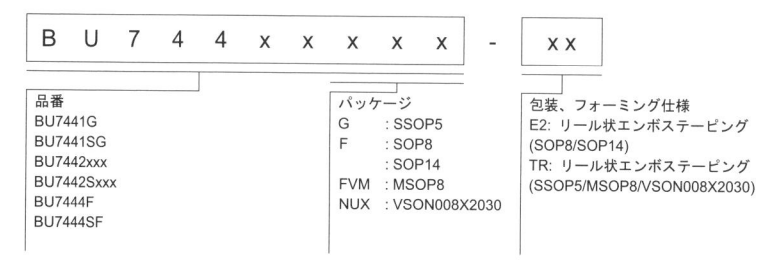

パッケージ					
SSOP5	SOP8	MSOP8	VSON008X2030	SOP14
BU7441G	BU7442F	BU7442FVM	BU7442NUX	BU7444F
BU7441SG	BU7442SF	BU7442SFVM	BU7442SNUX	BU7444SF

● 発注形名情報

BU744xxxxxx-xx

品番
BU7441G
BU7441SG
BU7442xxx
BU7442Sxxx
BU7444F
BU7444SF

パッケージ
G : SSOP5
F : SOP8
　: SOP14
FVM : MSOP8
NUX : VSON008X2030

包装、フォーミング仕様
E2: リール状エンボステーピング
(SOP8/SOP14)
TR: リール状エンボステーピング
(SSOP5/MSOP8/VSON008X2030)

● ラインアップ

動作温度範囲	回路数	パッケージ		発注可能形名
-40°C ~ +85°C	1回路	SSOP5	Reel of 3000	BU7441G-TR
	2回路	SOP8	Reel of 2500	BU7442F-E2
		MSOP8	Reel of 3000	BU7442FVM-TR
		VSON008X2030	Reel of 4000	BU7442NUX-TR
	4回路	SOP14	Reel of 2500	BU7444F-E2
-40°C ~ +105°C	1回路	SSOP5	Reel of 3000	BU7441SG-TR
	2回路	SOP8	Reel of 2500	BU7442SF-E2
		MSOP8	Reel of 3000	BU7442SFVM-TR
		VSON008X2030	Reel of 4000	BU7442SNUX-TR
	4回路	SOP14	Reel of 2500	BU7444SF-E2

● 絶対最大定格(T_A=25°C)

項目	記号		定格 BU7441G	定格 BU7442xxx	定格 BU7444F	単位
電源電圧	VDD-VSS			+7		V
許容損失	P_D	SSOP5	0.54 [Note1,6]	-	-	W
		SOP8	-	0.55 [Note2,6]	-	
		MSOP8	-	0.47 [Note3,6]	-	
		VSON008X2030	-	0.41 [Note4,6]	-	
		SOP14	-	-	0.45 [Note5,6]	
差動入力電圧 [Note 7]	V_{ID}			VDD - VSS		V
同相入力電圧	V_{ICM}			(VSS-0.3) ~ (VDD+0.3)		V
入力電流 [Note 8]	I_I			±10		mA
動作電源電圧範囲	V_{opr}			+1.7V ~ +5.5V		V
動作温度範囲	T_{opr}			-40 ~ +85		°C
保存温度範囲	T_{stg}			-55 ~ +125		°C
最大接合部温度	T_{Jmax}			+125		°C

(Note 1) T_A=25°C以上で使用する場合には1°Cにつき5.4mWを減じます。
(Note 2) T_A=25°C以上で使用する場合には1°Cにつき5.5mWを減じます。
(Note 3) T_A=25°C以上で使用する場合には1°Cにつき4.7mWを減じます。
(Note 4) T_A=25°C以上で使用する場合には1°Cにつき4.1mWを減じます。
(Note 5) T_A=25°C以上で使用する場合には1°Cにつき4.5mWを減じます。
(Note 6) 許容損失は70mm×70mm×1.6mm FR4エポキシ基板(銅箔面積3%以下)実装時の値です。
(Note 7) 差動入力電圧は反転入力端子と非反転入力端子間の電位差を示します。その時各入力端子の電位はVSS以上の電位としてください。
(Note 8) 入力端子に約VDD+0.6V、または、VSS-0.6Vの電圧が印加された場合過剰な電流が流れる可能性があります。その場合は制限抵抗により入力電流が定格以下となるようにしてください。

注意: 印加電圧及び動作温度範囲などの絶対最大定格を超えた場合は、劣化または破壊に至る可能性があります。また、ショートモードもしくはオープンモードなど、破壊状態を想定できません。絶対最大定格を超えるような特殊モードが想定される場合、ヒューズなど物理的な安全対策を施して頂けるようご検討お願いします。

項目	記号		定格 BU7441SG	定格 BU7442Sxxx	定格 BU7444SF	単位
電源電圧	VDD-VSS			+7		V
許容損失	P_D	SSOP5	0.54 [Note9,14]	-	-	W
		SOP8	-	0.55 [Note10,14]	-	
		MSOP8	-	0.47 [Note11,14]	-	
		VSON008X2030	-	0.41 [Note12,14]	-	
		SOP14	-	-	0.45 [Note13,14]	
差動入力電圧 [Note 15]	V_{ID}			VDD - VSS		V
同相入力電圧	V_{ICM}			(VSS-0.3) ~ (VDD+0.3)		V
入力電流 [Note 16]	I_I			±10		mA
動作電源電圧範囲	V_{opr}			+1.7V ~ +5.5V		V
動作温度範囲	T_{opr}			-40 ~ +105		°C
保存温度範囲	T_{stg}			-55 ~ +125		°C
最大接合部温度	T_{Jmax}			+125		°C

(Note 9) T_A=25°C以上で使用する場合には1°Cにつき5.4mWを減じます。
(Note 10) T_A=25°C以上で使用する場合には1°Cにつき5.5mWを減じます。
(Note 11) T_A=25°C以上で使用する場合には1°Cにつき4.7mWを減じます。
(Note 12) T_A=25°C以上で使用する場合には1°Cにつき4.1mWを減じます。
(Note 13) T_A=25°C以上で使用する場合には1°Cにつき4.5mWを減じます。
(Note 14) 許容損失は70mm×70mm×1.6mm FR4エポキシ基板(銅箔面積3%以下)実装時の値です。
(Note 15) 差動入力電圧は反転入力端子と非反転入力端子間の電位差を示します。その時各入力端子の電位はVSS以上の電位としてください。
(Note 16) 入力端子に約VDD+0.6V、または、VSS-0.6Vの電圧が印加された場合過剰な電流が流れる可能性があります。その場合は制限抵抗により入力電流が定格以下となるようにしてください。

注意: 印加電圧及び動作温度範囲などの絶対最大定格を超えた場合は、劣化または破壊に至る可能性があります。また、ショートモードもしくはオープンモードなど、破壊状態を想定できません。絶対最大定格を超えるような特殊モードが想定される場合、ヒューズなど物理的な安全対策を施して頂けるようご検討お願いします。

● 電気的特性

○BU7442xxx, BU7442Sxxx (特に指定のない限り VDD=+3V, VSS=0V, T$_A$=25℃)

項目	記号	温度範囲	規格値 最小	規格値 標準	規格値 最大	単位	条件
入力オフセット電圧[Note 20]	V$_{IO}$	25℃	-	1	6	mV	-
入力オフセット電流[Note 20]	I$_{IO}$	25℃	-	1	-	pA	-
入力バイアス電流[Note 20]	I$_B$	25℃	-	1	-	pA	-
回路電流[Note 21]	I$_{DD}$	25℃	-	100	240	μA	R$_L$=∞, All Op-Amps A$_V$=0dB,+IN=0.9V
		全温度範囲	-	-	480		
最大出力電圧(High)	V$_{OH}$	25℃	VDD-0.1	-	-	V	R$_L$=10kΩ
最大出力電圧(Low)	V$_{OL}$	25℃	-	-	VSS+0.1	V	R$_L$=10kΩ
大振幅電圧利得	A$_V$	25℃	70	95	-	dB	R$_L$=10kΩ
同相入力電圧範囲	V$_{ICM}$	25℃	0	-	1.8	V	VSS ~ VDD-1.2V
同相信号除去比	CMRR	25℃	45	60	-	dB	-
電源電圧除去比	PSRR	25℃	60	80	-	dB	-
出力ソース電流[Note 22]	I$_{SOURCE}$	25℃	3	6	-	mA	VDD-0.4V
出力シンク電流[Note 22]	I$_{SINK}$	25℃	5	10	-	mA	VSS+0.4V
スルーレート	SR	25℃	-	0.3	-	V/μs	C$_L$=25pF
利得帯域幅積	GBW	25℃	-	0.6	-	MHz	C$_L$=25pF, A$_V$=40dB
位相余裕	θ	25℃	-	50	-	deg	C$_L$=25pF, A$_V$=40dB
全高調波歪率 + 雑音	THD+N	25℃	-	0.05	-	%	OUT=0.8V$_{P-P}$ f=1kHz
チャンネルセパレーション	CS	25℃	-	100	-	dB	A$_V$=40dB, OUT=1Vrms

(Note 20) 絶対値表記
(Note 21) 全温度範囲 BU7442xxx: T$_A$=-40℃ ~ +85℃ BU7442Sxxx: T$_A$=-40℃ ~ +105℃
(Note 22) 高温環境下ではICの許容損失を考慮し、出力電流値を決定してください。
出力端子を連続的に短絡すると、発熱によるIC内部の温度上昇のため出力電流値が減少する場合があります。

⑯ BU7462F

特徴：出力フルスイング高速 1V/μs　　**SOP8**

●概要
BU7461G/BU7462xxx/BU7464F は入力グランドセンス、出力フルスイングの CMOS オペアンプです。また、動作温度範囲を拡張した BU7461SG/BU7462Sxxx/BU7464SF もラインアップしています。低電圧動作、低消費電流を特長としており、特にセンサアンプ、ポータブル機器に最適なオペアンプです。

●特長
- 低消費電流
- 低電圧動作
- 動作温度範囲が広い
- 低入力バイアス電流

●アプリケーション
- センサアンプ
- ポータブル機器
- 民生機器

●重要特性
- 動作電源電圧動作：　　　　　　　　+1.7V ~ +5.5V
- 回路電流：　　　　　　　　　　　　150μA/ch(Typ)
- 温度範囲：
  BU7461G/BU7462xxx/BU7464F
  　　　　　　　　　　　　　　　　　-40°C ~ +85°C
  BU7461SG/BU7462Sxxx/BU7464SF
  　　　　　　　　　　　　　　　　　-40°C ~ +105°C
- 入力オフセット電流：　　　　　　　1pA (Typ)
- 入力バイアス電流：　　　　　　　　1pA (Typ)

●パッケージ
　　　　　　　　　W(Typ) x D(Typ) x H(Max)
SSOP5　　　　　2.90mm x 2.80mm x 1.15mm
SOP8　　　　　 5.00mm x 6.20mm x 1.61mm
MSOP8　　　　 2.90mm x 4.00mm x 0.83mm
VSON008X2030　2.00mm x 1.50mm x 0.60mm
SOP14　　　　　8.70mm x 6.20mm x 1.61mm

●内部等価回路図

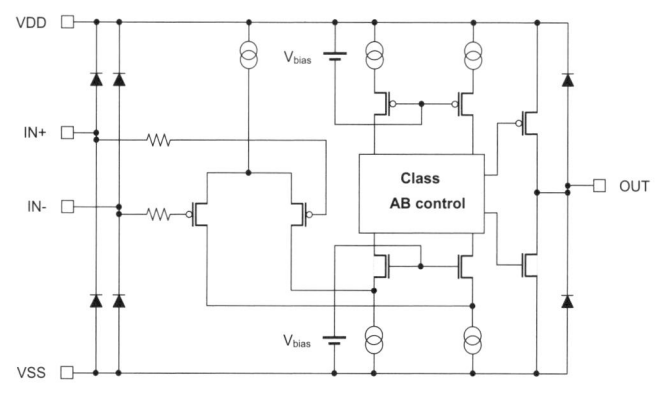

Figure 1. 内部等価回路図(1 チャンネルのみ)

●端子配置図
BU7462F, BU7462SF　　　　　：SOP8
BU7462FVM, BU7462SFVM　　：MSOP8
BU7462NUX, BU7462SNUX　　：VSON008X2030

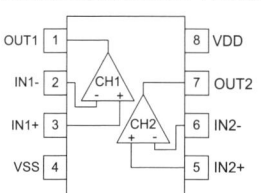

パッケージ				
SSOP5	SOP8	MSOP8	VSON008X2030	SOP14
BU7461G BU7461SG	BU7462F BU7462SF	BU7462FVM BU7462SFVM	BU7462NUX BU7462SNUX	BU7464F BU7464SF

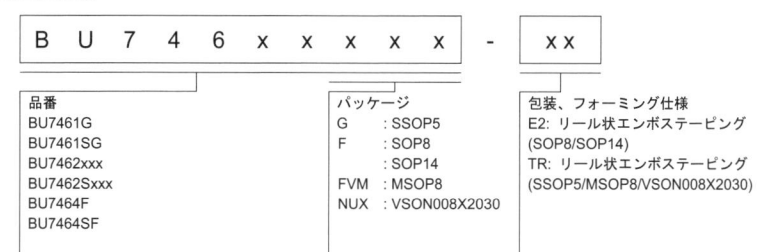

●発注形名情報

BU746xxxxx-xx

品番
- BU7461G
- BU7461SG
- BU7462xxx
- BU7462Sxxx
- BU7464F
- BU7464SF

パッケージ
- G　：SSOP5
- F　：SOP8／SOP14
- FVM：MSOP8
- NUX：VSON008X2030

包装、フォーミング仕様
E2: リール状エンボステーピング
(SOP8/SOP14)
TR: リール状エンボステーピング
(SSOP5/MSOP8/VSON008X2030)

●ラインアップ

動作温度範囲	回路数	パッケージ		発注可能形名
-40℃ ~ +85℃	1回路	SSOP5	Reel of 3000	BU7461G-TR
	2回路	SOP8	Reel of 2500	BU7462F-E2
		MSOP8	Reel of 3000	BU7462FVM-TR
		VSON008X2030	Reel of 4000	BU7462NUX-TR
	4回路	SOP14	Reel of 2500	BU7464F-E2
-40℃ ~ +105℃	1回路	SSOP5	Reel of 3000	BU7461SG-TR
	2回路	SOP8	Reel of 2500	BU7462SF-E2
		MSOP8	Reel of 3000	BU7462SFVM-TR
		VSON008X2030	Reel of 4000	BU7462SNUX-TR
	4回路	SOP14	Reel of 2500	BU7464SF-E2

●絶対最大定格(T_A=25℃)

項目		記号	定格 BU7461G	定格 BU7462xxx	定格 BU7464F	単位
電源電圧		VDD-VSS		+7		V
許容損失	P_D	SSOP5	0.54 (Note1,6)	-	-	W
		SOP8	-	0.55 (Note2,6)	-	
		MSOP8	-	0.47 (Note3,6)	-	
		VSON008X2030	-	0.41 (Note4,6)	-	
		SOP14	-	-	0.45 (Note5,6)	
差動入力電圧 (Note 7)		V_{ID}		VDD - VSS		V
同相入力電圧		V_{ICM}		(VSS-0.3) ~ (VDD+0.3)		V
入力電流 (Note 8)		I_I		±10		mA
動作電源電圧範囲		V_{opr}		+1.7V ~ +5.5V		V
動作温度範囲		T_{opr}		-40 ~ +85		℃
保存温度範囲		T_{stg}		-55 ~ +125		℃
最大接合部温度		T_{Jmax}		+125		℃

(Note 1) T_A=25℃以上で使用する場合には1℃につき5.4mWを減じます。
(Note 2) T_A=25℃以上で使用する場合には1℃につき5.5mWを減じます。
(Note 3) T_A=25℃以上で使用する場合には1℃につき4.7mWを減じます。
(Note 4) T_A=25℃以上で使用する場合には1℃につき4.1mWを減じます。
(Note 5) T_A=25℃以上で使用する場合には1℃につき4.5mWを減じます。
(Note 6) 許容損失は70mm×70mm×1.6mm FR4 エポキシ基板(銅箔面積3%以下)実装時の値です。
(Note 7) 差動入力電圧は反転入力端子と非反転入力端子間の電位差を示します。その時各入力端子の電位はVSS以上の電位としてください。
(Note 8) 入力端子に約VDD+0.6V、または、VSS-0.6Vの電圧が印加された場合過剰な電流が流れる可能性があります。その場合は制限抵抗により入力電流が定格以下となるようにしてください。

注意: 印加電圧及び動作温度範囲などの絶対最大定格を超えた場合は、劣化または破壊に至る可能性があります。また、ショートモードもしくはオープンモードなど、破壊状態を想定できません。絶対最大定格を超えるような特殊モードが想定される場合、ヒューズなど物理的な安全対策を施して頂けるようご検討お願いします。

●絶対最大定格(T_A=25℃)

項目		記号	定格 BU7461SG	定格 BU7462Sxxx	定格 BU7464SF	単位
電源電圧		VDD-VSS		+7		V
許容損失	P_D	SSOP5	0.54 (Note9,14)	-	-	W
		SOP8	-	0.55 (Note10,14)	-	
		MSOP8	-	0.47 (Note11,14)	-	
		VSON008X2030	-	0.41 (Note12,14)	-	
		SOP14	-	-	0.45 (Note13,14)	
差動入力電圧 (Note 15)		V_{ID}		VDD - VSS		V
同相入力電圧		V_{ICM}		(VSS-0.3) ~ (VDD+0.3)		V
入力電流 (Note 16)		I_I		±10		mA
動作電源電圧範囲		V_{opr}		+1.7V ~ +5.5V		V
動作温度範囲		T_{opr}		-40 ~ +105		℃
保存温度範囲		T_{stg}		-55 ~ +125		℃
最大接合部温度		T_{Jmax}		+125		℃

(Note 9) T_A=25℃以上で使用する場合には1℃につき5.4mWを減じます。
(Note 10) T_A=25℃以上で使用する場合には1℃につき5.5mWを減じます。
(Note 11) T_A=25℃以上で使用する場合には1℃につき4.7mWを減じます。
(Note 12) T_A=25℃以上で使用する場合には1℃につき4.1mWを減じます。
(Note 13) T_A=25℃以上で使用する場合には1℃につき4.5mWを減じます。
(Note 14) 許容損失は70mm×70mm×1.6mm FR4 エポキシ基板(銅箔面積3%以下)実装時の値です。
(Note 15) 差動入力電圧は反転入力端子と非反転入力端子間の電位差を示します。その時各入力端子の電位はVSS以上の電位としてください。
(Note 16) 入力端子に約VDD+0.6V、または、VSS-0.6Vの電圧が印加された場合過剰な電流が流れる可能性があります。その場合は制限抵抗により入力電流が定格以下となるようにしてください。

注意: 印加電圧及び動作温度範囲などの絶対最大定格を超えた場合は、劣化または破壊に至る可能性があります。また、ショートモードもしくはオープンモードなど、破壊状態を想定できません。絶対最大定格を超えるような特殊モードが想定される場合、ヒューズなど物理的な安全対策を施して頂けるようご検討お願いします。

● 電気的特性

○BU7462xxx, BU7462Sxxx (特に指定のない限り VDD=+3V, VSS=0V, T_A=25℃)

項目	記号	温度範囲	規格値 最小	規格値 標準	規格値 最大	単位	条件
入力オフセット電圧[Note 20]	V_{IO}	25℃	-	1	6	mV	-
入力オフセット電流[Note 20]	I_{IO}	25℃	-	1	-	pA	-
入力バイアス電流[Note 20]	I_B	25℃	-	1	-	pA	-
回路電流[Note 21]	I_{DD}	25℃	-	300	700	μA	$R_L=\infty$, All Op-Amps A_V=0dB, IN+=0.9V
		全温度範囲	-	-	900		
最大出力電圧(High)	V_{OH}	25℃	VDD-0.1	-	-	V	R_L=10kΩ
最大出力電圧(Low)	V_{OL}	25℃	-	-	VSS+0.1	V	R_L=10kΩ
大振幅電圧利得	A_V	25℃	70	95	-	dB	R_L=10kΩ
同相入力電圧範囲	V_{ICM}	25℃	0	-	1.8	V	VSS ~ VDD-1.2V
同相信号除去比	CMRR	25℃	45	60	-	dB	-
電源電圧除去比	PSRR	25℃	60	80	-	dB	-
出力ソース電流[Note 22]	I_{SOURCE}	25℃	4	8	-	mA	VDD-0.4V
出力シンク電流[Note 22]	I_{SINK}	25℃	6	12	-	mA	VSS+0.4V
スルーレート	SR	25℃	-	1	-	V/μs	C_L=25pF
利得帯域幅積	GBW	25℃	-	1	-	MHz	C_L=25pF, A_V=40dB
位相余裕	θ	25℃	-	50	-	deg	C_L=25pF, A_V=40dB
全高調波歪率＋雑音	THD+N	25℃	-	0.05	-	%	OUT=0.8V_{P-P} f=1kHz
チャンネルセパレーション	CS	25℃	-	100	-	dB	A_V=40dB, OUT=1Vrms

(Note 20) 絶対値表記
(Note 21) 全温度範囲 BU7462xxx: T_A=-40℃ ~ +85℃ BU7462Sxxx: T_A=-40℃ ~ +105℃
(Note 22) 高温環境下ではICの許容損失を考慮し、出力電流値を決定してください。
出力端子を連続的に短絡すると、発熱によるIC内部の温度上昇のため出力電流値が減少する場合があります。

⑰ BU7266F

特徴：超低消費電力 0.7μA(0.35μA/ch)　SOP8

● 概要

BU7265/BU7266xxx および動作温度範囲を拡張したBU7265SG/BU7266Sxxx は超低消費電流の入出カフルスイング CMOS オペアンプです。低電圧動作、低入力バイアス電流の特長を有し、バッテリー駆動機器、ポータブル機器やセンサアンプに最適なオペアンプです。

● 特長
- 超低消費電流
- 低電圧動作が可能
- 動作温度範囲が広い
  (BU7265SG/BU7266Sxxx)
- 低入力バイアス電流

● アプリケーション
- バッテリー駆動機器
- ポータブル機器
- 民生機器
- センサアンプ

● 重要特性
- 動作電源電圧範囲 (単電源):　　　+1.8V ~ +5.5V
- 回路電流:
  BU7265/BU7265SG　　　　　　0.35μA(Typ)
  BU7266xxx/BU7266Sxxx　　　　0.7μA(Typ)
- 動作温度範囲:
  BU7265G　　　　　　　　　　-40°C ~ +85°C
  BU7266xxx　　　　　　　　　-40°C ~ +85°C
  BU7265SG　　　　　　　　　-40°C ~ +105°C
  BU7266Sxxx　　　　　　　　-40°C ~ +105°C
- 入力オフセット電流:　　　　　　1pA (Typ)
- 入力バイアス電流:　　　　　　　1pA (Typ)

● パッケージ　　　　　W(Typ) x D(Typ) x H(Max)
SSOP5　　　　　2.90mm x 2.80mm x 1.25mm
SOP8　　　　　　5.00mm x 6.20mm x 1.71mm
SSOP-B8　　　　3.00mm x 6.40mm x 1.35mm
MSOP8　　　　　2.90mm x 4.00mm x 0.90mm

● 内部等価回路図

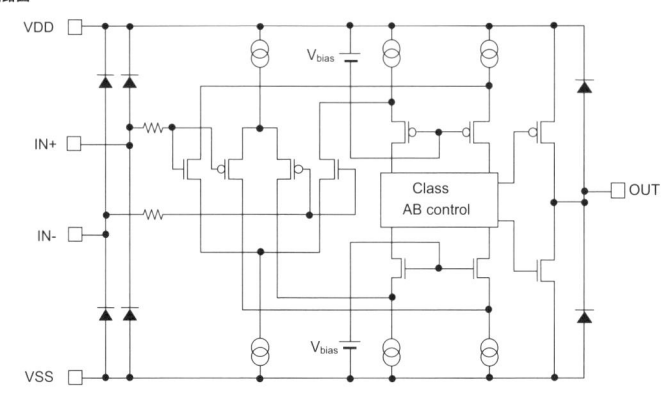

Figure 1. 内部等価回路図

● 端子配置図

BU7266F, BU7266SF: SOP8
BU7266FV, BU7266SFV: SSOP-B8
BU7266FVM, BU7266SFVM: MSOP8

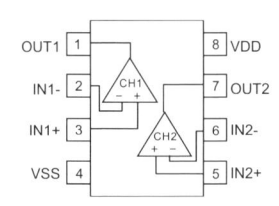

パッケージ			
SSOP5	SOP8	SSOP-B8	MSOP8
BU7265G BU7265SG	BU7266F BU7266SF	BU7266FV BU7266SFV	BU7266FVM BU7266SFVM

●絶対最大定格 (T_A=25℃)

項　目	記号	BU7265G	BU7266xxx	BU7265SG	BU7266Sxxx	Unit
電源電圧	VDD-VSS	+7				V
許容損失 SSOP5	P_D	0.54 (Note 1,5)	-	0.54 (Note 1,5)	-	W
SOP8		-	0.55 (Note 2,5)	-	0.55 (Note 2,5)	W
SSOP-B8		-	0.50 (Note 3,5)	-	0.50 (Note 3,5)	W
MSOP8		-	0.47 (Note 4,5)	-	0.47 (Note 4,5)	W
差動入力電圧(Note 6)	V_ID	VDD - VSS				V
同相入力電圧	V_ICM	(VSS - 0.3) 〜 VDD + 0.3				V
入力電流(Note 7)	I_I	±10				mA
動作電源電圧範囲	V_opr	+1.8 〜 +5.5				V
動作温度範囲	T_opr	-40 〜 +85		-40 〜 +105		℃
保存温度範囲	T_stg	-55 〜 +125				℃
最大接合部温度	T_Jmax	+125				℃

(Note 1) T_A=25℃以上で使用する場合には1℃につき5.4mWを減じます。
(Note 2) T_A=25℃以上で使用する場合には1℃につき5.5mWを減じます。
(Note 3) T_A=25℃以上で使用する場合には1℃につき4.7mWを減じます。
(Note 4) T_A=25℃以上で使用する場合には1℃につき4.1mWを減じます。
(Note 5) 許容損失は70mm×70mm×1.6mm FR4 ガラスエポキシ基板(銅箔面積3%以下)実装時の値です。
(Note 6) 差動入力電圧は反転入力端子と非反転入力端子間の電位差を示します。その時各入力端子の電位はVSS以上の電位としてください。
(Note 7) 入力端子に約VDD+0.6V、または、VSS-0.6Vの電圧が印加された場合過剰な電流が流れる可能性があります。その場合は制限抵抗により入力電流が定格以下となるようにしてください。
(注)　絶対最大定格とは、端子にこの範囲の電圧を印加しても破壊しない限界を示す値であり、動作を保証するものではありません。電源の逆接続は破壊の恐れがあるのでご注意ください。

●電気的特性

○BU7266xxx, BU7266Sxxx (特に指定のない限り VDD=+3V, VSS=0V, T_A=25℃)

項　目	記号	温度範囲	規格値 最小	標準	最大	単位	条件
入力オフセット電圧(Note 11)	V_IO	25℃	-	1	8.5	mV	VDD=1.8 〜 5.5V
入力オフセット電流(Note 11)	I_IO	25℃	-	1	-	pA	-
入力バイアス電流(Note 11)	I_B	25℃	-	1	-	pA	-
回路電流(Note 12)	I_DD	25℃	-	0.7	1.55	μA	R_L=∞, All Op-Amps A_V=0dB, IN+=1.5V
		全温度範囲	-	-	2.1		
最大出力電圧(High)	V_OH	25℃	VDD-0.1	-	-	V	R_L=10kΩ
最大出力電圧(Low)	V_OL	25℃	-	-	VSS+0.1	V	R_L=10kΩ
大振幅電圧利得	A_V	25℃	60	95	-	dB	R_L=10kΩ
同相入力電圧範囲	V_ICM	25℃	0	-	3	V	VSS〜VDD
同相信号除去比	CMRR	25℃	45	60	-	dB	-
電源電圧除去比	PSRR	25℃	60	80	-	dB	-
出力ソース電流(Note 13)	I_SOURCE	25℃	1	2.4	-	mA	OUT=VDD-0.4V
出力シンク電流(Note 13)	I_SINK	25℃	2	4	-	mA	OUT=VSS+0.4V
スルーレート	SR	25℃	-	2.4	-	V/ms	C_L=25pF
単一利得周波数	f_T	25℃	-	4	-	kHz	C_L=25pF, A_V=40dB
位相余裕	θ	25℃	-	60	-	deg	C_L=25pF, A_V=40dB
チャンネルセパレーション	CS	25℃	-	100	-	dB	A_V=40dB, OUT=1Vrms

(Note 11) 絶対値表記
(Note 12) 全温度範囲 BU7266: T_A=-40℃ 〜 +85℃　BU7266S: T_A=-40℃ 〜 +105℃
(Note 13) 高温環境下ではICの許容損失を考慮し、出力電流値を決定してください。
　　　　　出力端子を連続的に短絡すると、発熱によるIC内部の温度上昇のため出力電流値が減少する場合があります。

⑱ BU7486F

特徴：高速 10V/μs 広帯域 10MHz　　SOP8

●概要

BU7485G/BU7486xxx/BU7487x 及び、動作温度範囲を拡張した BU7485SG/BU7486Sxxx/BU7487Sxx は入力グランドセンス、出力フルスイングのCMOSオペアンプです。特長として広帯域、高スルーレート、低電圧動作、低入力バイアス電流があり、携帯機器やセンサアプリケーションに最適です。

●重要特性

- ■ 動作電源電圧範囲 (単電源)：　　+3.0V ~ +5.5V
- ■ スルーレート：　　10.0V/μs
- ■ 温度範囲：
  - BU7485G　　-40°C ~ +85°C
  - BU7486xxx　　-40°C ~ +85°C
  - BU7487xx　　-40°C ~ +85°C
  - BU7485SG　　-40°C ~ +105°C
  - BU7486Sxxx　　-40°C ~ +105°C
  - BU7487Sxx　　-40°C ~ +105°C
- ■ 入力バイアス電流：　　1pA (Typ)
- ■ 入力オフセット電流：　　1pA (Typ)

●特長

- ■ 高スルーレート
- ■ 広帯域
- ■ 低入力バイアス電流
- ■ 出力フルスイング

●パッケージ

	W(Typ) x D(Typ) x H(Max)
SSOP5	2.90mm x 2.80mm x 1.25mm
SOP8	5.00mm x 6.20mm x 1.71mm
SSOP-B8	3.00mm x 6.40mm x 1.35mm
MSOP8	2.90mm x 4.00mm x 0.90mm
SOP14	8.70mm x 6.20mm x 1.71mm
SSOP-B14	5.00mm x 6.40mm x 1.35mm

●アプリケーション

- ■ バッテリー駆動機器
- ■ 民生品機器

●内部等価回路図

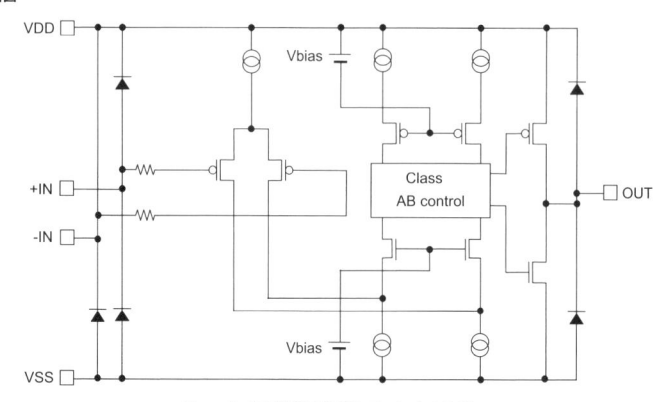

Figure 1. 内部等価回路図(1 チャンネルのみ)

●端子配置図

BU7486F, BU7486SF : SOP8
BU7486FV, BU7486SFV : SSOP-B8
BU7486FVM, BU7486SFVM : MSOP8

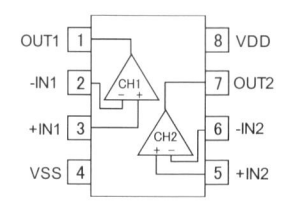

```
OUT1  1       8  VDD
-IN1  2  CH1  7  OUT2
+IN1  3  CH2  6  -IN2
VSS   4       5  +IN2
```

パッケージ					
SSOP5	SOP8	SSOP-B8	MSOP8	SOP14	SSOP-B14
BU7485G	BU7486F	BU7486FV	BU7486FVM	BU7487F	BU7487FV
BU7485SG	BU7486SF	BU7486SFV	BU7486SFVM	BU7487SF	BU7487SFV

●発注形名情報

```
BU748xxxxxxx - xx
```

品番	パッケージ	包装、フォーミング仕様
BU7485G BU7485SG BU7486xxx BU7486Sxxx BU7487xx BU7487Sxx	G: SSOP5 F: SOP8 　 SOP14 FV: SSOP-B8 　 SSOP-B14 FVM: MSOP8	E2: リール状エンボステーピング (SOP8/SSOP-B8/SOP14/ SSOP-B14) TR: リール状エンボステーピング (SSOP5/MSOP8)

●ラインアップ

動作温度範囲	パッケージ		発注可能形名
-40℃ ~ +85℃	SSOP5	Reel of 3000	BU7485G-TR
	SOP8	Reel of 2500	BU7486F-E2
	SSOP-B8	Reel of 2500	BU7486FV-E2
	MSOP8	Reel of 3000	BU7486FVM-TR
	SOP14	Reel of 2500	BU7487F-E2
	SSOP-B14	Reel of 2500	BU7487FV-E2
-40℃ ~ +105℃	SSOP5	Reel of 3000	BU7485SG-TR
	SOP8	Reel of 2500	BU7486SF-E2
	SSOP-B8	Reel of 2500	BU7486SFV-E2
	MSOP8	Reel of 3000	BU7486SFVM-TR
	SOP14	Reel of 2500	BU7487SF-E2
	SSOP-B14	Reel of 2500	BU7487SFV-E2

●絶対最大定格(Ta=25℃)

項目	記号	定格 BU7485G/BU7486xxx /BU7487xx	定格 BU7485SG/BU7486Sxxx /BU7487Sxx	単位
電源電圧	VDD-VSS	+7		V
許容損失 Pd	SSOP5	0.54^{*1*7}		W
	SOP8	0.55^{*2*7}		
	SSOP-B8	0.50^{*3*7}		
	MSOP8	0.47^{*4*7}		
	SOP14	0.70^{*5*7}		
	SSOP-B14	0.45^{*6*7}		
差動入力電圧[*8]	Vid	VDD – VSS		V
同相入力電圧	Vicm	(VSS - 0.3) ~ VDD + 0.3		V
入力電流[*9]	Ii	±10		mA
動作電源電圧範囲	Vopr	+3.0 ~ +5.5		V
動作温度範囲	Topr	-40 ~ +85	-40 ~ +105	℃
保存温度範囲	Tstg	-55 ~ +125		℃
最大接合温度	Tjmax	+125		℃

(注) 絶対最大定格とは、端子にこの範囲の電圧を印加しても破壊しない限界を示す値であり、動作を保証するものではありません。
　　 電源の逆接続は破壊の恐れがあるのでご注意ください。
*1　Ta=25℃以上で使用する場合には1℃につき5.4mWを減じます。
*2　Ta=25℃以上で使用する場合には1℃につき5.5mWを減じます。
*3　Ta=25℃以上で使用する場合には1℃につき5.0mWを減じます。
*4　Ta=25℃以上で使用する場合には1℃につき4.7mWを減じます。
*5　Ta=25℃以上で使用する場合には1℃につき7.0mWを減じます。
*6　Ta=25℃以上で使用する場合には1℃につき4.5mWを減じます。
*7　許容損失は70mm×70mm×1.6mmFR4エポキシ基板(銅箔面積3%以下)実装時の値です。
*8　差動入力電圧は反転入力端子と非反転入力端子間の電位差を示します。その時各入力端子の電位はVSS以上の電位としてください。
*9　入力端子に約VDD+0.6V、または、VSS-0.6Vの電圧が印加された場合過剰な電流が流れる可能性があります。その場合は制限抵抗により
　　 入力電流が定格以下となるようにしてください。

● 電気的特性

○BU7486xxx, BU7486Sxxx （特に指定のない限り　VDD=+3V, VSS=0V, Ta=25℃）

項　目	記号	温度範囲	規格値 最小	規格値 標準	規格値 最大	単位	条件
入力オフセット電圧[13]	Vio	25℃	-	1	9.5	mV	-
入力オフセット電流[13]	Iio	25℃	-	1	-	pA	-
入力バイアス電流[13]	Ib	25℃	-	1	-	pA	-
回路電流[14]	IDD	25℃	-	3000	4000	μA	RL=∞, All Op-Amps Av=0dB, IN=0.8V
		全温度範囲	-	-	4500		
最大出力電圧(High)	VOH	25℃	VDD-0.1	-	-	V	RL=10kΩ
最大出力電圧(Low)	VOL	25℃	-	-	VSS+0.1	V	RL=10kΩ
大振幅電圧利得	Av	25℃	70	105	-	dB	RL=10kΩ
同相入力電圧範囲	Vicm	25℃	0	-	1.6	V	VSS ~ VDD-1.4V
同相信号除去比	CMRR	25℃	45	60	-	dB	-
電源電圧除去比	PSRR	25℃	60	80	-	dB	-
出力ソース電流[15]	Isource	25℃	4	8	-	mA	VDD-0.4V
出力シンク電流[15]	Isink	25℃	7	12	-	mA	VSS+0.4V
スルーレート	SR	25℃	-	10	-	V/μs	CL=25pF
単一利得周波数	f_T	25℃	-	10	-	MHz	CL=25pF, Av=40dB
位相余裕	θ	25℃	-	50	-	deg	CL=25pF, Av=40dB
全高調波歪率+雑音	THD+N	25℃	-	0.03	-	%	OUT=0.7V_{P-P}, f=1kHz
チャンネルセパレーション	CS	25℃	-	100	-	dB	Av=40dB

[13] 絶対値表記
[14] 全温度範囲　BU7486xxx: Ta=-40℃ ~ +85℃　BU7486Sxx: Ta=-40℃ ~ +105℃
[15] 高温環境下ではICの許容損失を考慮し、出力電流値を決定してください。
　　　出力端子を連続的に短絡すると、発熱によるIC内部の温度上昇のため出力電流値が減少する場合があります。

⑲ BD7562F

特徴：高耐圧 14.5V　0.8V/μs　SOP8

●概要

BD7561G/BD7562xxx は、高電圧動作入出力フルスイングのCMOSオペアンプです。また、動作温度範囲を拡張したBD7561SG/BD7562Sxxx もラインアップしています。動作電圧範囲が+5V～+14.5V と広く、高スルーレート、低入力バイアス電流などを特長としており、特にセンサアンプや産業機器に最適なオペアンプです。

●重要特性

- 動作電源電圧範囲：
  - 単電源　　　　　　　　　+5V ~ +14.5V
  - 両電源　　　　　　　　　±2.5V ~ ±7.25V
- 温度範囲：
  - BD7561G/ BD7562xxx　　-40°C ~ +85°C
  - BD7561SG/ BD7562Sxxx　-40°C ~ +105°C
- スルーレート：　　　　　　　0.9V/μs(Typ)
- 入力オフセット電流：　　　　1pA (Typ)
- 入力バイアス電流：　　　　　1pA (Typ)

●アプリケーション

- センサアンプ
- 産業機器
- 民生機器

●特長

- 高電圧動作が可能
- 入出力フルスイング
- 低消費電流
- 動作電源電圧範囲が広い
- 直流電圧利得が大きい

●パッケージ

	W(Typ) x D(Typ) x H(Max)
SSOP5	2.90mm x 2.80mm x 1.25mm
SOP8	5.00mm x 6.20mm x 1.61mm
MSOP8	2.90mm x 4.00mm x 0.90mm

●内部等価回路図

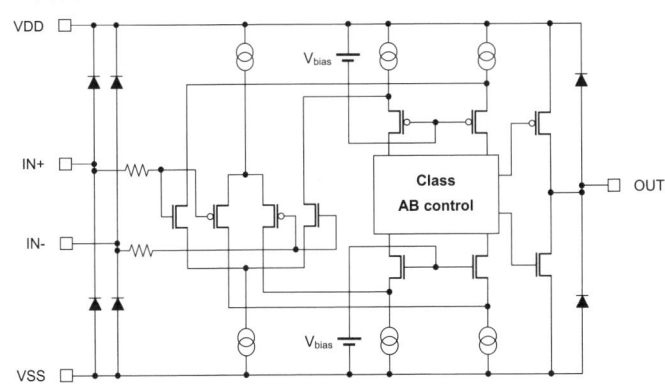

Figure 1. 内部等価回路図(1 チャンネルのみ)

●端子配置図

BD7562F, BD7562SF: SOP8
BD7562FVM, BD7562SFVM: MSOP8

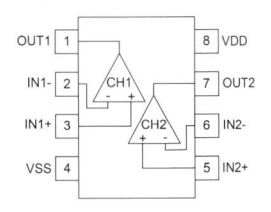

パッケージ		
SSOP5	SOP8	MSOP8
BD7561G	BD7562F	BD7562FVM
BD7561SG	BD7562SF	BD7562SFVM

●発注形名情報

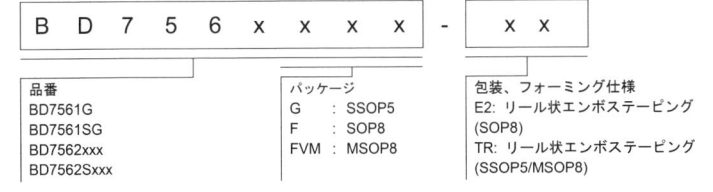

BD756xxxxx-xx

品番:
- BD7561G
- BD7561SG
- BD7562xxx
- BD7562Sxxx

パッケージ:
- G : SSOP5
- F : SOP8
- FVM : MSOP8

包装、フォーミング仕様:
- E2: リール状エンボステーピング (SOP8)
- TR: リール状エンボステーピング (SSOP5/MSOP8)

●ラインアップ

動作温度範囲	回路数	回路電流	パッケージ		発注可能形名
-40°C ~ +85°C	1 回路	370μA	SSOP5	Reel of 3000	BD7561G-TR
	2 回路	750μA	SOP8	Reel of 2500	BD7562F-E2
			MSOP8	Reel of 3000	BD7562FVM-TR
-40°C ~ +105°C	1 回路	370μA	SSOP5	Reel of 3000	BD7561SG-TR
	2 回路	750μA	SOP8	Reel of 2500	BD7562SF-E2
			MSOP8	Reel of 3000	BD7562SFVM-TR

● 絶対最大定格(T_A=25℃)

項目	記号		定格			単位
			BD7561G	BD7562xxxx	BD7561SG	BD7562Sxxx	
電源電圧	VDD-VSS		+15.5				V
許容損失	P_D	SSOP5	0.54 (Note 1,4)	-	0.54 (Note 1,4)	-	W
		SOP8	-	0.55 (Note 2,4)	-	0.55 (Note 2,4)	
		MSOP8	-	0.47 (Note 3,4)	-	0.47 (Note 3,4)	
差動入力電圧 (Note 5)	V_ID		VDD - VSS				V
同相入力電圧	V_ICM		(VSS - 0.3) ~ (VDD + 0.3)				V
入力電流 (Note 6)	I_I		±10				mA
動作電源電圧範囲	V_opr	単電源	+5 ~ +14.5				V
		両電源	±2.5 ~ ±7.25				
動作温度範囲	T_opr		-40 ~ +85		-40 ~ +105		℃
保存温度範囲	T_stg		-55 ~ +125				℃
最大接合温度	T_Jmax		+125				℃

(Note 1) T_A=25℃以上で使用する場合には1℃につき5.4mWを減じます。
(Note 2) T_A=25℃以上で使用する場合には1℃につき5.5mWを減じます。
(Note 3) T_A=25℃以上で使用する場合には1℃につき4.7mWを減じます。
(Note 4) 許容損失は70mm×70mm×1.6mm FR4 ガラスエポキシ基板(銅箔面積3%以下)実装時の値です。
(Note 5) 差動入力電圧は反転入力端子と非反転入力端子間の電位差を示します。その時各入力端子の電位はVSS以上の電位としてください。
(Note 6) 入力端子に約VDD+0.6V、または、VSS-0.6Vの電圧が印加された場合過剰な電流が流れる可能性があります。その場合は制限抵抗により入力電流が定格以下となるようにしてください。

注意: 印加電圧及び動作温度範囲などの絶対最大定格を超えた場合は、劣化または破壊に至る可能性があります。また、ショートモードもしくはオープンモードなど、破壊状態を想定できません。絶対最大定格を超えるような特殊モードが想定される場合、ヒューズなど物理的な安全対策を施して頂けるようご検討お願いします。

● 電気的特性

○BD7562xxx, BD7562Sxxx ファミリ (特に指定のない限り VDD=+12V, VSS=0V, T_A=25℃)

項目	記号	温度範囲	規格値			単位	条件
			最小	標準	最大		
入力オフセット電圧 (Note 10,11)	V_IO	25℃	-	1	9	mV	VDD=5 ~ 14.5V
		全温度範囲	-	-	10		
入力オフセット電流 (Note 10)	I_IO	25℃	-	1	-	pA	-
入力バイアス電流 (Note 10)	I_B	25℃	-	1	-	pA	-
回路電流 (Note 11)	I_DD	25℃	-	750	1300	μA	R_L=∞, All Op-Amps A_V=0dB, VDD=5V, IN+=2.5V
		全温度範囲	-	-	1500		
		25℃	-	900	1400		R_L=∞, All Op-Amps A_V=0dB, VDD=12V, IN+=6.0V
		全温度範囲	-	-	1600		
最大出力電圧(High)	V_OH	25℃	VDD-0.1	-	-	V	R_L=10kΩ
最大出力電圧(Low)	V_OL	25℃	-	-	VSS+0.1	V	R_L=10kΩ
大振幅電圧利得	A_V	25℃	70	95	-	dB	R_L=10kΩ
同相入力電圧範囲	V_ICM	25℃	0	-	12	V	-
同相信号除去比	CMRR	25℃	45	60	-	dB	-
電源電圧除去比	PSRR	25℃	60	80	-	dB	-
出力ソース電流 (Note 12)	I_SOURCE	25℃	3	8	-	mA	OUT=VDD-0.4V
出力シンク電流 (Note 12)	I_SINK	25℃	4	14	-	mA	OUT=VSS+0.4V
スルーレート	SR	25℃	-	0.9	-	V/μs	C_L=25pF
利得帯域幅積	GBW	25℃	-	1.0	-	MHz	C_L=25pF, A_V=40dB
位相余裕	θ	25℃	-	50	-	deg	C_L=25pF, A_V=40dB
全高調波歪率+雑音	THD+N	25℃	-	0.05	-	%	OUT=1V_P-P, f=1kHz
チャンネルセパレーション	CS	25℃	-	100	-	dB	A_V=40dB, OUT=1Vrms

(Note 10) 絶対値表記
(Note 11) 全温度範囲 BD7562xxx: T_A=-40℃ ~ +85℃   BD7562Sxxx: T_A=-40℃ ~ +105℃
(Note 12) 高温環境下ではICの許容損失を考慮し、出力電流値を決定してください。
出力端子を連続的に短絡すると、発熱によるIC内部の温度上昇のため出力電流値が減少する場合があります。

⑳ BD7542F

特徴：高耐圧 14.5V　340μA（170μA/ch）　SOP8

● 概要

BD7541G/BD7542xxx は、高電圧動作入出力フルスイングの CMOS オペアンプです。また、動作温度範囲を拡張した BD7541SG/BD7542Sxxx もラインアップしています。動作電圧範囲が +5V〜+14.5V と広く、低消費電流、低入力バイアス電流などを特長としており、特にセンサアンプや産業機器に最適なオペアンプです。

● 特長

- 高電圧動作が可能
- 入出力フルスイング
- 低消費電流
- 動作電源電圧範囲が広い
- 直流電圧利得が大きい

● アプリケーション

- センサアンプ
- 産業機器
- 民生機器

● 重要特性

- 動作電源電圧範囲：
  - 単電源　　　　　　　　　　　　　+5V 〜 +14.5V
  - 両電源　　　　　　　　　　　　　±2.5V 〜 ±7.25V
- 温度範囲：
  - BD7541G/ BD7542xxx　　　　　-40°C 〜 +85°C
  - BD7541SG/ BD7542Sxxx　　　　-40°C 〜 +105°C
- 低消費電流：
  - BD7541G/ BD7541SG　　　　　170μA (Typ)
  - BD7542xxx/ BD7542Sxxx　　　　340μA (Typ)
- 入力オフセット電流：　　　　　　　1pA (Typ)
- 入力バイアス電流：　　　　　　　　1pA (Typ)

● パッケージ

	W(Typ) x D(Typ) x H(Max)
SSOP5	2.90mm x 2.80mm x 1.25mm
SOP8	5.00mm x 6.20mm x 1.61mm
MSOP8	2.90mm x 4.00mm x 0.90mm

● 内部等価回路図

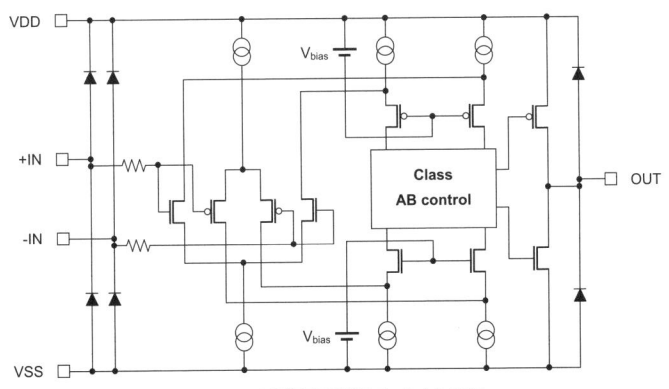

Figure 1. 内部等価回路図(1 チャンネルのみ)

● 端子配置図

BD7542F, BD7542SF: SOP8
BD7542FVM, BD7542SFVM: MSOP8

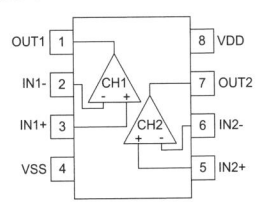

パッケージ		
SSOP5	SOP8	MSOP8
BD7541G	BD7542F	BD7542FVM
BD7541SG	BD7542SF	BD7542SFVM

● 発注形名情報

BD754x xxxx - xx

品番
- BD7541G
- BD75461SG
- BD7542xxx
- BD7542Sxxx

パッケージ
- G : SSOP5
- F : SOP8
- FVM : MSOP8

包装、フォーミング仕様
- E2: 包装、フォーミング仕様 (SOP8)
- TR: 包装、フォーミング仕様 (SSOP5/MSOP8)

● ラインアップ

動作温度範囲	回路数	パッケージ		発注可能形名
-40℃ ~ +85℃	1回路	SSOP5	Reel of 3000	BD7541G-TR
	2回路	SOP8	Reel of 2500	BD7542F-E2
		MSOP8	Reel of 3000	BD7542FVM-TR
-40℃ ~ +105℃	1回路	SSOP5	Reel of 3000	BD7541SG-TR
	2回路	SOP8	Reel of 2500	BD7542SF-E2
		MSOP8	Reel of 3000	BD7542SFVM-TR

● 絶対最大定格(T_A=25℃)

項目	記号		定格				単位
			BD7541G	BD7542xxx	BD7541SG	BD7542Sxxx	
電源電圧	VDD-VSS		+15.5				V
許容損失	P_D	SSOP5	0.54 [Note 1,4]	-	0.54 [Note 1,4]	-	W
		SOP8	-	0.55 [Note 2,4]	-	0.55 [Note 2,4]	
		MSOP8	-	0.47 [Note 3,4]	-	0.47 [Note 3,4]	
差動入力電圧 [Note 5]	V_{ID}		VDD - VSS				V
同相入力電圧	V_{ICM}		(VSS - 0.3) ~ (VDD + 0.3)				V
入力電流 [Note 6]	I_I		±10				mA
動作電源電圧範囲	V_{opr}		+5 to +14.5 (±2.5 to ±7.25)				V
動作温度範囲	T_{opr}		-40 ~ +85		-40 ~ +105		℃
保存温度範囲	T_{stg}		-55 ~ +125				℃
最大接合温度	T_{Jmax}		+125				℃

(Note 1) T_A=25℃以上で使用する場合には1℃につき5.4mWを減じます。
(Note 2) T_A=25℃以上で使用する場合には1℃につき5.5mWを減じます。
(Note 3) T_A=25℃以上で使用する場合には1℃につき4.7mWを減じます。
(Note 4) 許容損失は 70mm×70mm×1.6mm FR4 ガラスエポキシ基板(銅箔面積 3%以下)実装時の値です。
(Note 5) 差動入力電圧は反転入力端子と非反転入力端子間の電位差を示します。その時各入力端子の電位はVSS以上の電位としてください。
(Note 6) 入力端子に約VDD+0.6V、または、VSS-0.6Vの電圧が印加された場合過剰な電流が流れる可能性があります。その場合は制限抵抗により入力電流が定格以下となるようにしてください。

注意: 印加電圧及び動作温度範囲などの絶対最大定格を超えた場合は、劣化または破壊に至る可能性があります。また、ショートモードもしくはオープンモードなど、破壊状態を想定できません。絶対最大定格を超えるような特殊モードが想定される場合、ヒューズなど物理的な安全対策を施して頂けるようご検討お願いします。

● 電気的特性

○BD7542xxx / BD7542Sxxx (特に指定のない限り VDD=+12V, VSS=0V, T_A=25℃)

項目	記号	温度範囲	最小	標準	最大	単位	条件
入力オフセット電圧 [Note 10,11]	V_{IO}	25℃	-	1	9	mV	VDD=5 ~ 14.5V
		全温度範囲	-	-	10		
入力オフセット電流 [Note 10]	I_{IO}	25℃	-	1	-	pA	-
入力バイアス電流 [Note 10]	I_B	25℃	-	1	-	pA	-
回路電流 [Note 11]	I_{DD}	25℃	-	340	650	μA	R_L=∞, All Op-Amps A_V=0dB, VDD=5V, IN+=2.5V
		全温度範囲	-	-	850		
		25℃	-	400	780		R_L=∞, All Op-Amps A_V=0dB, VDD=12V, IN+=6.0V
		全温度範囲	-	-	900		
最大出力電圧(High)	V_{OH}	25℃	VDD-0.1	-	-	V	R_L=10kΩ
最大出力電圧(Low)	V_{OL}	25℃	-	-	VSS+0.1	V	R_L=10kΩ
大振幅電圧利得	A_V	25℃	70	95	-	dB	R_L=10kΩ
同相入力電圧範囲	V_{ICM}	25℃	0	-	12	V	VSS ~ VDD
同相信号除去比	CMRR	25℃	45	60	-	dB	-
電源電圧除去比	PSRR	25℃	60	80	-	dB	-
出力ソース電流 [Note 12]	I_{SOURCE}	25℃	2	4	-	mA	OUT=VDD-0.4V
出力シンク電流 [Note 12]	I_{SINK}	25℃	3	7	-	mA	OUT=VSS+0.4V
スルーレート	SR	25℃	-	0.3	-	V/μs	C_L=25pF
利得帯域幅積	GBW	25℃	-	0.6	-	MHz	C_L=25pF, A_V=40dB
位相余裕	θ	25℃	-	50	-	deg	C_L=25pF, A_V=40dB
全高調波歪率+雑音	THD+N	25℃	-	0.05	-	%	OUT=1V_{P-P}, f=1kHz
チャンネルセパレーション	CS	25℃	-	100	-	dB	A_V=40dB, OUT=1Vrms

(Note 10) 絶対値表記
(Note 11) 全温度範囲 BD7542xxx: T_A=-40℃ ~ +85℃ BD7542Sxxx: T_A=-40℃ ~ +105℃
(Note 12) 高温環境下ではICの許容損失を考慮し、出力電流値を決定してください。
出力端子を連続的に短絡すると、発熱によるIC内部の温度上昇のため出力電流値が減少する場合があります。

㉑ BU5281G

特徴：低オフセット 2.5mV　18nV/Hz 1/2　SSOP5

●概要

BU5281xxは入力グランドセンス、出力フルスイングのオペアンプです。低電圧動作、低入力オフセット電圧、高スルーレートという特長を有します。また、MOSFET入力であるため、バイアス電流は1pA(Typ)と非常に小さくセンサアンプ用途に最適です。

●重要特性

- 動作電源電圧範囲 (単電源):　　+1.8V ~ +5.5V
- スルーレート:　　　　　　　　　　　2.0V/µs
- 温度範囲:
  BU5281G　　　　　　　　　　　　-40°C ~ +85°C
  BU5281SG　　　　　　　　　　　-40°C ~ +105°C
- 入力オフセット電圧:　　　　　　±2.5mV (Max)
- 入力バイアス電流:　　　　　　　　1pA (Typ)

●特長
- 低電圧動作
- 直流電圧利得が大きい
- 低オフセット電圧
- 低入力バイアス電流
- 高スルーレート

●パッケージ

	W(Typ) x D(Typ) x H(Max)
SSOP5	2.90mm x 2.80mm x 1.25mm

●アプリケーション
- バッファ
- アクティブフィルタ
- センサアンプ
- モバイル機器

●内部等価回路図

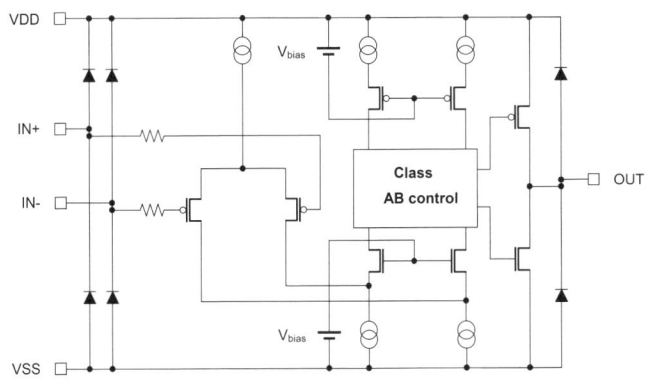

Figure 1. 内部等価回路図

●端子配置図

BU5281G, BU5281SG : SSOP5

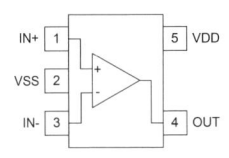

IN+ 1　　5 VDD
VSS 2
IN- 3　　4 OUT

パッケージ
SSOP5
BU5281G
BU5281SG

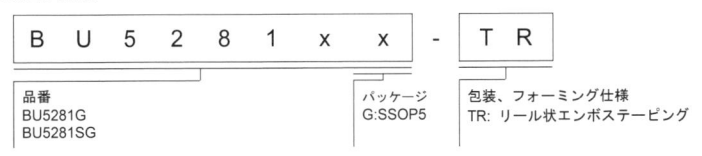

●発注形名情報

BU5281xx-TR

品番
BU5281G
BU5281SG

パッケージ
G:SSOP5

包装、フォーミング仕様
TR: リール状エンボステーピング

㉑ BU5281G

● ラインアップ

動作温度範囲	パッケージ		発注可能形名
-40°C ~ +85°C	SSOP5	Reel of 3000	BU5281G-TR
-40°C ~ +105°C	SSOP5	Reel of 3000	BU5281SG-TR

● 絶対最大定格(T_A=25°C)

項　　目	記号	定格 BU5281G	定格 BU5281SG	単位
電源電圧	VDD-VSS	+7		V
許容損失	P_D	0.54 (Note 1,2)		W
差動入力電圧 (Note 3)	V_{ID}	VDD - VSS		V
同相入力電圧	V_{ICM}	(VSS - 0.3) ~ VDD + 0.3		V
入力電流 (Note 4)	I_I	±10		mA
動作電源電圧範囲	V_{opr}	+1.8V ~ +5.5V		V
動作温度範囲	T_{opr}	-40 ~ +85	-40 ~ +105	°C
保存温度範囲	T_{stg}	-55 ~ +125		°C
最高接合部温度	T_{Jmax}	+125		°C

(Note 1) T_A=25°C以上で使用する場合には1°Cにつき5.4mWを減じます。
(Note 2) 許容損失は70mm×70mm×1.6mm FR4ガラスエポキシ基板(銅箔面積3%以下)実装時の値です。
(Note 3) 差動入力電圧は反転入力端子と非反転入力端子間の電位差を示します。その時各入力端子の電位はVSS以上の電位としてください。
(Note 4) 入力端子に約VDD+0.6V、または、VSS-0.6Vの電圧が印加された場合過剰な電流が流れる可能性があります。その場合は制限抵抗により入力電流が定格以下となるようにしてください。
(注) 絶対最大定格とは、端子にこの範囲の電圧を印加しても破壊しない限界を示す値であり、動作を保証するものではありません。
電源の逆接続は破壊の恐れがあるのでご注意ください。

● 電気的特性: 入出力フルスイング

○BU5281G, BU5281SG (特に指定のない限り VDD=+3V, VSS=0V, T_A=25°C)

項　　目	記号	温度範囲	規格値 最小	規格値 標準	規格値 最大	単位	条件
入力オフセット電圧 (Note 5)	V_{IO}	25°C	-	0.1	2.5	mV	-
入力オフセット電圧ドリフト (Note 5)	$\Delta V_{IO}/\Delta T$	-	-	0.8	-	μV/°C	-
入力オフセット電流 (Note 5)	I_{IO}	25°C	-	1	-	pA	-
入力バイアス電流 (Note 5)	I_B	25°C	-	1	-	pA	-
回路電流 (Note 6)	I_{DD}	25°C	-	750	1000	μA	R_L=∞ A_V=0dB, IN+=0.9V
		全温度範囲	-	-	1200		
最大出力電圧(High)	V_{OH}	25°C	VDD-0.1	-	-	V	R_L=10kΩ
最大出力電圧(Low)	V_{OL}	25°C	-	-	VSS+0.1	V	R_L=10kΩ
大振幅電圧利得	A_V	25°C	70	110	-	dB	R_L=10kΩ
同相入力電圧範囲	V_{ICM}	25°C	0	-	1.8	V	VSS ~ VDD-1.2V
同相信号除去比	CMRR	25°C	45	60	-	dB	-
電源電圧除去比	PSRR	25°C	60	80	-	dB	-
出力ソース電流 (Note 7)	I_{SOURCE}	25°C	5	8	-	mA	OUT=VDD-0.4V
出力シンク電流 (Note 7)	I_{SINK}	25°C	10	16	-	mA	OUT=VSS+0.4V
スルーレート	SR	25°C	-	2.0	-	V/μs	C_L=25pF
単一利得周波数	f_T	25°C	-	3	-	MHz	C_L=25pF, A_V=40dB
位相余裕	θ	25°C	-	40	-	deg	C_L=25pF, A_V=40dB
入力換算雑音電圧	V_N	25°C	-	18	-	nV/√Hz	A_V=40dB, f=1kHz
			-	3.2	-	μVrms	A_V=40dB, DINAUDIO
全高調波歪率+雑音	THD+N	25°C	-	0.003	-	%	OUT=0.4V_{P-P}, f=1kHz

(Note 5) 絶対値表記
(Note 6) 全温度範囲 BU5281: T_A=-40°C ~ +85°C BU5281S: T_A=-40°C ~ +105°C
(Note 7) 高温環境下ではICの許容損失を考慮して、出力電流値を決定してください。
出力端子を連続的に短絡すると、発熱によるIC内部の温度上昇のため出力電流値が減少する場合があります。

㉒ BU7291G

特徴：高速 3V/μs　2.8MHz　SSOP5

●概要

BU7291G /BU7294xx、BU7291SG/BU7294Sxx は 1回路/4回路入りの CMOS オペアンプ回路です。入出力フルスイング、高スルーレート、低電圧動作、低消費電流、高速動作が可能で、入力バイアス電流が 1pA (Typ) と非常に小さく、さらに、BU7291SG と BU7294Sxx は動作温度範囲が-40℃～+105℃と広いことが特長です。

●重要特性

- 動作電源電圧範囲 (単電源)：　　+2.4V ~ +5.5V
- 高スルーレート：　　　　　　　　3.0V/μs
- 温度範囲：
  BU7291G/BU7294xx　　　-40℃ ~ +85℃
  BU7291SG/BU7294Sxx　　-40℃ ~ +105℃
- 入力オフセット電流：　　　　　　1pA (Typ)
- 入力バイアス電流：　　　　　　　1pA (Typ)

●特長

- 高スルーレート
- 入出力フルスイング
- 直流電圧利得が大きい
- 低入力バイアス電流

●パッケージ

	W(Typ) x D(Typ) x H(Max)
SSOP5	2.90mm x 2.80mm x 1.25mm
SOP14	8.70mm x 6.20mm x 1.71mm
SSOP-B14	5.00mm x 6.40mm x 1.35mm

●アプリケーション

- バッテリー駆動機器
- 民生機器

●内部等価回路図

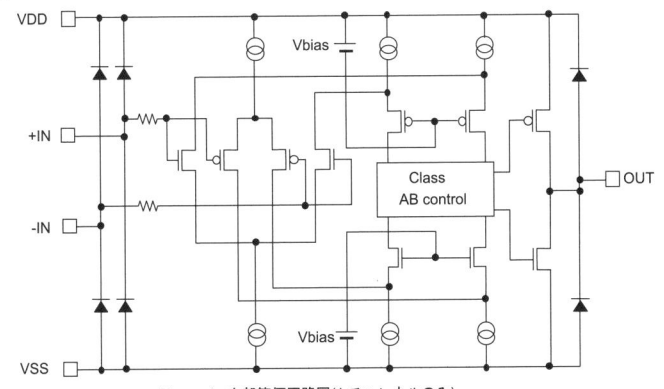

Figure 1. 内部等価回路図(1 チャンネルのみ)

●端子配置図

BU7291G, BU7291SG : SSOP5

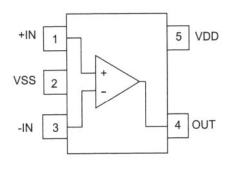

パッケージ		
SSOP5	SOP14	SSOP-B14
BU7291G	BU7294F	BU7294FV
BU7291SG	BU7294SF	BU7294SFV

●発注形名情報

BU729xxxx-xx

品番
BU7291G
BU7291SG
BU7294xx
BU7294Sxx

パッケージ
G:SSOP5
F:SOP14
FV:SSOP-B14

包装、フォーミング仕様
E2: リール状エンボステーピング
(SOP14/ SSOP-B14)
TR: リール状エンボステーピング
(SSOP5)

●ラインアップ

動作温度範囲	パッケージ		発注可能形名
-40°C ~ +85°C	SSOP5	Reel of 3000	BU7291G-TR
-40°C ~ +105°C	SSOP5	Reel of 3000	BU7291SG-TR
-40°C ~ +85°C	SOP14	Reel of 2500	BU7294F-E2
-40°C ~ +105°C	SOP14	Reel of 2500	BU7294SF-E2
-40°C ~ +85°C	SSOP-B14	Reel of 2500	BU7294FV-E2
-40°C ~ +105°C	SSOP-B14	Reel of 2500	BU7294SFV-E2

●絶対最大定格(Ta=25°C)

項目	記号		定格 BU7291 / BU7294	定格 BU7291S / BU7294S	単位
電源電圧	VDD-VSS		+7		V
許容損失	Pd	SSOP5	0.54[*1*4]		W
		SOP14	0.45[*2*4]		
		SSOP-B14	0.70[*3*4]		
差動入力電圧[*5]	Vid		VDD - VSS		V
同相入力電圧	Vicm		(VSS - 0.3) ~ VDD + 0.3		V
入力電流[*6]	Ii		±10		mA
動作電源電圧範囲	Vopr		+2.4 ~ +5.5		V
動作温度範囲	Topr		-40 ~ +85	-40 ~ +105	°C
保存温度範囲	Tstg		-55 ~ +125		°C
最大接合部温度	Tjmax		+125		°C

(注) 絶対最大定格とは、端子にこの範囲の電圧を印加しても破壊しない限界を示す値であり、動作を保証するものではありません。電源の逆接続は破壊の恐れがあるのでご注意ください。

*1 Ta=25°C以上で使用する場合には1°Cにつき5.4mWを減じます。
*2 Ta=25°C以上で使用する場合には1°Cにつき4.5mWを減じます。
*3 Ta=25°C以上で使用する場合には1°Cにつき7.0mWを減じます。
*4 許容損失は70mm×70mm×1.6mmFR4エポキシ基板(銅箔面積3%以下)実装時の値です。
*5 差動入力電圧は反転入力端子と非反転入力端子間の電圧差を示します。その時各入力端子の電位はVSS以上の電位としてください。
*6 入力端子に約VDD+0.6V、または、VSS-0.6Vの電圧が印加された場合過剰な電流が流れる可能性があります。その場合は制限抵抗により入力電流が定格以下となるようにしてください。

●電気的特性

○BU7291, BU7291S (特に指定のない限り VDD=+3V, VSS=0V, Ta=25°C)

項目	記号	温度範囲	規格値 最小	規格値 標準	規格値 最大	単位	条件
入力オフセット電圧[*7]	Vio	25°C	-	1	9	mV	-
入力オフセット電流[*7]	Iio	25°C	-	1	-	pA	-
入力バイアス電流[*7]	Ib	25°C	-	1	-	pA	-
回路電流[*8]	IDD	25°C	-	470	800	µA	RL=∞ Av=0dB, +IN=1.5V
		全温度範囲	-	-	1100		
最大出力電圧(High)	VOH	25°C	VDD-0.1	-	-	V	RL=10kΩ
最大出力電圧(Low)	VOL	25°C	-	-	VSS+0.1	V	RL=10kΩ
大振幅電圧利得	Av	25°C	70	105	-	dB	RL=10kΩ
同相入力電圧範囲	Vicm	25°C	0	-	3	V	VSS ~ VDD
同相信号除去比	CMRR	25°C	40	60	-	dB	-
電源電圧除去比	PSRR	25°C	45	80	-	dB	-
出力ソース電流[*9]	Isource	25°C	5	8	-	mA	VDD-0.4V
出力シンク電流[*9]	Isink	25°C	9	16	-	mA	VSS+0.4V
スルーレート	SR	25°C	-	3.0	-	V/µs	CL=25pF
利得帯域幅積	GBW	25°C	-	2.8	-	MHz	CL=25pF, f=100kHz
単一利得周波数	f_T	25°C	-	2.8	-	MHz	CL=25pF
位相余裕	θ	25°C	-	50	-	deg	CL=25pF
全高調波歪率+雑音	THD+N	25°C	-	0.03	-	%	OUT=0.8V$_{P-P}$, f=1kHz

*7 絶対値表記
*8 全温度範囲 BU7291: Ta=-40°C ~ +85°C BU7291S: Ta=-40°C ~ +105°C
*9 高温環境下ではICの許容損失を考慮し、出力電流値を決定してください。
  出力端子を連続的に短絡すると、発熱によるIC内部の温度上昇のため出力電流値が減少する場合があります。

㉓ BU7271G

特徴：入出力フルスイング低消費電流 8.6μA　SSOP5

● 概要

BU7271G は超低消費電流の入出力フルスイング CMOS オペアンプです。また、動作温度範囲を拡張した BU7271SG もラインアップしています。超低消費電流、低入力バイアス電流などを特長としており、バッテリー駆動機器やセンサアンプに最適です。

● 特長
- 超低消費電流
- 低電圧動作が可能
- 動作温度範囲が広い
- 低入力バイアス電流

● アプリケーション
- センサアンプ
- 民生機器
- バッテリー駆動機器
- ポータブル機器

● 重要特性
- 動作電源電圧範囲 (単電源): +1.8V ~ +5.5V
- 消費電流: 8.6μA(Typ)
- 動作温度範囲:
  BU7271G　　　　　　　　　-40°C ~ +85°C
  BU7271SG　　　　　　　　-40°C ~ +105°C
- 入力オフセット電流: 1pA (Typ)
- 入力バイアス電流: 1pA (Typ)

● パッケージ　　　　W(Typ) x D(Typ) x H(Max)
SSOP5　　　　　　2.90mm x 2.80mm x 1.25mm

● 内部等価回路図

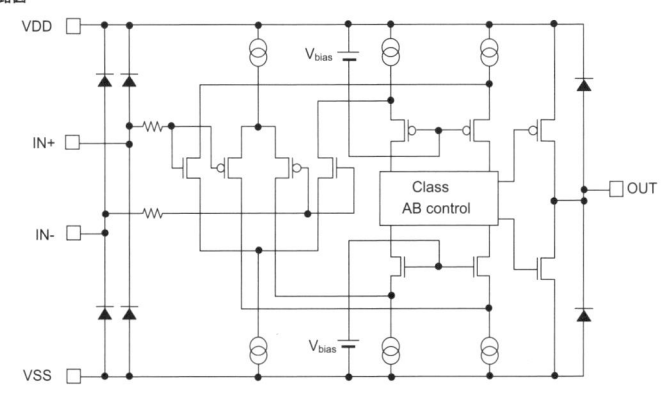

Figure 1. 内部等価回路図

● 端子配置図
BU7271G, BU7271SG: SSOP5

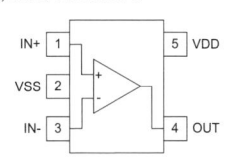

1 IN+
2 VSS
3 IN-
4 OUT
5 VDD

パッケージ
SSOP5
BU7271G BU7271SG

● 発注形名情報

BU7271Xx-TR

品番
BU7271G
BU7271SG

パッケージ
G: SSOP5

包装、フォーミング仕様
TR: リール状エンボステーピング

●ラインアップ

動作温度範囲	パッケージ		発注可能形名
-40℃ ~ +85℃	SSOP5	Reel of 3000	BU7271G-TR
-40℃ ~ +105℃	SSOP5	Reel of 3000	BU7271SG-TR

●絶対最大定格 (T_A=25℃)

項　　目	記号	定格 BU7271G	定格 BU7271SG	単位
電源電圧	VDD-VSS	+7		V
許容損失	P_D SSOP5	0.54[Note 1,2]		W
差動入力電圧[Note 3]	V_{ID}	VDD - VSS		V
同相入力電圧	V_{ICM}	(VSS-0.3) ~ (VDD+0.3)		V
入力電流[Note 4]	I_I	±10		mA
動作電源電圧範囲	V_{opr}	+1.8 ~ +5.5		V
動作温度範囲	T_{opr}	-40 ~ +85	-40 ~ +105	℃
保存温度範囲	T_{stg}	-55 ~ +125		℃
最大接合部温度	T_{Jmax}	+125		℃

(Note 1)　T_A=25℃以上で使用する場合には1℃につき5.4mWを減じます。
(Note 2)　許容損失は70mm×70mm×1.6mm FR4エポキシ基板(銅箔面積3%以下)実装時の値です。
(Note 3)　差動入力電圧は反転入力端子と非反転入力端子間の電位差を示します。その時各入力端子の電位はVSS以上の電位としてください。
(Note 4)　入力端子に約VDD+0.6V、または、VSS-0.6Vの電圧が印加された場合過量な電流が流れる可能性があります。その場合は制限抵抗により入力電流が定格以下となるようにしてください。

注意：　印加電圧及び動作温度範囲などの絶対最大定格を超えた場合は、劣化または破壊に至る可能性があります。また、ショートモードもしくはオープンモードなど、破壊状態を想定できません。絶対最大定格を超えるような特殊モードが想定される場合、ヒューズなど物理的な安全対策を施して頂けるようご検討お願いします。

●電気的特性

○BU7271G, BU7271SG（特に指定のない限り　VDD=+3V, VSS=0V, T_A=25℃）

項　　目	記号	温度範囲	規格値 最小	規格値 標準	規格値 最大	単位	条件
入力オフセット電圧[Note 5]	V_{IO}	25℃	-	1	8	mV	VDD=1.8 ~ 5.5V
入力オフセット電流[Note 5]	I_{IO}	25℃	-	1	-	pA	-
入力バイアス電流[Note 5]	I_B	25℃	-	1	-	pA	-
回路電流[Note 6]	I_{DD}	25℃	-	8.6	17	μA	R_L=∞, A_V=0dB IN+=1.5V
		全温度範囲	-	-	25		
最大出力電圧(High)	V_{OH}	25℃	VDD-0.1	-	-	V	R_L=10kΩ
最大出力電圧(Low)	V_{OL}	25℃	-	-	VSS+0.1	V	R_L=10kΩ
大振幅電圧利得	A_V	25℃	70	100	-	dB	R_L=10kΩ
同相入力電圧範囲	V_{ICM}	25℃	0	-	3	V	VSS ~ VDD
同相信号除去比	CMRR	25℃	45	60	-	dB	-
電源電圧除去比	PSRR	25℃	60	80	-	dB	-
出力ソース電流[Note 7]	I_{SOURCE}	25℃	2	4	-	mA	OUT=VDD-0.4V
出力シンク電流[Note 7]	I_{SINK}	25℃	4	8	-	mA	OUT=VSS+0.4V
スルーレート	SR	25℃	-	50	-	V/ms	C_L=25pF
利得帯域幅積	GBW	25℃	-	90	-	kHz	C_L=25pF, A_V=40dB
位相余裕	θ	25℃	-	60	-	deg	C_L=25pF, A_V=40dB

(Note 5)　絶対値表記
(Note 6)　全温度範囲 BU7271: T_A=-40℃ ~ +85℃　BU7271S: T_A=-40℃ ~ +105℃
(Note 7)　高温環境下ではICの許容損失を考慮し、出力電流値を決定してください。
　　　　　出力端子を連続的に短絡すると、発熱によるIC内部の温度上昇のため出力電流値が減少する場合があります。

㉔ BU7421G

特徴：出力フルスイング低消費電流 8.5μA　SSOP5

●概要

BU7421G は低電圧動作、入力グランドセンス、出力フルスイングの CMOS オペアンプです。また、動作温度範囲を拡張した BU7421SG もラインアップしています。超低消費電流、低入力バイアス電流を特長としており、特にバッテリー駆動機器やセンサアンプに最適です。

●特長

- 超低消費電流
- 低電圧動作
- 動作温度範囲が広い(BU7421SG)
- 低入力バイアス電流

●重要特性

- 動作電源電圧範囲 (単電源): +1.7V ~ +5.5V
- 消費電流: 8.5μA(Typ)
- 動作温度範囲:
  - BU7421G: -40°C ~ +85°C
  - BU7421SG: -40°C ~ +105°C
- 入力オフセット電流: 1pA (Typ)
- 入力バイアス電流: 1pA (Typ)

●パッケージ

	W(Typ) x D(Typ) x H(Max)
SSOP5	2.90mm x 2.80mm x 1.25mm

●アプリケーション

- センサアンプ
- バッテリー駆動機器
- 民生機器

●内部等価回路図

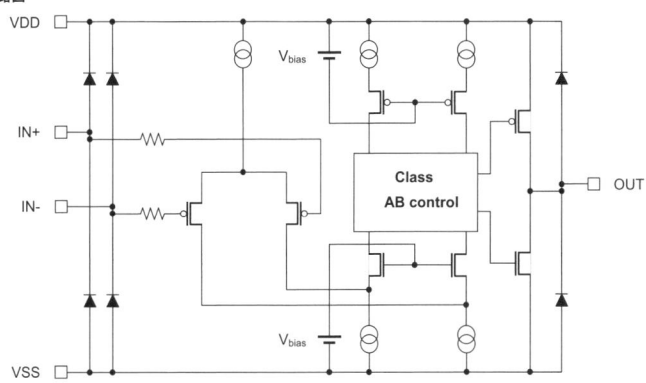

Figure 1. 内部等価回路図

●端子配置図

BU7421G, BU7421SG: SSOP5

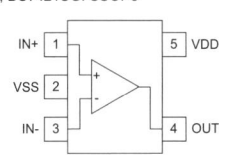

- IN+ 1
- VSS 2
- IN- 3
- OUT 4
- VDD 5

パッケージ
SSOP5
BU7421G
BU7421SG

●発注形名情報

B U 7 4 2 1 x x - T R

- 品番: BU7421G, BU7421SG
- パッケージ: G: SSOP5
- 包装、フォーミング仕様: TR: リール状エンボステーピング

● ラインアップ

動作温度範囲	パッケージ		発注可能形名
-40℃ ~ +85℃	SSOP5	Reel of 3000	BU7421G-TR
-40℃ ~ +105℃	SSOP5	Reel of 3000	BU7421SG-TR

● 絶対最大定格 (T$_A$=25℃)

項目	記号	定格 BU7421G	定格 BU7421SG	単位
電源電圧	VDD-VSS	+7		V
許容損失	P$_D$ SSOP5	0.54(Note 1,2)		W
差動入力電圧(Note 3)	V$_{ID}$	VDD - VSS		V
同相入力電圧	V$_{ICM}$	(VSS-0.3) ~ (VDD+0.3)		V
入力電流(Note 4)	I$_I$	±10		mA
動作電源電圧範囲	V$_{opr}$	+1.7 ~ +5.5		V
動作温度範囲	T$_{opr}$	-40 ~ +85	-40 ~ +105	℃
保存温度範囲	T$_{stg}$	-55 ~ +125		℃
最大接合温度	T$_{Jmax}$	+125		℃

(Note 1) T$_A$=25℃以上で使用する場合には 1℃につき 5.4mW を減じます。
(Note 2) 許容損失は 70mm×70mm×1.6mm FR4 エポキシ基板(銅箔面積 3%以下)実装時の値です。
(Note 3) 差動入力電圧は反転入力端子と非反転入力端子間の電位差を示します。その時各入力端子の電位は VSS 以上の電位としてください。
(Note 4) 入力端子に約 VDD+0.6V、または、VSS-0.6V の電圧が印加された場合過剰な電流が流れる可能性があります。その場合は制限抵抗により入力電流が定格以下となるようにしてください。
(注) 絶対最大定格とは、端子にこの範囲の電圧を印加しても破壊しない限界を示す値であり、動作を保証するものではありません。
電源の逆接続は破壊の恐れがあるのでご注意ください。

● 電気的特性

○BU7421G, BU7421SG (特に指定のない限り VDD=+3V, VSS=0V, T$_A$=25℃)

項目	記号	温度範囲	規格値 最小	規格値 標準	規格値 最大	単位	条件
入力オフセット電圧(Note 5)	V$_{IO}$	25℃	-	1	6	mV	VDD=1.7 ~ 5.5V
入力オフセット電流(Note 5)	I$_{IO}$	25℃	-	1	-	pA	-
入力バイアス電流(Note 5)	I$_B$	25℃	-	1	-	pA	-
回路電流(Note 6)	I$_{DD}$	25℃	-	8.5	17	μA	R$_L$=∞, A$_V$=0dB IN+=0.9V
		全温度範囲	-	-	25		
最大出力電圧(High)	V$_{OH}$	25℃	VDD-0.1	-	-	V	R$_L$=10kΩ
最大出力電圧(Low)	V$_{OL}$	25℃	-	-	VSS+0.1	V	R$_L$=10kΩ
大振幅電圧利得	A$_V$	25℃	70	100	-	dB	R$_L$=10kΩ
同相入力電圧範囲	V$_{ICM}$	25℃	0	-	1.8	V	VSS ~ VDD-1.2V
同相信号除去比	CMRR	25℃	45	60	-	dB	-
電源電圧除去比	PSRR	25℃	60	80	-	dB	-
出力ソース電流(Note 7)	I$_{SOURCE}$	25℃	2	4	-	mA	OUT=VDD-0.4V
出力シンク電流(Note 7)	I$_{SINK}$	25℃	4	8	-	mA	OUT=VSS+0.4V
スルーレート	SR	25℃	-	50	-	V/ms	C$_L$=25pF
利得帯域幅積	f$_T$	25℃	-	90	-	kHz	C$_L$=25pF, A$_V$=40dB
位相余裕	θ	25℃	-	60	-	deg	C$_L$=25pF, A$_V$=40dB

(Note 5) 絶対値表記
(Note 6) 全温度範囲 BU7421G: T$_A$=-40℃ ~ +85℃ BU7421SG: T$_A$=-40℃ ~ +105℃
(Note 7) 高温環境下では IC の許容損失を考慮し、出力電流値を決定してください。
出力端子を連続的に短絡すると、発熱による IC 内部の温度上昇のため出力電流値が減少する場合があります。

㉕ BU7411SG 特徴：超低消費電流，低電圧動作 1.6V(0.35μA/ch) SSOP5

●概要
BU7411G は超低消費電流入力グランドセンス、出力フルスイングの CMOS オペアンプです。また、動作温度範囲を拡張した BU7411SG もラインアップしています。超低消費電流、低入力バイアス電流などを特長としており、バッテリー駆動機器やセンサアンプに最適です。

●特長
- 超低消費電流
- 動作温度範囲が広い
- 低入力バイアス電流
- 低電圧動作が可能

●重要特性
■ 動作電源電圧範囲（単電源）:	+1.6V ~ +5.5V
■ 消費電流	0.35μA(Typ)
■ 動作温度範囲:	
BU7411G	-40°C ~ +85°C
BU7411SG	-40°C ~ +105°C
■ 入力オフセット電流:	1pA (Typ)
■ 入力バイアス電流:	1pA (Typ)

●パッケージ
	W(Typ) x D(Typ) x H(Max)
SSOP5	2.90mm x 2.80mm x 1.25mm

●アプリケーション
- センサアンプ
- 民生機器
- バッテリー駆動機器
- ポータブル機器

●内部等価回路図

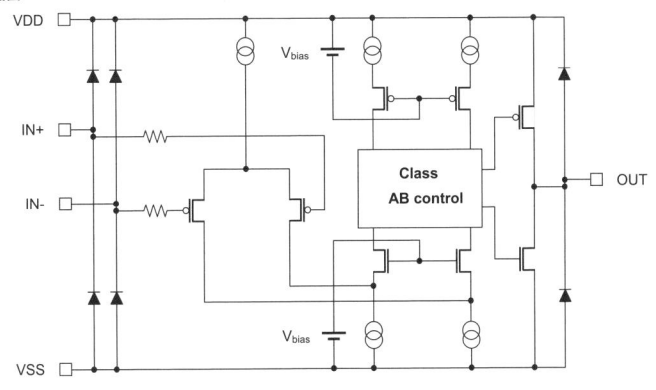

Figure 1. 内部等価回路図

●端子配置図
BU7411G, BU7411SG: SSOP5

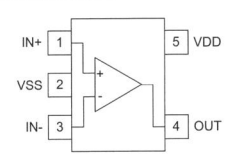

パッケージ
SSOP5
BU7411G
BU7411SG

●発注形名情報

BU7411xx-TR

- 品番: BU7411G, BU7411SG
- パッケージ: G: SSOP5
- 包装、フォーミング仕様: TR: リール状エンボステーピング

㉕ BU7411SG

●ラインアップ

動作温度範囲	パッケージ		発注可能形名
-40°C ~ +85°C	SSOP5	Reel of 3000	BU7411G-TR
-40°C ~ +105°C	SSOP5	Reel of 3000	BU7411SG-TR

●絶対最大定格 (T_A=25°C)

項　　目	記号	定格 BU7411G	定格 BU7411SG	単位
電源電圧	VDD-VSS	+7		V
許容損失　P_D　SSOP5		0.54 (Note 1,2)		W
差動入力電圧 (Note 3)	V_{ID}	VDD - VSS		V
同相入力電圧	V_{ICM}	(VSS-0.3) ~ (VDD+0.3)		V
入力電流 (Note 4)	I_I	±10		mA
動作電源電圧範囲	V_{opr}	+1.6 ~ +5.5		V
動作温度範囲	T_{opr}	-40 ~ +85	-40 ~ +105	°C
保存温度範囲	T_{stg}	-55 ~ +125		°C
最大接合部温度	T_{Jmax}	+125		°C

(Note 1) T_A=25°C以上で使用する場合には1°Cにつき5.4mWを減じます。
(Note 2) 許容損失は70mm×70mm×1.6mm FR4エポキシ基板(銅箔面積3%以下)実装時の値です。
(Note 3) 差動入力電圧は反転入力端子と非反転入力端子間の電圧差を示します。その時各入力端子の電位はVSS以上の電位としてください。
(Note 4) 入力端子に約VDD+0.6V、または、VSS-0.6Vの電圧が印加された場合過剰な電流が流れる可能性があります。その場合は制限抵抗により入力電流が定格以下となるようにしてください。
注意：印加電圧及び動作温度範囲などの絶対最大定格を超えた場合は、劣化または破壊に至る可能性があります。また、ショートモードもしくはオープンモードなど、破壊状態を想定できません。絶対最大定格を超えるような特殊モードが想定される場合、ヒューズなど物理的な安全対策を施して頂くようご検討お願いします。

●電気的特性

○BU7411G, BU7411SG (特に指定のない限り VDD=+3V, VSS=0V, T_A=25°C)

項　　目	記号	温度範囲	規格値 最小	規格値 標準	規格値 最大	単位	条件
入力オフセット電圧 (Note 5)	V_{IO}	25°C	-	1	8	mV	VDD=1.6V ~ 5.5V
入力オフセット電流 (Note 5)	I_{IO}	25°C	-	1	-	pA	-
入力バイアス電流 (Note 5)	I_B	25°C	-	1	-	pA	-
回路電流 (Note 6)	I_{DD}	25°C	-	0.35	0.8	μA	R_L=∞, A_V=0dB IN+=1.0V
		全温度範囲	-	-	1.3		
最大出力電圧(High)	V_{OH}	25°C	VDD-0.1	-	-	V	R_L=10kΩ
最大出力電圧(Low)	V_{OL}	25°C	-	-	VSS+0.1	V	R_L=10kΩ
大振幅電圧利得	A_V	25°C	60	95	-	dB	R_L=10kΩ
同相入力電圧範囲	V_{ICM}	25°C	0	-	2	V	VSS ~ VDD-1.0V
同相信号除去比	CMRR	25°C	45	60	-	dB	-
電源電圧除去比	PSRR	25°C	60	80	-	dB	-
出力ソース電流 (Note 7)	I_{SOURCE}	25°C	1	2.4	-	mA	OUT=VDD-0.4V
出力シンク電流 (Note 7)	I_{SINK}	25°C	2	4	-	mA	OUT=VSS+0.4V
スルーレート	SR	25°C	-	2.4	-	V/ms	C_L=25pF
利得帯域幅積	f_T	25°C	-	4	-	kHz	C_L=25pF, A_V=40dB
位相余裕	θ	25°C	-	60	-	deg	C_L=25pF, A_V=40dB

(Note 5) 絶対値表記
(Note 6) 全温度範囲 BU7411: T_A=-40°C ~ +85°C　BU7411S: T_A=-40°C ~ +105°C
(Note 7) 高温環境下ではICの許容損失を考慮し、出力電流値を決定してください。
出力端子を連続的に短絡すると、発熱によるIC内部の温度上昇のため出力電流値が減少する場合があります。

㉖ BU7265G

特徴：超低消費電流 0.35μA/ch　SSOP5

●概要

BU7265/BU7266xxx および動作温度範囲を拡張した BU7265SG/BU7266Sxxx は超低消費電流の入出力フルスイング CMOS オペアンプです。低電圧動作、低入力バイアス電流の特長を有し、バッテリー駆動機器、ポータブル機器やセンサアンプに最適なオペアンプです。

●特長

- 超低消費電流
- 低電圧動作が可能
- 動作温度範囲が広い
  (BU7265SG/BU7266Sxxx)
- 低入力バイアス電流

●アプリケーション

- バッテリー駆動機器
- ポータブル機器
- 民生機器
- センサアンプ

●重要特性

■ 動作電源電圧範囲 (単電源):	+1.8V ~ +5.5V
■ 回路電流:	
BU7265/BU7265SG	0.35μA(Typ)
BU7266xxx/BU7266Sxxx	0.7μA(Typ)
■ 動作温度範囲:	
BU7265G	-40°C ~ +85°C
BU7266xxx	-40°C ~ +85°C
BU7265SG	-40°C ~ +105°C
BU7266Sxxx	-40°C ~ +105°C
■ 入力オフセット電流:	1pA (Typ)
■ 入力バイアス電流:	1pA (Typ)

●パッケージ

	W(Typ) x D(Typ) x H(Max)
SSOP5	2.90mm x 2.80mm x 1.25mm
SOP8	5.00mm x 6.20mm x 1.71mm
SSOP-B8	3.00mm x 6.40mm x 1.35mm
MSOP8	2.90mm x 4.00mm x 0.90mm

●内部等価回路図

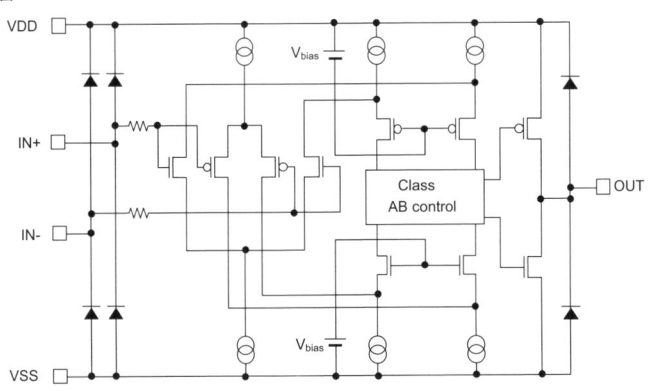

Figure 1. 内部等価回路図

●端子配置図

BU7265G, BU7265SG: SSOP5

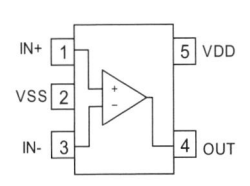

ピン	
1	IN+
2	VSS
3	IN-
4	OUT
5	VDD

パッケージ			
SSOP5	SOP8	SSOP-B8	MSOP8
BU7265G	BU7266F	BU7266FV	BU7266FVM
BU7265SG	BU7266SF	BU7266SFV	BU7266SFVM

●絶対最大定格 (T_A=25℃)

項　　目	記号		定格			Unit
		BU7265G	BU7266xxx	BU7265SG	BU7266Sxxx	
電源電圧	VDD-VSS		+7			V
許容損失　P_D	SSOP5	0.54 (Note 1,5)	-	0.54 (Note 1,5)	-	W
	SOP8	-	0.55 (Note 2,5)	-	0.55 (Note 2,5)	
	SSOP-B8	-	0.50 (Note 3,5)	-	0.50 (Note 3,5)	
	MSOP8	-	0.47 (Note 4,5)	-	0.47 (Note 4,5)	
差動入力電圧 (Note 6)	V_ID		VDD - VSS			V
同相入力電圧	V_ICM		(VSS - 0.3) ～ VDD + 0.3			V
入力電流 (Note 7)	I_I		±10			mA
動作電源電圧範囲	V_opr		+1.8 ～ +5.5			V
動作温度範囲	T_opr	-40 ～ +85		-40 ～ +105		℃
保存温度範囲	T_stg		-55 ～ +125			℃
最大接合部温度	T_Jmax		+125			℃

(Note 1) T_A=25℃以上で使用する場合には 1℃につき 5.4mW を減じます。
(Note 2) T_A=25℃以上で使用する場合には 1℃につき 5.5mW を減じます。
(Note 3) T_A=25℃以上で使用する場合には 1℃につき 4.7mW を減じます。
(Note 4) T_A=25℃以上で使用する場合には 1℃につき 4.1mW を減じます。
(Note 5) 許容損失は 70mm×70mm×1.6mm FR4 ガラスエポキシ基板(銅箔面積 3%以下)実装時の値です。
(Note 6) 差動入力電圧は反転入力端子と非反転入力端子間の電位差を示します。その時各入力端子の電位は VSS 以上の電位としてください。
(Note 7) 入力端子に約 VDD+0.6V、または、VSS-0.6V の電圧が印加された場合過剰な電流が流れる可能性があります。その場合は制限抵抗により入力電流が定格以下となるようにしてください。
(注) 絶対最大定格とは、端子にこの範囲の電圧を印加しても破壊しない限界を示す値であり、動作を保証するものではありません。電源の逆接続は破壊の恐れがあるのでご注意ください。

●電気的特性

○BU7265G, BU7265SG （特に指定のない限り VDD=+3V, VSS=0V, T_A=25℃）

項　目	記号	温度範囲	規　格　値			単位	条件
			最小	標準	最大		
入力オフセット電圧 (Note 8)	V_IO	25℃	-	1	8.5	mV	VDD=1.8 ～ 5.5V
入力オフセット電流 (Note 8)	I_IO	25℃	-	1	-	pA	
入力バイアス電流 (Note 8)	I_B	25℃	-	1	-	pA	
回路電流 (Note 9)	I_DD	25℃	-	0.35	0.9	μA	R_L=∞, A_V=0dB
		全温度範囲	-	-	1.3		IN+=1.5V
最大出力電圧(High)	V_OH	25℃	VDD-0.1	-	-	V	R_L=10kΩ
最大出力電圧(Low)	V_OL	25℃	-	-	VSS+0.1	V	R_L=10kΩ
大振幅電圧利得	A_V	25℃	60	95	-	dB	R_L=10kΩ
同相入力電圧範囲	V_ICM	25℃	0	-	3	V	VSS～VDD
同相信号除去比	CMRR	25℃	45	60	-	dB	-
電源電圧除去比	PSRR	25℃	60	80	-	dB	-
出力ソース電流 (Note 10)	I_SOURCE	25℃	1	2.4	-	mA	OUT= VDD-0.4V
出力シンク電流 (Note 10)	I_SINK	25℃	2	4	-	mA	OUT=VSS+0.4V
スルーレート	SR	25℃	-	2.4	-	V/ms	C_L=25pF
単一利得周波数	f_T	25℃	-	4	-	kHz	C_L=25pF, A_V=40dB
位相余裕	θ	25℃	-	60	-	deg	C_L=25pF, A_V=40dB

(Note 8) 絶対値表記
(Note 9) 全温度範囲 BU7265: T_A=-40℃ ～ +85℃　BU7465S: T_A=-40℃ ～ +105℃
(Note 10) 高温環境下では IC の許容損失を考慮し、出力電流値を決定してください。出力端子を連続的に短絡すると、発熱による IC 内部の温度上昇のため出力電流値が減少する場合があります。

電気的特性用語説明

ここでは本データシートに用いられる電気的特性用語の説明を記述します。項目と使用される記号も示します。
ここに挙げる項目名や記号、意味については他メーカーや一般の文書などとは異なる場合がありますのでご注意ください。

1. 絶対最大定格
絶対最大定格項目は瞬間的であっても超えてはならない条件を示すものです。絶対最大定格を越えた電圧の印加や絶対最大定格温度環境外での使用は、IC の特性劣化や破壊を生じる原因となります。

1.1 電源電圧 (VCC-VEE)
正側電源端子と負側電源端子との間に内部回路の特性劣化や破壊無なしに印加できる最大電圧を示します。

1.2 差動入力電圧 (Vid)
+入力端子と-入力端子の間に IC の特性劣化や破壊なしに印加できる最大電圧を示します。

1.3 同相入力電圧 (Vicm)
+入力端子と-入力端子に IC の特性劣化や破壊なしに印加可能な最大電圧を示します。
最大定格の同相入力電圧範囲は IC の正常動作を保証するものではありません。IC の正常動作を期待する場合は電気的特性項目の同相入力電圧範囲に従う必要があります。

1.4 動作温度範囲, 保存温度範囲 (Topr, Tstg)
動作温度範囲は IC が動作可能な温度範囲を示します。周囲温度が高くなるほど IC が消費できる電力は減少します。
保存温度範囲は IC の過度の特性劣化を生じずに保存できる温度範囲を示します。

1.5 許容損失 (Pd)
周囲温度 25℃(常温)および規定された実装基板で IC が消費できる電力を示しています。パッケージ製品の場合、パッケージ内の IC チップが許容できる温度(最大接合温度)とパッケージの熱抵抗によって決まります。

2. 電気的特性項目

2.1 入力オフセット電圧 (Vio)
+入力端子と-入力端子との間の電位差を示します。出力電圧を 0V にするために必要な入力電圧差とも言い換えることができます。

2.2 入力オフセット電圧ドリフト (ΔVio/ΔT)
周囲温度変動に対する入力オフセット電圧変動の比を示します。

2.3 入力オフセット電流 (Iio)
+入力端子と-入力端子の入力バイアス電流の差を示します。

2.4 入力オフセット電流ドリフト (ΔIio/ΔT)
周囲温度変動に対する入力オフセット電流変動の比を示します。

2.5 入力バイアス電流 (Ib)
入力端子に流れ込むあるいは入力端子から流れ出す電流を示します。
+入力端子の入力バイアス電流と-入力端子の入力バイアス電流との平均値で定義します。

2.6 回路電流 (ICC)
IC 個別の規定の条件および無負荷、定常状態において流れる IC 単体の電流を示します。

2.7 最大出力電圧(High)/最大出力電圧(Low) (VOH/VOL)
規定の負荷条件で IC が出力できる電圧範囲を示します。一般的に最大出力電圧 High と Low に分けられます。
最大出力電圧(High)は出力電圧の上限を示しており、最大出力電圧(Low)は出力電圧の下限を示しています。

2.8 大振幅電圧利得 (Av)
+入力端子、-入力端子の差電圧に対する出力電圧への増幅率(利得)を示します。
通常、直流電圧に対する増幅率(利得)です。 Av=(出力電圧変動分)/(入力オフセット電圧変動分)

2.9 同相入力電圧範囲 (Vicm)
IC が正常に動作する入力電圧範囲を示しています。

2.10 同相信号除去比 (CMRR)
同相入力電圧を変化させた時の入力オフセット電圧の変動の比を示しています。通常、直流変動分です。
CMRR=(同相入力電圧変化分)/(入力オフセット変動分)

2.11 電源電圧除去比 (PSRR)
電源電圧を変化させた時の入力オフセット電圧の変動の比を示しています。通常、直流変動分です。
PSRR=(電源電圧変化分)/(入力オフセット変動分)

2.12 出力ソース電流/出力シンク電流　(Isource / Isink)
規定の出力条件(出力電圧や負荷条件等)で出力できる最大の出力電流を示します。出力ソース電流と出力シンク電流に分けられます。　出力ソース電流は IC からの流出電流を示しており、出力シンク電流は IC への流入電流を示しています。

2.13 チャンネルセパレーション (CS)
駆動されたチャンネルの出力電圧の変化に対する他チャンネルの出力電圧の変動を示します。

2.14 スルーレート (SR)
オペアンプの動作速度を表すパラメータです。出力電圧が規定した単位時間当りに変化できる割合を示します。

2.15 利得帯域幅積(GBW)
利得の傾きが 6dB/octave の領域における任意の周波数と、その利得の積を示しています。

2.16 入力換算雑音電圧 (Vn)
オペアンプの内部で発生する雑音電圧を等価的に入力端子に直列に接続される理想電圧源で表したものです。

ご注意

● **一般的な注意事項**

1) 本製品をご使用になる前に、本資料をよく読み、その内容を十分に理解されるようお願い致します。本資料に記載される注意事項に反して本製品をご使用されたことによって生じた不具合、故障及び事故に関し、ロームは一切その責任を負いませんのでご注意願います。

2) 本資料に記載の内容は、本資料発行時点のものであり、予告なく変更することがあります。本製品のご購入及びご使用に際しては、事前にローム営業窓口で最新の情報をご確認ください。

● **ローム製品取扱い上の注意事項**

1) 本製品は一般的な電子機器（AV 機器、OA 機器、通信機器、家電製品、アミューズメント機器等）への使用を意図して設計・製造されております。従いまして、極めて高度な信頼性が要求され、その故障や誤動作が人の生命、身体への危険若しくは損害、又はその他の重大な損害の発生に関わるような機器又は装置（医療機器、輸送機器、交通機器、航空宇宙機、原子力制御、燃料制御、カーアクセサリを含む車載機器、各種安全装置等）（以下「特定用途」という）へのご使用を検討される際は事前にローム営業窓口までご相談下さいますようお願い致します。ロームの文書による事前の承諾を得ることなく、特定用途に本製品を使用したことによりお客様又は第三者に生じた損害等に関し、ロームは一切その責任を負いません。

2) 半導体製品は一定の確率で誤動作や故障が生じる場合があります。万が一、かかる誤動作や故障が生じた場合であっても、本製品の不具合により、人の生命、身体、財産への危険又は損害が生じないように、お客様の責任において次の例に示すようなフェールセーフ設計など安全対策をお願い致します。
　　①保護回路及び保護装置を設けてシステムとしての安全性を確保する。
　　②冗長回路等を設けて単一故障では危険が生じないようにシステムとしての安全を確保する。

3) 本製品は一般的な電子機器に標準的な用途で使用されることを意図して設計・製造されており、下記に例示するような特殊環境での使用を配慮した設計はなされておりません。従いまして、下記のような特殊環境での本製品のご使用に関し、ロームは一切その責任を負いません。本製品を下記のような特殊環境でご使用される際は、お客様におかれまして十分に性能、信頼性等をご確認ください。
　　①水・油・薬液・有機溶剤等の液体中でのご使用
　　②直射日光・屋外暴露、塵埃中でのご使用
　　③潮風、Cl_2、H_2S、NH_3、SO_2、NO_2 等の腐食性ガスの多い場所でのご使用
　　④静電気や電磁波の強い環境でのご使用
　　⑤発熱部品に近接した取付け及び当製品に近接してビニール配線等、可燃物を配置する場合。
　　⑥本製品を樹脂等で封止、コーティングしてのご使用。
　　⑦はんだ付けの後に洗浄を行わない場合(無洗浄タイプのフラックスを使用された場合も、残渣の洗浄は確実に行うことをお薦め致します)、又ははんだ付け後のフラックス洗浄に水又は水溶性洗浄剤をご使用の場合。
　　⑧本製品が結露するような場所でのご使用。

4) 本製品は耐放射線設計はなされておりません。

5) 本製品単品の評価では予測できない症状・事態を確認するためにも、本製品のご使用にあたってはお客様製品に実装された状態で評価及び確認ください。

6) パルス等の過渡的な負荷（短時間での大きな負荷）が加わる場合は、お客様製品に本製品を実装した状態で必ずその評価及び実施してください。また、定常時での負荷条件において定格電力以上の負荷を印加されますと、本製品の性能又は信頼性が損なわれるおそれがあるため必ず定格電力以下でご使用ください。

7) 許容損失(Pd)は周囲温度(Ta)に合わせてディレーティングして下さい。また、密閉された環境下でご使用の場合は、必ず温度測定を行い、ディレーティングカーブ範囲内であることをご確認ください。

8) 使用温度は納入仕様書に記載の温度範囲内であることをご確認ください。

9) 本資料の記載内容を逸脱して本製品をご使用されたことによって生じた不具合、故障及び事故に関し、ロームは一切その責任を負いません。

● **実装及び基板設計上の注意事項**

1) ハロゲン系（塩素系、臭素系等）の活性度の高いフラックスを使用する場合、フラックスの残渣により本製品の性能又は信頼性への影響が考えられますので、事前にお客様にてご確認ください。

2) はんだ付けはリフローはんだを原則とさせて頂きます。なお、フロー方法でのご使用につきましては別途ロームまでお問い合わせください。
詳細な実装及び基板設計上の注意事項につきましては別途、ロームの実装仕様書をご確認ください。

●応用回路、外付け回路等に関する注意事項
1) 本製品の外付け回路定数を変更してご使用になる際は静特性のみならず、過渡特性も含め外付け部品及び本製品のバラツキ等を考慮して十分なマージンをみて決定してください。

2) 本資料に記載された応用回路例やその定数などの情報は、本製品の標準的な動作や使い方を説明するためのもので、実際に使用する機器での動作を保証するものではありません。従いまして、お客様の機器の設計において、回路やその定数及びこれらに関連する情報を使用する場合には、外部諸条件を考慮し、お客様の判断と責任において行ってください。これらの使用に起因しお客様又は第三者に生じた損害に関し、ロームは一切その責任を負いません。

●静電気に対する注意事項
本製品は静電気に対して敏感な製品であり、静電放電等により破壊することがあります。取り扱い時や工程での実装時、保管時において静電気対策を実施の上、絶対最大定格以上の過電圧等が印加されないようにご使用下さい。特に乾燥環境下では静電気が発生しやすくなるため、十分な静電対策を実施ください。(人体及び設備のアース、帯電物からの隔離、イオナイザの設置、摩擦防止、温湿度管理、はんだごてのこて先のアース等)

●保管・運搬上の注意事項
1) 本製品を下記の環境又は条件で保管されますと性能劣化やはんだ付け性等の性能に影響を与えるおそれがありますのでこのような環境及び条件での保管は避けてください。
　①潮風、Cl_2、H_2S、NH_3、SO_2、NO_2等の腐食性ガスの多い場所での保管
　②推奨温度、湿度以外での保管
　③直射日光や結露する場所での保管
　④強い静電気が発生している場所での保管

2) ロームの推奨保管条件下におきましても、推奨保管期限を経過した製品は、はんだ付け性に影響を与える可能性があります。推奨保管期限を経過した製品は、はんだ付け性を確認した上でご使用頂くことを推奨します。

3) 本製品の運搬、保管の際は梱包箱を正しい向き(梱包箱に表示されている天面方向)で取り扱いください。天面方向が遵守されずに梱包箱を落下させた場合、製品端子に過度なストレスが印加され、端子曲がり等の不具合が発生する危険があります。

4) 防湿梱包を開封した後は、規定時間内にご使用ください。規定時間を経過した場合はベーク処置を行った上でご使用ください。

●製品ラベルに関する注意事項
本製品に貼付されている製品ラベルにQRコードが印字されていますが、QRコードはロームの社内管理のみを目的としたものです。

●製品廃棄上の注意事項
本製品を廃棄する際は、専門の産業廃棄物処理業者にて、適切な処置をしてください。

●外国為替及び外国貿易法に関する注意事項
本製品は外国為替及び外国貿易法に定める規制貨物等に該当するおそれがありますので輸出する場合には、ロームにお問い合わせください。

●知的財産権に関する注意事項
1) 本資料に記載された本製品に関する応用回路例、情報及び諸データは、あくまでも一例を示すものであり、これらに関する第三者の知的財産権及びその他の権利について権利侵害がないことを保証するものではありません。従いまして、上記第三者の知的財産権侵害の責任、及び本製品の使用により発生するその他の責任に関し、ロームは一切その責任を負いません。

2) ロームは、本製品又は本資料に記載された情報について、ローム若しくは第三者が所有又は管理している知的財産権その他の権利の実施又は利用を、明示的にも黙示的にも、お客様に許諾するものではありません。

●その他の注意事項
1) ロームは本資料に記載されている情報は誤りがないことを保証するものではありません。万が一、本資料に記載された情報の誤りによりお客様又は第三者に損害が生じた場合においても、ロームは一切その責任を負いません。

2) 本資料の全部又は一部をロームの文書による事前の承諾を得ることなく転載又は複製することを固くお断り致します。

3) 本製品をロームの文書による事前の承諾を得ることなく、分解、改造、改変、複製等しないでください。

4) 本製品又は本資料に記載された技術情報を、大量破壊兵器の開発等の目的、軍事利用、あるいはその他軍事用途目的で使用しないでください。

5) 本資料に記載されている社名及び製品名等の固有名詞は、ローム、ローム関係会社若しくは第三者の商標又は登録商標です。

使用上の注意

1. **電源の逆接続について**
   電源コネクタの逆接続により LSI が破壊する恐れがあります。逆接続破壊保護用として外部に電源と LSI の電源端子間にダイオードを入れる等の対策を施してください。

2. **電源ラインについて**
   基板パターンの設計においては、電源ラインの配線は、低インピーダンスになるようにしてください。その際、デジタル系電源とアナログ系電源は、それらが同電位であっても、デジタル系電源パターンとアナログ系電源パターンは分離し、配線パターンの共通インピーダンスによるアナログ電源へのデジタル・ノイズの回り込みを抑止してください。グラウンドラインについても、同様のパターン設計を考慮してください。
   また、LSI のすべての電源端子について電源－グラウンド端子間にコンデンサを挿入するとともに、電解コンデンサ使用の際は、低温で容量ぬけが起こることなど使用するコンデンサの諸特性に問題ないことを十分ご確認のうえ、定数を決定してください。

3. **グラウンド電位について**
   グラウンド端子の電位はいかなる動作状態においても、最低電位になるようにしてください。また実際に過渡現象を含め、グラウンド端子以外のすべての端子がグラウンド以下の電圧にならないようにしてください。

4. **グラウンド配線パターンについて**
   小信号グラウンドと大電流グラウンドがある場合、大電流グラウンドパターンと小信号グラウンドパターンは分離し、パターン配線の抵抗分と大電流による電圧変化が小信号グラウンドの電圧を変化させないように、セットの基準点で1点アースすることを推奨します。外付け部品のグラウンドの配線パターンも変動しないよう注意してください。グラウンドラインの配線は、低インピーダンスになるようにしてください。

5. **熱設計について**
   万一、許容損失を超えるようなご使用をされますと、チップ温度上昇により、IC 本来の性質を悪化させることにつながります。本仕様書の絶対最大定格に記載しています許容損失は、70mm x 70mm x 1.6mm ガラスエポキシ基板実装時、放熱板なし時の値であり、これを超える場合は基板サイズを大きくする、放熱用銅箔面積を大きくする、放熱板を使用する等の対策をして、許容損失を超えないようにしてください。

6. **推奨動作条件について**
   この範囲であればほぼ期待通りの特性を得ることが出来る範囲です。電気特性については各項目の条件下において保証されるものです。推奨動作範囲内であっても電圧、温度特性を示します。

7. **ラッシュカレントについて**
   IC 内部論理回路は、電源投入時に論理不定状態で、瞬間的にラッシュカレントが流れる場合がありますので、電源カップリング容量や電源、グラウンドパターン配線の幅、引き回しに注意してください。

8. **強電磁界中の動作について**
   強電磁界中でのご使用では、まれに誤動作する可能性がありますのでご注意ください。

9. **セット基板での検査について**
   セット基板での検査時に、インピーダンスの低いピンにコンデンサを接続する場合は、IC にストレスがかかる恐れがあるので、1工程ごとに必ず放電を行ってください。静電気対策として、組立工程にはアースを施し、運搬や保存の際には十分ご注意ください。また、検査工程での治具への接続をする際には必ず電源を OFF にしてから接続し、電源を OFF にしてから取り外してください。

10. **端子間ショートと誤装着について**
    プリント基板に取り付ける際、IC の向きや位置ずれに十分注意してください。誤って取り付けた場合、IC が破壊する恐れがあります。また、出力と電源およびグラウンド間、出力間に異物が入るなどしてショートした場合についても破壊の恐れがあります。

11. **各入力端子について**
    本 IC はモノリシック IC であり、各素子間に素子分離のための P+アイソレーションと、P 基板を有しています。
    この P 層と各素子の N 層とで P-N 接合が形成され、各種の寄生素子が構成されます。
    例えば、Figure 32. のように、抵抗とトランジスタが端子と接続されている場合、
    〇抵抗では、GND＞(端子 A)の時、トランジスタ(NPN)では GND > (端子 B)の時、P-N 接合が寄生ダイオードとして動作します。
    〇また、トランジスタ(NPN)では、GND > (端子 B)の時、前述の寄生ダイオードと近接する他の素子の N 層によって寄生の NPN トランジスタが動作します。

★各 IC の詳細は、http://www.rohm.co.jp/web/japan/opamp_samplebook/ をご覧ください。

ICの構造上、寄生素子は電位関係によって必然的にできます。寄生素子が動作することにより、回路動作の干渉を引き起こし、誤動作、ひいては破壊の原因ともなり得ます。したがって、入出力端子にGND(P基板)より低い電圧を印加するなど、寄生素子が動作するような使い方をしないよう十分に注意してください。アプリケーションにおいて電源端子と各端子電圧が逆になった場合、内部回路または素子を損傷する可能性があります。例えば、外付けコンデンサに電荷がチャージされた状態で、電源端子がGNDにショートされた場合などです。また、電源端子直列に逆流防止のダイオードもしくは各端子と電源端子間にバイパスのダイオードを挿入することを推奨します。

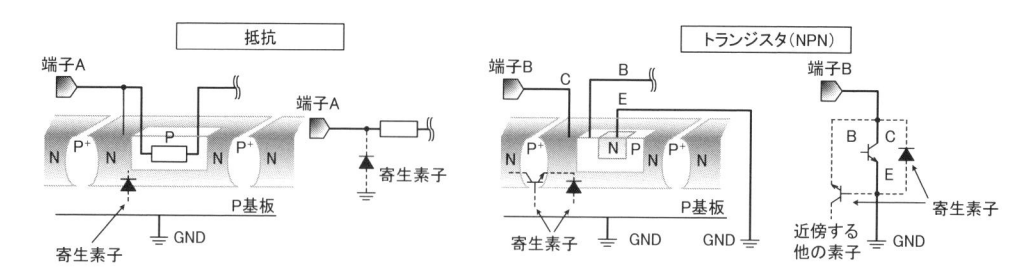

Figure 32. モノリシックIC構造例

12. 未使用回路の処理

使用しない回路がある場合は、Figure 33.のように接続し、非反転入力端子を同相入力電圧範囲(V_{ICM})内の電位にすることをお勧めします。

13. 出力端子に印加電圧について

入力端子に対しては、電源電圧にかかわらずVEE+36Vの電圧を特性劣化や破壊がなく印加可能です。ただしこれは回路動作を保証するものではありません。電気的特性の同相入力電圧範囲内の入力電圧でなければ、回路は正常に動作しませんのでご注意ください。

14. 使用電源(両電源/単電源)について

オペアンプはVCC-VEE間に所定の電圧が印加されていれば動作します。したがって単電源オペアンプは両電源オペアンプとしても使用可能です。

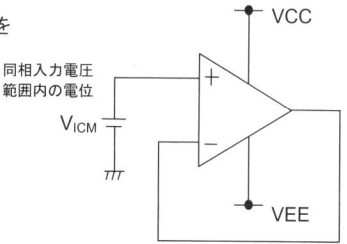

Figure 33. 未使用回路処理例

15. 出力コンデンサについて

出力端子に接続される外付けコンデンサに電荷が蓄積された状態でVCC端子がVEE(GND)電位にショートされた場合、蓄積電荷は回路内部の寄生素子あるいは端子保護素子を通り、VCC端子に放電されるため回路内部の素子が損傷(熱破壊)する恐れがあります。本ICを電圧比較器として使用する場合等、負帰還回路を構成せず、出力容量性負荷による発振現象が発生しないアプリケーション回路として使用する場合、上記出力端子に接続されるコンデンサの蓄積電荷によるICの損傷を防ぐため、出力端子に接続するコンデンサは0.1μF以下としてください。

16. 出力コンデンサによる発振について

本ICを使用して負帰還回路を構成した応用回路を設計する場合、容量性負荷による発振について十分な確認を行ってください。

17. 出力端子の短絡について

出力端子とVCCもしくはVEE端子を短絡した場合、条件によっては過大な出力電流が流れ、発熱によりICが破壊する恐れがあります。Figure 34.のように抵抗器を接続して負荷短絡に対する保護が必要となります。

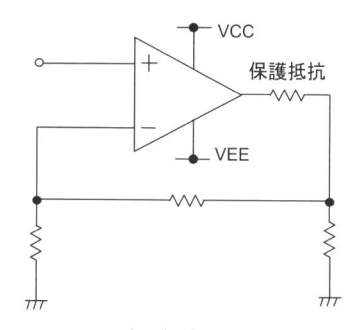

Figure 34. 出力短絡保護抵抗挿入例

おわりに

　本書は，「ガイド・ブック」として資料棚や枕元ではなくワークベンチの空きスペースに置くことを想定し，できるだけ多くの項目を少しずつ取り上げることを心がけました．テーマによってはもっと詳細な内容が必要になることもあると思いますが，恐らくはそれも好機なので，専門書をご覧になることをお勧めします．

　何もかもアナログで処理するしかなかった時代の個有のアプリケーションは，取り上げませんでした．ひとつの目標について，いくらでも詳細を詰めて考えることはできますが，実用上はごく簡単な回路で対処可能な場合がほとんどです．よって個々の回路例はごく基本的なものを実用上の注意点を添えて掲載しました．

　最近のIC製品は，つなげば動くという方法に進んでいます．しかしOPアンプは過去から変わらず同じ形態のままで随時動作を考えて使うことが前提です．

　かつてはOPアンプを使う以前に，ディスクリート回路で習得していたロードラインやバイアス，グラウンドの取り方などにも，初めて接するユーザーも多いと思います．そのため，考察に必要な原理の説明に前半のかなりの部分を費やしました．

　このように，全体を通して，ある部分は教科書，ある部分は回路図の羅列と節操無く内容もテーマを絞った場合と比較して浅いと思いますが，"索引"としての機能を重視しました．

　全くの索引では内容がわからないので，これを見るだけである程度必要な情報がわかる"プレビュー付きのインデックス"みたいなものを目指したつもりです．不明点の理解には実物を動かすことが一番で，付属しているサンプル・デバイスとデータシートは強力な手助けになるはずです．

　表面実装のピン接続をDIPのピンピッチに変換する基板も付属しており，付属のサンプルが単なる拡販用の"見本"ではなく，書籍付きのキットであることをご理解いただけるかと思います．

　もはや実務ではOPアンプごときに許されない冒険の類かもしれませんが，トレーニング用に試作した回路例を終わりのほうで取り上げてみました．往年のOPアンプ応用回路の雰囲気を残す少し古めかしい例ですが，ディジタル分野でのロジック・ゲート同様に機能的に電子回路の最小要素であるOPアンプの真価が発揮されるところです．

　本書の解説で使用するOPアンプは，使い慣れた定番品をやめて，新製品を使いました．過去にない新しい問題に新しいアイデアとデバイスで対処するときの参考となることを願います．

2014年1月　筆者

◆ 参考文献 ◆

(1) アナログ・デバイセズ著，電子回路技術研究会訳；OPアンプの歴史と回路技術の基礎知識，CQ出版社，2003年12月．
(2) 吉川恒夫；古典制御論，(株)昭晃堂，2004年3月．
(3) 特集 保存版＊アナログ・フィルタのすべて，トランジスタ技術，1988年2月号．
(4) 特集 基礎から学ぶフィルタ回路のすべて，トランジスタ技術，1991年8月号．
(5) 柳沢 健，金光 磐；アクティブフィルタの設計，秋葉出版(株)，1987年2月．
(6) 株式会社ローム，データシート．

■ 著者略歴

佐藤 尚一（さとう・ひさかず）

　電子工学系の大学卒業後，情報機器メーカー，半導体メーカーなど数社を渡る．2011年の震災直前に当時の勤務先を退社，再就職を試みるが極度の状況悪化で叶わずフリーとなる．実務でOPアンプの商品企画，FAE，テスト・エンジニアリングなど少々の経験はあるが，それ以外に長年実用して染み付いた知識と経験が今回の執筆の原動力となっている．近年は技巧に走らない簡便な回路設計を心がけている．

- **本書記載の社名，製品名について** ── 本書に記載されている社名および製品名は，一般に開発メーカーの登録商標または商標です．なお，本文中では™，®，©の各表示を明記していません．
- **本書掲載記事の利用についてのご注意** ── 本書掲載記事は著作権法により保護され，また産業財産権が確立されている場合があります．したがって，記事として掲載された技術情報をもとに製品化をするには，著作権者および産業財産権者の許可が必要です．また，掲載された技術情報を利用することにより発生した損害などに関して，CQ出版社および著作権者ならびに産業財産権者は責任を負いかねますのでご了承ください．
- **本書に関するご質問について** ── 文章，数式などの記述上の不明点についてのご質問は，必ず往復はがきか返信用封筒を同封した封書でお願いいたします．勝手ながら，電話での質問にはお答えできません．ご質問は著者に回送し直接回答していただきますので，多少時間がかかります．また，本書の記載範囲を越えるご質問には応じられませんので，ご了承ください．
- **本書の複製等について** ── 本書のコピー，スキャン，デジタル化等の無断複製は著作権法上での例外を除き禁じられています．本書を代行業者等の第三者に依頼してスキャンやデジタル化することは，たとえ個人や家庭内の利用でも認められておりません．

R〈日本複製権センター委託出版物〉
本書の全部または一部を無断で複写複製（コピー）することは，著作権法上での例外を除き，禁じられています．本書からの複製を希望される場合は，日本複製権センター（TEL：03-3401-2382）にご連絡ください．

実験用OPアンプICサンプル・ブック［IC＆基板付き］

2014年3月15日　初版発行　　　　　　　　　　　　　　　　　　　　　　　© 佐藤 尚一　2014

著者　佐藤 尚一
発行人　寺前 裕司
発行所　CQ出版株式会社
〒170-8461　東京都豊島区巣鴨1-14-2
電話　編集　03-5395-2123
　　　販売　03-5395-2141
振替　00100-7-10665

ISBN978-4-7898-4815-2

定価は裏表紙に表示してあります
無断転載を禁じます
乱丁，落丁本はお取り替えします
Printed in Japan

編集担当　今 一義
DTP　西澤 賢一郎
印刷・製本　三晃印刷株式会社
表紙デザイン　株式会社プランニング・ロケッツ